"十四五"高等职业教育新形态一体化系列教材
国家提质培优行动计划——校企双元合作开发职业教育教材

SQL Server数据库设计与应用（第2版）

张成叔◎主　编
陈彩红　胡龙茂　刘淑芝　钱春阳　茹兴旺◎副主编

中国铁道出版社有限公司
CHINA RAILWAY PUBLISHING HOUSE CO., LTD.

内 容 简 介

本书以数据库设计为主线，以“增、删、改、查”为核心技能，通过“教学做一体化”的内容体系、“项目案例一体化”的技能体系和“新形态立体化”的展示形式，通过“理论+实训”的高度融合实现了“教—学—做”的有机结合，以提高学生学习的积极性。

本书配套有微课视频、课程标准、授课计划、电子教案、授课用 PPT、课后习题解析、项目案例及源代码等数字化资源，配套的大规模在线开放课程已经在“智慧职教 MOOC 学院”（网址：https://icve-mooc.icve.com.cn）上线，授课教师可以通过本课程构建符合自身教学特点和要求的 SPOC 课程。本书配套线上课程在“B 站”、“抖音”、“网易云课堂”和“腾讯课堂”等平台都已经上线。读者可以到相应的平台，搜索课程名称或者主编“张成叔”，选择课程后进行线上学习。

本书以 SQL Server2019 数据库为平台，案例取材于生产、生活实际，数据库设计遵循企业规范，充分体现职业性。本书可作为高等职业院校和应用型本科院校数据库类课程的教材，也适合作为计算机爱好者的参考书。

图书在版编目（CIP）数据

SQL Server数据库设计与应用 / 张成叔主编. — 2版. — 北京：中国铁道出版社有限公司，2023.2
“十四五”高等职业教育新形态一体化系列教材
ISBN 978-7-113-29878-4

Ⅰ.①S… Ⅱ.①张… Ⅲ.①关系数据库系统-高等职业教育-教材 Ⅳ.①TP311.132.3

中国版本图书馆CIP数据核字（2022）第228892号

书　　名：SQL Server 数据库设计与应用
作　　者：张成叔

策　　划：汪　敏　　　　编辑部电话：（010）51873628
责任编辑：汪　敏　张　彤
封面设计：刘　颖
责任校对：苗　丹
责任印制：樊启鹏

出版发行：中国铁道出版社有限公司（100054，北京市西城区右安门西街 8 号）
网　　址：http://www.tdpress.com/51eds/
印　　刷：北京联兴盛业印刷股份有限公司
版　　次：2020 年 8 月第 1 版　2023 年 2 月第 2 版　2023 年 2 月第 1 次印刷
开　　本：850 mm×1 168 mm　1/16　印张：19.75　字数：511 千
书　　号：ISBN 978-7-113-29878-4
定　　价：59.80 元

前　言

欲闯“IT 江湖”、逐鹿“DT 时代”，必先锋 T-SQL 利器！

大数据（BD，Big Data）和人工智能（AI，Artificial Intelligence）变成各行各业中最时髦的词汇。如何有效过滤纷繁复杂的海量数据、如何快速从网上的海量数据中“淘”出有用的信息，已经是当今职场上必备的核心能力了。所以“如何存放、如何高效地进行数据库设计和查询”是本书要解决的核心能力。

SQL Server 是微软公司重量级的产品，定位于企业级数据库，运行稳定、操作方便，得到广大中小型企业的普遍好评。其继承了 Windows 系列产品图形模式的特点，提供简单易用的管理平台，常用的数据管理功能在 Microsoft SQL Server Management Studio（SSMS）中基本可以全部完成。

本书在第一版的基础上，结合两年来的教学实践、教师和读者的反馈，根据新技术发展的需要，将软件版本从 SQL Server 2008 升级到 SQL Server 2019，对内容进行了整合，将原来的“简单数据查询、模糊查询和聚合函数”两部分内容整合为一个部分“单表查询和数据统计”，“使用 T-SQL 语句创建数据库和表、T-SQL 编程”两部分内容整合为一个部分“T-SQL 语句创建数据库和编程”。

编者在 20 多年的教学实践中深刻体会到“数据库设计与应用”是一门实践性很强的课程，对专业技能提升的影响度高达 80%。经过调查发现，多数学生的体会是“入门感觉很轻松、提升感觉很吃力、应用感觉很可怕”，主要原因体现在“通过 SSMS 建库建表很轻松、添加约束很迷茫、‘增删改查’记不住、设计项目不可能”。针对这些问题，本书彻底打破市场上大多数教材的编写原则，通过“教学做一体化”的内容体系、“项目案例一体化”的技能体系和“新形态立体化”的展示形式，通过“理论 + 实训”的高度融合实现了“教—学—做”的有机结合，通过具体项目驱动学生学习的积极性。

本书具有以下特点：

1. 课程思政，服务立德树人

本书各章都充分融入“课程思政”元素，包括数据和账户的安全、个人信息的保护、数据处理的规范性、数据库设计的科学性、项目开发的团队能力培养、个人素养和社会责任的养成，更好地服务职业教育立德树人的根本任务。

2. 案例驱动，服务教育教学

按照“互联网 +”的思维模式：“实用主义永远比完美主义更完美”，实用才能体现一门课程的价值。“数据库设计与应用”是计算机相关专业的专业核心课，按照“项目经验”培养的核心任务，按照“螺旋形”的提升模式，本书共设计了 5 个项目：课内“教学做”项目 1 个——“高校学习成绩管理 SchoolDB 数据库”，课后巩固提升项目 2 个——“网吧计费 NetBar 数据库”（第 1–5 章）和“图书管理系统 Library 数据库”（第 7–11 章），阶段项目 1 个——“QQ 数据库管理”和课程项目 1 个——“银行 ATM 系统的数据库设计与实现”。按照“基本技能项目练习—阶段项目技能练习—课程项目技能练习”的学习过程，快速提升学生的专业技能和项目经验，更加符合职业教育的要求，也更加符合教学的规律和学习的规律。

3. 立体化设计，服务课程建设

本书采用新形态立体化设计，配套丰富的数字化教学资源，包括微课视频、教学设计、教学 PPT、案例素材、习题答案等，为课程建设提供了足够的资源，学习者可以通过扫描书中的二维码进行微课视频的学习，这种形式既丰富了学习手段和形式又提高了学习兴趣和效率。

SQL Server 数据库设计与应用MOOC

4. 搭建MOOC，服务线上线下

本书配套的大规模在线开放课程已经在“智慧职教 MOOC 学院”（网址：https://icve-mooc.icve.com.cn）上线，本书配套线上课程在“B 站”、“抖音”、“网易云课堂”和“腾讯课堂”等平台都已经上线。各位读者可以到相应的平台，搜索课程名称或者主编“张成叔”，选择课程后进行线上学习。

该教材配套立体化资源库组成如下图所示。

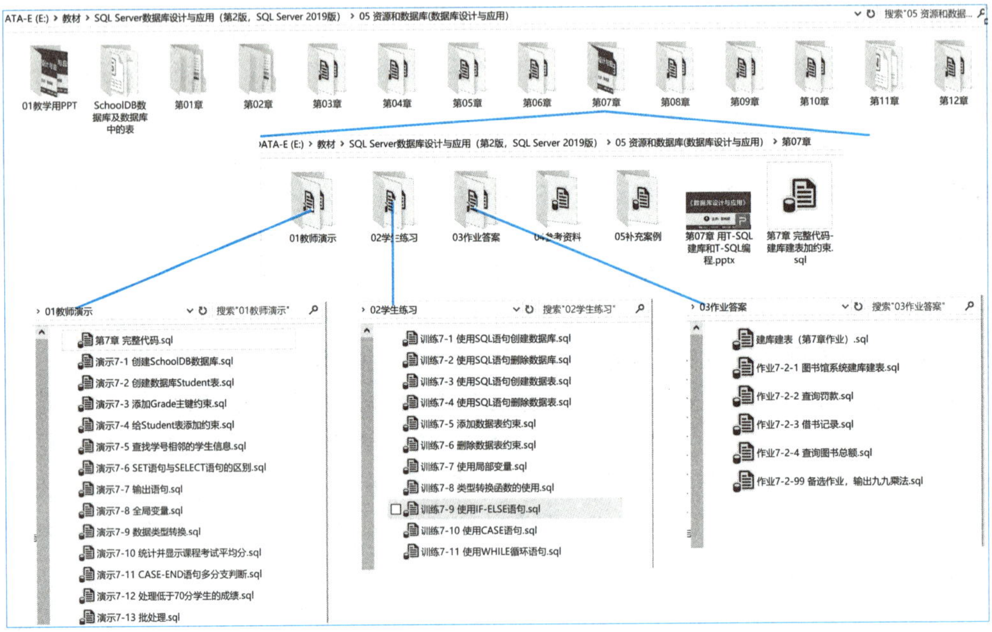

本书以 SOL Server2019 数据库为平台，内容共分 3 部分：基础技能部分、提升技能部分和综合技能部分。

基础技能部分为第 1–5 章。第 1–2 章分别学习创建和管理数据库、创建和管理数据表；第 3 章学习使用 T-SQL 语句操作数据表和数据的导入导出；第 4–5 章分别学习单表数据查询和数据统计、分组查询和多表联合查询。

提升技能部分为第 7–11 章。第 7 章学习程序员日常创建、删除数据库和表以及控制 T-SQL 代码程序逻辑的专业方法，对数据库的所有操作均使用 T-SQL 语句来实现；第 8–9 章是在第 4–5 章的基础上学习子查询、索引、视图和事务，用以模拟现实中的事务，处理较复杂的业务需求，并确保处理数据的高效性和安全性；第 10 章介绍 T-SQL 语句能否高效利用、能否减少执行时间，学习具有预编译功能的存储过程，体会存储过程为数据库应用程序开发带来的优势；第 11 章学习数据库的设计，学习什么是规范的数据库设计及它带来的好处，从而抛弃那些不符合规范的做法。

综合技能部分为第 6 章和第 12 章。第 6 章为阶段技能项目“QQ 数据库管理”，安排在基础技能掌握之后进行阶段性综合技能提升。第 12 章为课程技能项目“银行 ATM 系统的数据库设计与实现”，模拟

一套 ATM 存取款机系统，对应银行日常的存款、取款和转账业务，保证数据的安全性和高效性。

本书由张成叔（安徽财贸职业学院）任主编，陈彩红（山西工程职业学院）、胡龙茂（安徽财贸职业学院）、刘淑芝（焦作师范高等专科学校）、钱春阳（合肥职业技术学院）和茹兴旺（安徽工商职业学院）任副主编，朱静（安徽审计职业学院）、刘兵（铜陵职业技术学院）、尹蓉（徽商职业学院）、胡配祥（安徽财贸职业学院）、靳继红（焦作师范高等专科学校）、付遥银（安徽财贸职业学院）、周姣（安徽财贸职业学院）、汪治理（安徽财贸职业学院）和李沐烟（安徽财贸职业学院）参与编写。第 1 章和第 12 章由张成叔编写，第 2 章由胡龙茂编写，第 3 章由陈彩红编写，第 4 章由刘淑芝编写，第 5 章和第 10 章由尹蓉编写，第 6 章由刘兵编写，第 7 章由钱春阳编写，第 8 章由靳继红编写，第 9 章由朱静编写，第 11 章由茹兴旺编写。胡配祥、付遥银、周姣、汪治理和李沐烟参与了校对和资源制作。项目案例和配套资源库由张成叔和胡龙茂共同开发完成。教材微课视频和 MOOC 主要由张成叔设计、制作和搭建。全书由张成叔统稿和定稿。

本书开发团队中邀请了多位企业资深工程师参加，主要有腾讯云计算（北京）有限责任公司的刘萌博士和国家“1+X 证书”评价组织东软教育科技集团的金焱高级工程师。他们主要参与了项目的遴选、设计、拆解和代码的编写，对阶段项目和课程项目做了很好的优化，使之更加符合企业岗位需求，同时还对线上课程的搭建给予很好的指导，使其更加符合线上学习的规律和学习者的兴趣。

本书所配教学资源请从中国铁道出版社有限公司网站（hppt://www.tdpress.com/51eds/）下载或直接与编者联系：微信（QQ）：7153265，抖音：zcs13955155470，E-mail:zhangchsh@163.com。

由于编者水平所限，书中不足之处，请广大读者批评指正。

编　者

2022 年 5 月

目录

第 1 章　创建和管理数据库 1

1.1　认识数据库系统 2

1.1.1　数据库基本概念 2

1.1.2　常用数据库系统 2

1.2　认识和安装 SQL Server 2019 数据库系统 3

1.2.1　SQL Server 2019 的版本 3

1.2.2　安装 SQL Server 2019 数据库系统 4

【技能训练 1-1】下载并安装 SQL Server 2019 和 SSMS 集成化开发环境 8

1.3　登录 SQL Server 数据库 9

1.3.1　建立数据库服务器连接 9

【技能训练 1-2】连接到数据库服务器 10

1.3.2　新建数据库登录名 11

【技能训练 1-3】新建数据库登录名 SchoolMaster 13

1.4　创建和管理 SchoolDB 数据库 13

1.4.1　数据库文件 13

1.4.2　系统数据库 14

1.4.3　创建数据库和数据库用户 14

【技能训练 1-4】创建 SchoolDB 数据库和数据库用户 16

1.4.4　分离和附加数据库 17

【技能训练 1-5】分离和附加数据库 SchoolDB 18

1.4.5　数据库的备份和还原 19

1.4.6　删除数据库 20

【技能训练 1-6】备份和删除数据库 SchoolDB 21

本章总结 21

习题 22

第 2 章　创建和管理数据表 24

2.1　数据表的完整性 25

2.1.1　实体和记录 25

2.1.2　数据完整性 25

2.1.3　主键和外键 27

2.2　创建数据表 27

2.2.1　数据类型 27

2.2.2　使用 SSMS 创建数据表 28

【技能训练 2-1】创建 SchoolDB 数据库中的 4 张数据表 29

2.3　完善数据表的结构设计 30

2.3.1　是否允许为空值 30

【技能训练 2-2】设计 Student 和 Result 表中允许为空的字段 31

2.3.2　建立主键 32

【技能训练 2-3】设计 SchoolDB 数据库中的 4 张数据表的主键 32

2.3.3　默认值 32

【技能训练 2-4】设计 Student 表的默认值 33

2.3.4　建立检查约束 34

【技能训练 2-5】设计 SchoolDB 数据库中的数据表的检查约束 34

2.3.5 标识列 35

【技能训练 2-6】设计 SchoolDB 数据库中的数据表的标识列 35

2.4 建立数据表间关系 36

2.4.1 设置外键约束 36

【技能训练 2-7】建立 SchoolDB 数据库中表间关系 37

2.4.2 建立数据库关系图 38

【技能训练 2-8】创建 SchoolDB 数据库关系图 39

2.5 删除数据表 39

本章总结 39

习题 40

第 3 章 使用 T-SQL 操作数据表和数据的导入导出 43

3.1 T-SQL 简介 44

3.1.1 SQL 和 T-SQL 44

3.1.2 T-SQL 中的运算符 44

3.2 使用 T-SQL 向数据表中插入数据 46

3.2.1 使用 INSERT 语句插入数据 46

【技能训练 3-1】向数据库 SchoolDB 的 3 张表分别插入数据 48

3.2.2 一次插入多行数据 52

【技能训练 3-2】为 SchoolDB 数据库创建学生通讯录 53

3.3 使用 T-SQL 更新数据表中的数据 54

【技能训练 3-3】更新 SchoolDB 的数据表中数据 55

3.4 T-SQL 删除数据表中的数据 56

【技能训练 3-4】删除 SchoolDB 的数据表中数据 57

3.5 数据的导入和导出 58

3.5.1 数据的导出 58

【技能训练 3-5】导出 SchoolDB 的数据表中所有表数据 60

3.5.2 数据的导入 60

【技能训练 3-6】向 SchoolDB 的数据表中导入数据 62

本章总结 62

习题 63

第 4 章 单表查询和数据统计 66

4.1 T-SQL 查询基础 67

4.1.1 使用 SELECT 语句进行查询 67

【技能训练 4-1】对 SchoolDB 数据库的 Subject 表和 Student 表进行简单查询 71

4.1.2 使用 ORDER BY 进行查询排序 72

【技能训练 4-2】使用排序查询学生相关信息 73

4.2 在查询中使用函数 73

4.2.1 字符串函数 73

4.2.2 日期函数 75

4.2.3 数学函数 77

4.2.4 系统函数 77

【技能训练 4-3】在 SchoolDB 数据库中使用函数查询学生相关信息 78

【技能训练 4-4】函数综合技能训练 78

4.3 模糊查询 80

4.3.1 通配符 80

4.3.2 使用 LIKE 进行模糊查询 80

【技能训练 4-5】使用 LIKE 对 SchoolDB 的数据表进行模糊查询 81

4.3.3 使用 BETWEEN 在某个范围内进行查询......82
【技能训练 4-6】使用 BETWEEN 对 SchoolDB 的数据表进行模糊查询......83
4.3.4 使用 IN 在列举值内进行查询......84
【技能训练 4-7】使用 IN 对 SchoolDB 的数据表进行模糊查询......85
4.4 T-SQL 中的聚合函数......85
4.4.1 SUM() 函数......86
4.4.2 AVG() 函数......87
4.4.3 MAX() 函数和 MIN() 函数......88
4.4.4 COUNT() 函数......89
【技能训练 4-8】使用聚合函数对 SchoolDB 的数据表进行汇总查询......89
本章总结......90
习题......91

第 5 章 分组查询和多表联合查询......97

5.1 分组查询......98
5.1.1 使用 GROUP BY 进行分组查询......98
【技能训练 5-1】使用 GROUP BY 对数据库 SchoolDB 的数据表进行分组查询......103
5.1.2 使用 HAVING 子句进行分组筛选......106
【技能训练 5-2】使用 HAVING 子句对 SchoolDB 的数据表进行分组筛选统计......109
5.2 多表联合查询......111
5.2.1 内连接查询......112
【技能训练 5-3】使用内连接对 SchoolDB 的数据表进行多表查询......116
5.2.2 外连接查询......119
【技能训练 5-4】使用外连接对 SchoolDB 的数据表进行多表查询......121
本章总结......122
习题......123

第 6 章 阶段项目——QQ 数据库管理......127

6.1 项目分析......128
6.1.1 项目概述......128
6.1.2 开发环境......128
6.1.3 项目覆盖的技能要点......128
6.1.4 项目需求分析......128
6.2 项目需求实现......129
6.2.1 创建 QQ 数据库及登录名......129
6.2.2 创建表结构......130
6.2.3 添加约束......130
6.2.4 建立表间关系......130
6.2.5 插入模拟数据......131
6.2.6 查询数据......132
6.2.7 修改数据......136
6.2.8 删除数据......136
6.2.9 分离数据库......137
6.3 进度记录......137
本章总结......137
习题......138

第 7 章 T-SQL 创建数据库和编程......140

7.1 用 T-SQL 语句创建和删除数据库......141
7.1.1 用 T-SQL 语句创建数据库......141
【技能训练 7-1】用 T-SQL 语句创建 SchoolDB02 数据库......144
7.1.2 用 T-SQL 语句删除数据库......144

【技能训练 7-2】用 T-SQL 语句删除 SchoolDB02 数据库 145
7.2 用 T-SQL 语句创建和删除数据表 146
7.2.1 用 T-SQL 语句创建表 146
【技能训练 7-3】用 T-SQL 语句创建学期表 Grade、课程表 Subject 和成绩表 Result 149
7.2.2 用 T-SQL 语句删除表 150
【技能训练 7-4】用 T-SQL 语句删除数据库 SchoolDB02 中的数据表 151
7.3 用 T-SQL 语句创建和删除数据表的约束 151
7.3.1 用 T-SQL 语句添加约束 151
【技能训练 7-5】使用 T-SQL 语句为 Grade、Student、Subject、Result 表添加约束 154
7.3.2 用 T-SQL 语句删除约束 155
【技能训练 7-6】用 T-SQL 语句删除数据库 SchoolDB02 中数据表的约束 155
7.4 T-SQL 的变量和输出语句 156
7.4.1 局部变量 156
7.4.2 全局变量 160
【技能训练 7-7】声明并使用局部变量用 160
7.4.3 输出语句 161
7.4.4 类型转换函数 163
【技能训练 7-8】类型转换函数的综合应用 164
7.5 T-SQL 逻辑控制语句 166
7.5.1 BEGIN-END 语句块 166
7.5.2 IF-ELSE 语句 166
【技能训练 7-9】IF-ELSE 语句的综合应用 168
7.5.3 CASE 多分支语句 169
【技能训练 7-10】CASE 语句的综合应用 172
7.5.4 WHILE 循环语句 172
【技能训练 7-11】WHILE 循环控制语句综合应用 174
7.6 批处理语句 175
本章总结 177
习题 178

第 8 章 子查询 184

8.1 简单子查询 185
【技能训练 8-1】使用子查询的方式查询指定课程的考试成绩 190
8.2 IN 和 NOT IN 子查询 191
8.2.1 IN 子查询 191
【技能训练 8-2】使用 IN 子查询实现查询某个学期开设的课程信息 194
8.2.2 NOT IN 子查询 195
【技能训练 8-3】查询“Java 面向对象设计”最近一次考试缺考的学生名单 198
8.3 EXISTS 和 NOT EXISTS 子查询 198
8.3.1 EXISTS 子查询 198
8.3.2 NOT EXISTS 子查询 202
【技能训练 8-4】更新 Student 表中学期为“S1”学期学生的学期为“S2” 205
本章总结 206
习题 206

第 9 章 索引、视图和事务 209

9.1 索引 210
9.1.1 什么是索引 210

9.1.2 索引分类 210
9.1.3 创建索引 211
【技能训练 9-1】创建并使用索引查询学生考试成绩 214
9.1.4 查看索引 215
9.1.5 删除索引 216
【技能训练 9-2】删除学生表 Student 表中的全部索引 218
9.2 视图 218
9.2.1 什么是视图 218
9.2.2 创建和使用视图 219
【技能训练 9-3】创建并使用视图查看学生各学期考试成绩 223
9.3 事务 224
9.3.1 事务的价值 224
9.3.2 什么是事务 227
9.3.3 执行事务 228
【技能训练 9-4】使用事务批量插入学生考试成绩 231
本章总结 232
习题 233

第 10 章 存储过程 237

10.1 存储过程概述 238
10.1.1 什么是存储过程 238
10.1.2 存储过程的优点 238
10.2 系统存储过程 239
10.2.1 常用的系统存储过程 239
10.2.2 常用的扩展存储过程 241
【技能训练 10-1】使用存储过程查看数据库表的信息 242
10.3 用户自定义存储过程 243
10.3.1 创建不带参数的存储过程 244
【技能训练 10-2】使用不带参数的存储过程查询获得各学期的课程名称和课时数 247
10.3.2 创建带输入参数的存储过程 248
【技能训练 10-3】使用存储过程查看指定学期所开设的课程信息 252
10.3.3 创建带输出参数的存储过程 253
【技能训练 10-4】使用带输入和输出参数的存储过程，查询获得指定学期的课程名称和课时，统计该学期的课程数和总课时 257
本章总结 259
习题 259

第 11 章 数据库设计与优化 262

11.1 数据库设计概述 263
11.1.1 为什么需要数据库设计 263
11.1.2 数据库设计步骤 264
11.2 宾馆管理系统的概念设计 266
11.2.1 实体 - 关系模型 266
11.2.2 关系数据库模式 268
【技能训练 11-1】为图书管理系统绘制实体关系图（E-R 图） 269
11.3 宾馆管理系统的逻辑设计 269
11.3.1 E-R 图向关系模型的转化 269
11.3.2 绘制数据库模型图 271
【技能训练 11-2】绘制图书管理系统数据库模型图 273
11.4 宾馆管理系统的数据规范化 273
11.4.1 设计中存在的问题 273
11.4.2 规范设计 274
【技能训练 11-3】以 3NF 为目标规范化图书管理系统数据库设计 278
本章小结 278
习题 279

第 12 章 课程项目——银行 ATM 系统数据库的设计与实现 281

12.1 项目分析 282
12.1.1 需求概述 282
12.1.2 开发环境 282
12.1.3 项目覆盖的技能要点 282
12.1.4 需求分析 282
12.2 项目需求实现 284
12.2.1 数据库设计 284
12.2.2 创建数据库、表和添加约束 285
12.2.3 插入测试数据 285
12.2.4 模拟常规业务 288
12.2.5 创建和使用视图 291
12.2.6 使用存储过程实现业务处理 292
12.2.7 利用事务实现较复杂的数据更新 300
12.2.8 数据库账户访问权限设置 303
12.3 进度记录 303
本章总结 303
习题 304

第 1 章
创建和管理数据库

工作任务

- 完成 Microsoft SQL Server 2019 系统的安装和环境的配置
- 完成第一个数据库的建立和配置

知识技能目标

- 理解数据库的相关概念
- 了解常用数据库以及数据库的发展历史
- 掌握 SQL Server 2019 数据库的系统组成、安装和环境搭建
- 掌握 SSMS 的基本操作
- 掌握创建和配置 SQL Server 数据库
- 掌握数据库的备份和还原

重点难点

- SSMS 的基本操作
- 数据库的创建、配置和管理

在当今信息化时代，信息已成为社会发展的关键资源。在互联网上，每天有大量的数据不断产生，有调查数据显示，目前 70% 以上的应用软件都需要使用到数据库系统，如何安全有效地存储、管理及检索数据变得极其重要。

数据库技术是对大量数据进行组织和管理的重要技术手段，它使人们能够更加快速和方便地管理数据，主要体现在以下几个方面。

①数据按照一定的模型进行组织和存储，方便用户进行检索和访问。数据库对数据进行分类保存，同时将有关联的数据建立联系，可以为用户提供对数据的快速查询。

②可以保证数据的完整性。通过避免重复数据，对数据的取值范围进行限制，对关联数据进行检测，减少了数据的冗余，同时也最大程度上减少了用户对数据操作的失误。

③可以满足多用户使用数据的安全性。将所有数据放入到数据库中后，可以设置数据的安全访问。例如，在成绩管理数据库中，教师可以查询及修改成绩信息，而学生只能查看成绩，从而保证数据的安全性。

④数据库技术可以进行“大数据分析”。通过“数据挖掘”等产生新的有用信息，为决策提供数据依据。

1.1 认识数据库系统

1.1.1 数据库基本概念

微 课

认识数据库

1. 数据库

数据库（Database，简称 DB），指长期存储在计算机内有组织的、可共享的数据集合。数据库中的数据按一定的数据模型组织、描述和存储，具有较小的冗余度，较高的数据独立性和易扩展性，并可为各种用户共享。

2. 数据库管理系统

数据库管理系统（Database Management System，简称 DBMS），指位于用户与操作系统之间的一层数据管理软件。数据库在建立、运用和维护时由数据库管理系统统一管理和统一控制。数据库管理系统使用户能方便地定义数据和操纵数据，并能够保证数据的安全性、完整性、多用户对数据的并发使用及发生故障后的系统恢复。

3. 数据库系统

数据库系统（Database System，简称 DBS），指在计算机系统中引入数据库后构成的系统，一般由数据库、数据库管理系统及其开发工具、应用系统、数据库管理员和用户构成。

数据库系统的结构如图 1-1 所示。

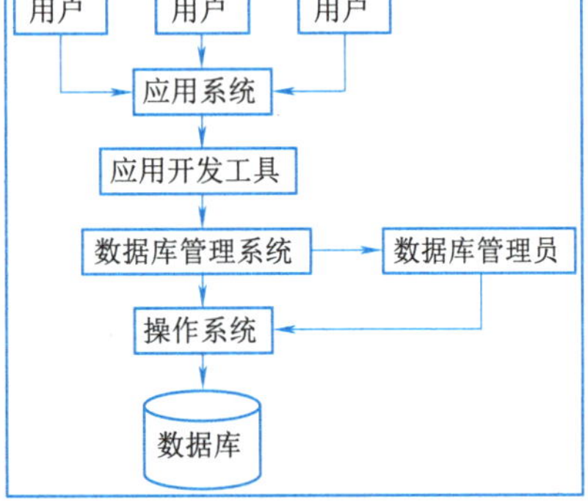

图 1-1　数据库系统结构

1.1.2 常用数据库系统

1. SQL Server简介

SQL Server 是微软公司开发的大型关系型数据库系统。

SQL Server 的功能比较全面，且效率高，可以作为大中型企业或单位的数据库平台。目前用得比较多的版本有 SQL Server 2008、SQL Server 2012、SQL Server 2016 和 SQL Server 2019。Microsoft Windows 拥有广泛的用户，Microsoft 所有的产品都遵循相似、统一的操作习惯，用户可以很快地学会使用 SQL Server，上手比较容易。

Windows 操作系统的易用性也让数据库管理员可以更容易、更方便、更轻松地进行管理。

2. Oracle简介

Oracle 是 Oracle（甲骨文）公司的数据库管理系统。

Oracle 公司成立于 1977 年，1979 年 Oracle 公司引入了第一个商用 SQL 关系数据库管理系统。Oracle 公司是最早开发关系数据库的厂商之一，其产品支持最广泛的操作系统平台。目前 Oracle 关系数据库产品的市场占有率名列前茅。Oracle 公司是目前全球最大的数据库软件公司，也是近年业务增长极为迅速的软件提供与服务商。

Oracle 的数据库产品被认为是运行稳定、功能齐全、性能超群的贵族产品。这一方面反映了它在技术方面的领先，另一方面也反映了它在价格定位上更着重于大型的企业数据库领域。对于数据量大、事务处理繁忙、安全性要求高的企业，Oracle 无疑是比较理想的选择（当然用户必须在费用方面做出充足的考虑，因为 Oracle 数据库在同类产品中是比较贵的）。

Oracle 数据库可以运行在 UNIX、Windows 等主流操作系统平台，完全支持所有的工业标准，并获得最高级别的 ISO 标准安全性认证。由于要支持很多的操作系统，Oracle 的配置、管理、系统维护涉及比较多的系统专业知识。

3. DB2简介

DB2 是 IBM 公司的产品，DB2 系统在企业级的应用中十分广泛。DB2 主要应用于大型应用系统，具有较好的可伸缩性，可支持从大型机到单用户环境，应用于所有常见的服务器操作系统平台下。DB2 提供了高层次的数据利用性、完整性、安全性、可恢复性，以及小规模到大规模应用程序的执行能力，具有与平台无关的基本功能和 SQL 命令。DB2 采用了数据分级技术，能够使大型机数据很方便地下载到 LAN 数据库服务器，使得客户机 / 服务器用户和基于 LAN 的应用程序可以访问大型机数据，并使数据库本地化及远程连接透明化。DB2 以拥有一个非常完备的查询优化器而著称，其外部连接改善了查询性能，并支持多任务并行查询。DB2 具有很好的网络支持能力，每个子系统可以连接十几万个分布式用户，可同时激活上千个活动线程，对大型分布式应用系统尤为适用。

4. MySQL简介

MySQL 是最流行的开放源码 SQL 数据库管理系统，它是由 MySQL AB 公司开发、发布并支持的。目前 MySQL 被广泛地应用在 Internet 上的中小型网站中和移动应用中。由于其体量小、速度快、成本低，尤其是开放源码这一特点，许多中小型网站为了降低网站总体成本而选择了 MySQL 作为网站数据库。

1.2 认识和安装 SQL Server 2019 数据库系统

1.2.1 SQL Server 2019 的版本

（1）SQL Server 2019 企业版

企业版是功能最强大的版本，支持所有的 SQL Server 2019 提供的功能，能够满足大型企业复杂的业务需求。

（2）SQL Server 2019 标准版

标准版适合中小型企业的需求，功能少于企业版，但在价格上比企业版有优势。

（3）SQL Server 2019 工作组版

对于那些在大小和用户数量上对数据库没有限制的小型企业，工作组版式理想的数据管理解决方案，它可以用作前端 Web 服务器，也可以用于部门或分支机构的运营。

（4）SQL Server 2019 开发者版

开发者版允许开发人员构建和测试基于 SQL Server 的任意类型应用，这一版本拥有所有企业版的特性，但只限于在开发、测试和演示中使用。

（5）SQL Server 2019 Express 版

SQL Server 2019 Express 版是 SQL Server 的一个免费版本，它拥有核心的数据库功能，其中包括 SQL Server 2019 中最新的数据类型，但它是 SQL Server 的一个微型版本。这一版本是为了学习、创建桌面应用和小型服务器应用而发布的。

1.2.2 安装 SQL Server 2019 数据库系统

1. 安装SQL Server 2019

提前下载好 SQL Server 2019 的安装包，双击“setup.exe”文件，启动安装向导，开始安装。

（1）启动安装程序。启动“SQL Server 安装中心”窗口，如图 1-2 所示，左侧显示功能列表。选择“安装”功能，如图 1-3 所示，选择右侧的“全新 SQL Server 独立安装或向现有安装添加新功能”选项，进入“产品密钥”对话框。

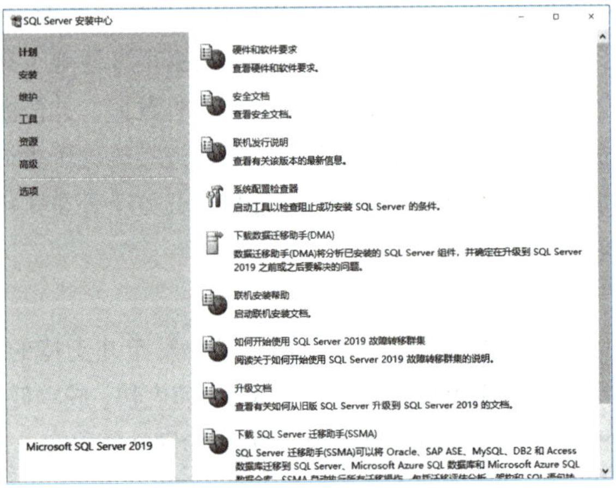

图 1-2 “SQL Server 安装中心”窗口

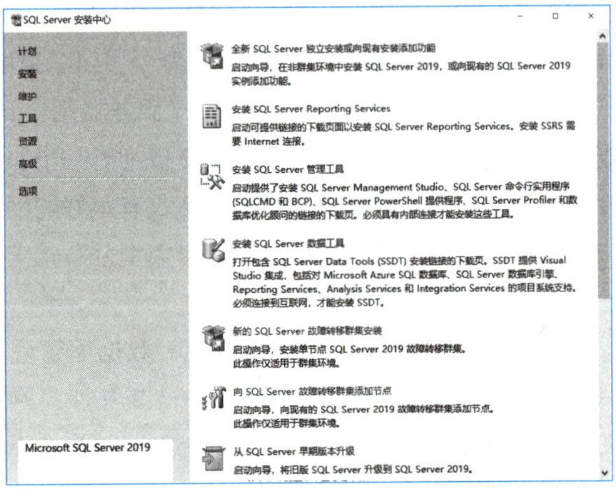

图 1-3 选择“安装”功能

（2）输入“产品秘钥”并确认“许可条款”。在图 1-4 所示的“产品密钥”窗口中输入产品密钥，单击“下一步”按钮，进入“许可条款”窗口，如图 1-5 所示，选择“我接受许可条件和隐私声明”复选框，单击“下一步”按钮。

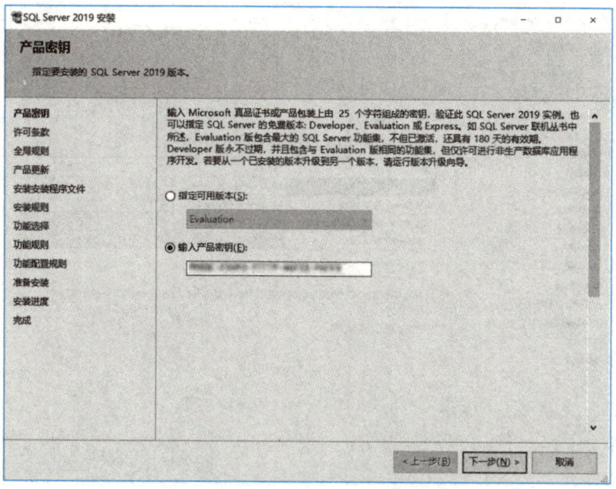

图 1-4　“产品密钥”窗口

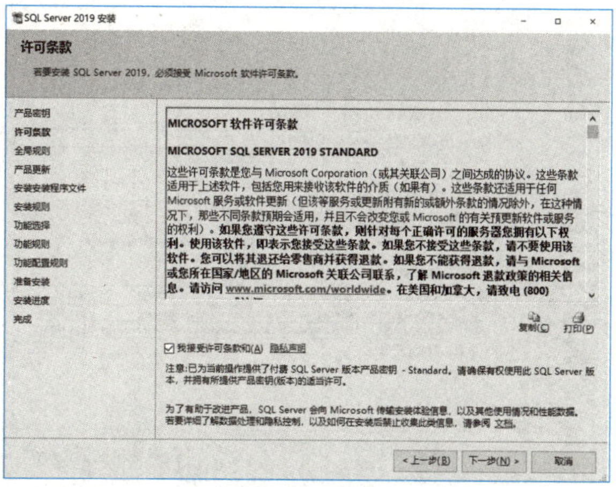

图 1-5　“许可条款”窗口

（3）检查“安装规则”并完成“功能选择”。系统检查后，进入“安装规则”窗口，如图 1-6 所示。单击“下一步”按钮，进入“功能选择”窗口，如图 1-7 所示。

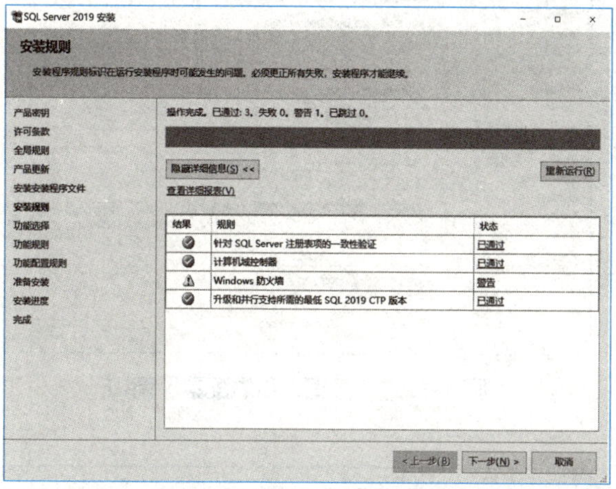

图 1-6　“安装规则”窗口

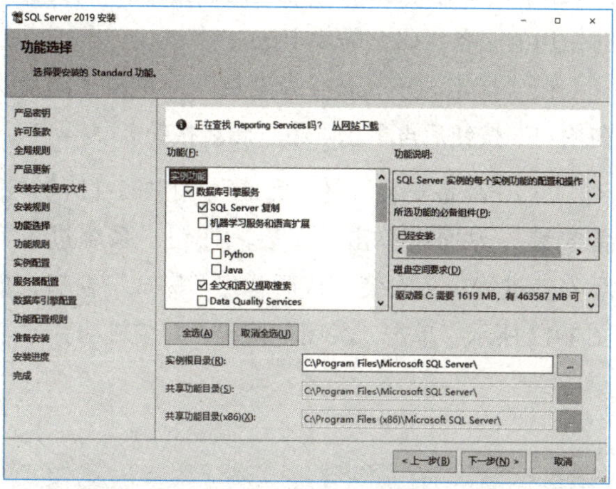

图 1-7　“功能选择”窗口

在“实例功能”列表中，建议先只选择“数据库引擎服务”下的“SQL Server 复制”、“全文和语义提取搜索”和“共享功能”下的“客户端工具连接”等基本功能，其他功能待后期需要时再安装，提高安装效率和成功率。

（4）“实例配置”和“服务器配置”。完成“功能选择”后单击“下一步”按钮，进入“实例配置”窗口，如图 1-8 所示。如果是第一次安装 SQL Server 数据库，可以选择“默认实例”单选按钮，如果系统之前安装过 SQL Server 数据库，需要选择“命名实例”单选按钮，如输入“MSSQLSERVER2019”。单击“下一步”按钮，进入“服务器配置”窗口，如图 1-9 所示。

在“服务器配置”窗口中，可以使用默认配置，也可以修改“服务账户”，单击“下一步”按钮，进入“数据库引擎配置”窗口。

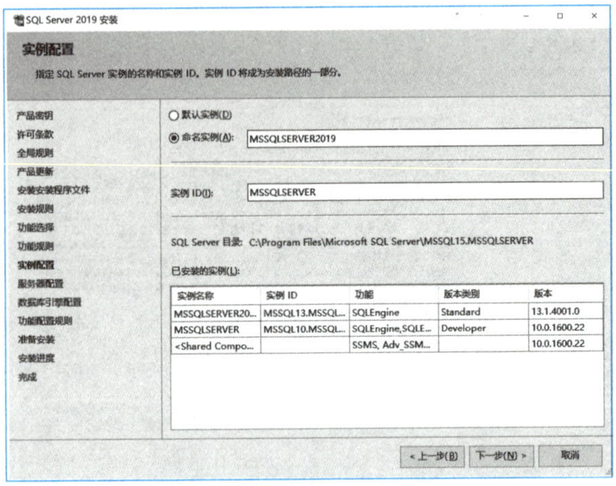

图 1-8 “实例配置”窗口

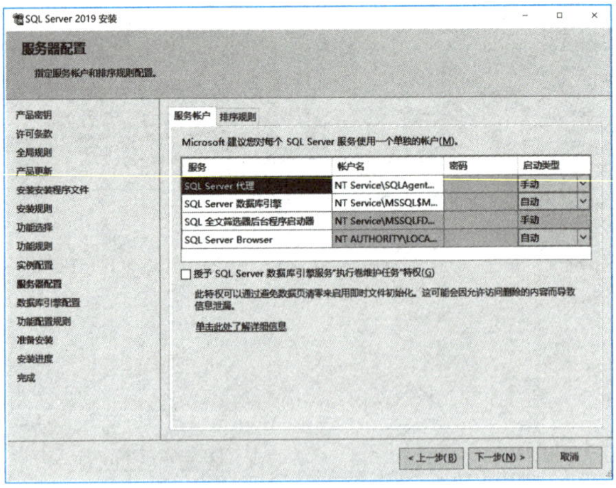

图 1-9 “服务器配置”窗口

（5）“数据库引擎配置”。在图 1-10 所示的“数据库引擎配置”界面中，需要确定“身份验证模式”，建议使用“混合模式”，并设置密码，此密码为登录时使用的必备密码，需要牢记。

在“指定 SQL Server 管理员”中单击“添加当前用户”按钮后再单击“下一步”按钮。

（6）“准备安装”并“完成”。在图 1-11 的“准备安装”界面中单击“安装”按钮，系统进入实际安装进程，待安装完成后弹出“完成”窗口，如图 1-12 所示。单击“关闭”按钮，安装成功。

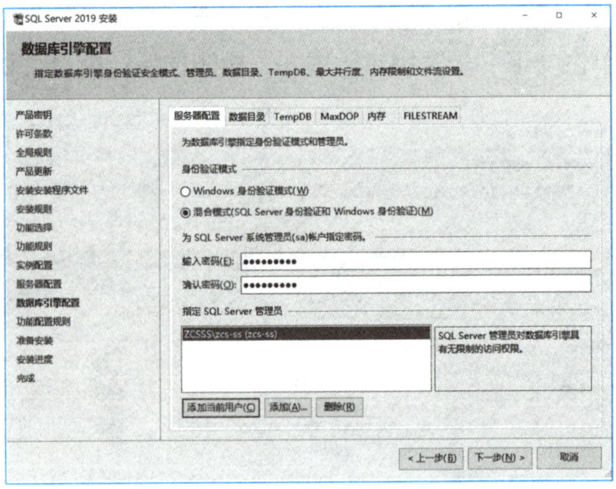

图 1-10 “数据库引擎配置”窗口

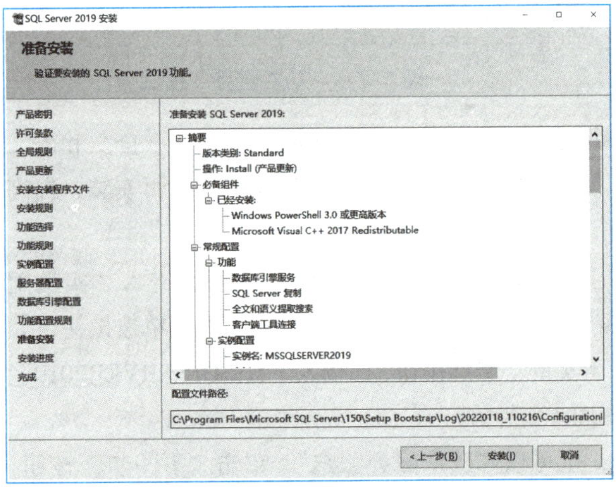

图 1-11 “准备安装”窗口

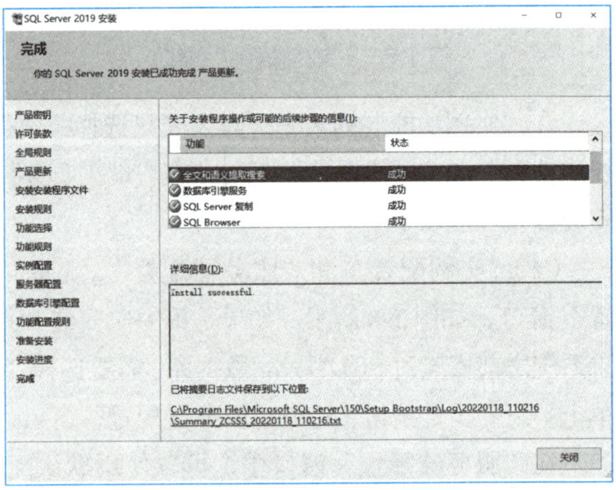

图 1-12 “完成”窗口

2. 安装SQL Server Management Studio（SSMS）集成化开发环境

在默认情况下，安装 SQL Server 2019 数据库时，并没有安装 SQL Server Management Studio（SSMS）集成化开发环境，需要单独安装。

（1）下载“SSMS 安装程序”。启动“SQL Server 安装中心”窗口，如图 1-2 和图 1-3 所示。选择“安装 SQL Server 管理工具”选项，进入官方下载页面，如图 1-13 所示。单击下载链接，输入保存位置等信息，开始下载 SSMS 安装程序。

图 1-13　下载 SSMS 官网页面

（2）安装“SSMS”集成化开发环境。双击现在的 SSMS 安装程序，启动安装对话框，如图 1-14 所示。单击“安装”按钮，开始安装，安装完成后弹出“需要重启才能完成安装程序”对话框，如图 1-15 所示，单击“重新启动”后，安装成功。

图 1-14　“安装 SSMS”对话框

图 1-15　“需要重启才能完成安装程序”对话框

【技能训练 1-1】下载并安装 SQL Server 2019 和 SSMS 集成化开发环境

技能要点

（1）熟练下载 SQL Server 2019 数据库到计算机上。

（2）掌握 SQL Server 2019 数据库的安装和配置，并能处理安装中遇到的一般问题。

（3）下载 SSMS 安装程序，并完成安装。

需求说明

（1）从 SQL Server 的官网上或者其他途径下载 SQL Server 2019，并保存好，为本次安装和以后的重新安装做好准备。

（2）使用下载好的安装包，参照 1.2.2 节的步骤安装好 SQL Server 2019 数据库。

（3）从 SQL Server 的官网上下载 SQL Server Management Studio（SSMS）集成化开发环境安装程序，并保存好。

（4）使用下载好的 SSMS 安装程序，参照 1.2.2 节的步骤完成安装。

（5）安装完成后，在“开始”中查阅 Microsoft SQL Server 2019 菜单组和 Microsoft SQL Server Tools 18 菜单组，如图 1-16 所示。选择 Microsoft SQL Server Management Studio 18 菜单项，启动 SSMS，如图 1-17 所示。

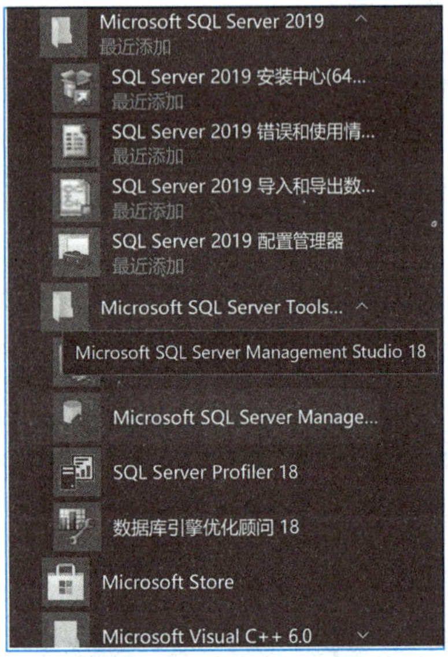

图 1-16 “开始”菜单

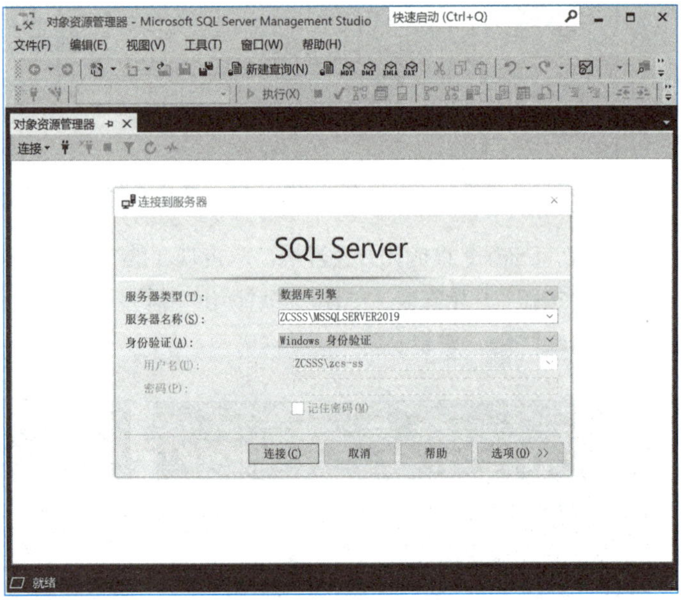

图 1-17 “连接到服务器”窗口（Windows 身份验证）

关键点分析

（1）下载安装包时需要保存好，以备后期重新安装时直接使用。

（2）在“功能选择”界面中，为了提高安装效率和成功率，建议先只选择“数据库引擎服务”下的“SQL Server 复制”、“全文和语义提取搜索”和“共享功能”下的“客户端工具连接”基本功能。

（3）在“数据库引擎配置”界面中，选择“混合模式”单选按钮时，要牢记设置的密码，否则安装成功了也无法以“SQL Server 身份验证”方式连接到数据库。

（4）在安装过程中会遇到各类问题，可以通过网络查找解决的途径。

补充说明

（1）如果在系统中已经存在了一个“SQL Server 数据库”版本，比如 SQL Server 2008 或者 SQL Server 2012 等，不需要先卸载掉这个数据库，可以直接安装 SQL Server 2019 版本。

（2）如果在系统中已经存在了一个“SQL Server 数据库”版本时，在“实例配置”界面中，要命名实例，且名称要区别于已经存在的实例。

1.3 登录 SQL Server 数据库

1.3.1 建立数据库服务器连接

通过 SQL Server Management Studio（SSMS）集成化开发环境，可以连接多个 SQL Server 服务器，建立一个新数据库连接的操作步骤如下：

（1）启动 SSMS。在“开始”菜单栏中选择 Microsoft SQL Server Management Studio 18 菜单项，启动 SSMS。

（2）选择服务器。在“服务器名称”下拉列表框中选择服务器，也可以选择“< 浏览更多 >”选项，如图 1-18 所示。弹出“查找服务器”对话框，如图 1-19 所示，在“数据库引擎”节点下可以查看系统中已经安装的数据库系统，如图 1-19 中显示，本计算机中已经安装有 3 个数据库系统。选择刚刚安装的“MSSQLSERVER2019”即可。

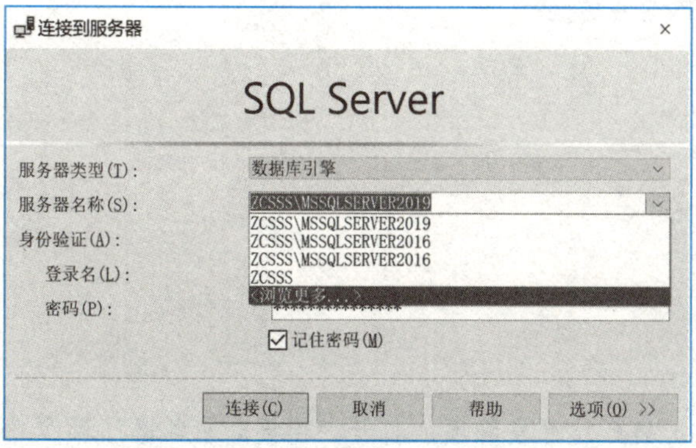

图 1-18　“选择服务器”对话框

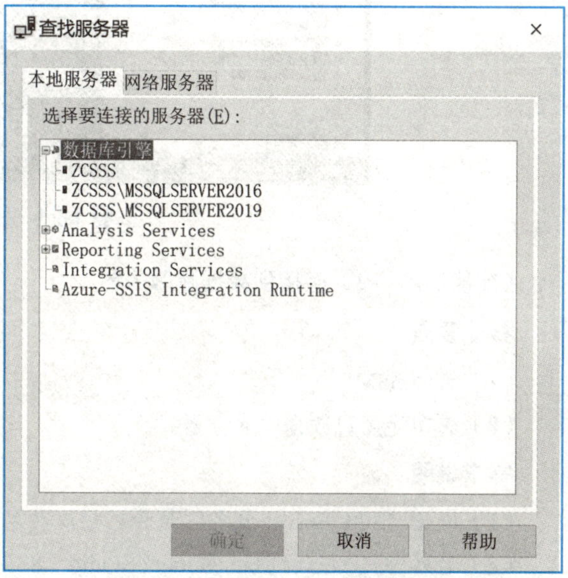

图 1-19　“查找服务器”对话框

（3）选择身份验证方式。可以选择“Windows 身份验证”，也可以选择“SQL Server 身份验证”，建议选择“SQL Server 身份验证”，输入安装时设置的密码，如图 1-20 所示。

图 1-20 “连接到服务器”对话框（SQL Server 身份验证）

（4）进入“SSMS 主界面”。单击图 1-20 中的“连接”按钮，登录服务器成功，进入 SSMS 主界面，如图 1-21 所示。

图 1-21 SSMS 主界面

【技能训练 1-2】连接到数据库服务器

技能要点

（1）启动 SSMS。

（2）成功连接到数据库服务器。

需求说明

（1）检查“SQL Server 服务”是否已经成功启动。

（2）启动 SQL Server Management Studio（SSMS）集成化开发环境，打开“连接到服务器”界面。

（3）选择已经安装成功的数据库 SQL Server 2019，使用“SQL Server 身份验证”方式登录，进入 SSMS 主界面，如图 1-21 所示。

关键点分析

（1）在连接 SQL Server 之前，SQL Server 服务必须已经启动，可以在操作系统的桌面上右击“此电脑”图标后选择“管理”菜单项，在“服务”选项中启动 SQL Server 2019 的服务，如图 1-22 所示。

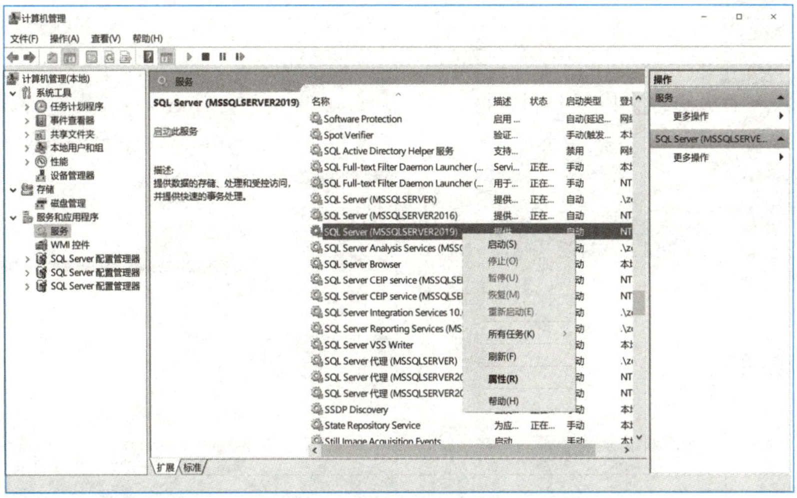

图 1-22　启动 SQL Server 服务设置界面

（2）选择“SQL Server 身份验证”方式时，如果忘记了安装时设置的密码，可以选择“Windows 身份验证”方式连接，但是安全性比较低。

1.3.2　新建数据库登录名

使用 SQL Server 的第一步，就是用户使用合法的身份验证连接到 SQL Server，特别是多用户共用 SQL Server 服务的情况，需要对用户登录账户进行管理。

在 SQL Server 数据库中可以建立独立的登录账户，也称为“登录名”。一般情况下，建立数据库连接以后，首先就需要建立自己的登录账户，使用特定的登录账户来管理数据库和数据库对象。

图 1-23　建立数据库的登录名

建立数据库登录名的步骤如下：

（1）找到“新建登录名”选项。在图 1-21 所示的主界面中，展开“安全性”节点，右击“登录名”选项，在弹出的快捷菜单中选择“新建登录名”命令，如图 1-23 所示。

（2）设置登录名参数。在弹出的“登录名 - 新建”对话框中输入登录名、身份验证方式和密码，如图 1-24 所示。

如果选择了“强制实施密码策略”复选框，对用户输入的密码会有更高的要求，可以提高数据库的安全性。

（3）设置登录名权限。有了登录名之后，还需要赋予该登录名操作权限，否则它将只能连接到服务器，而没有任何操作权限。

① 设置“服务器角色”。服务器角色确定该用户在服务器范围内能够执行哪些操作，如图 1-25 所示。可以在“服务器角色”列表框中设置用户对服务器的操作权限。固定的服务器角色一共分为 9 种，并且各自具有不同的操作权限，例如，dbcreator 固定服务器角色可以创建、更改、删除和还原任何数据库。

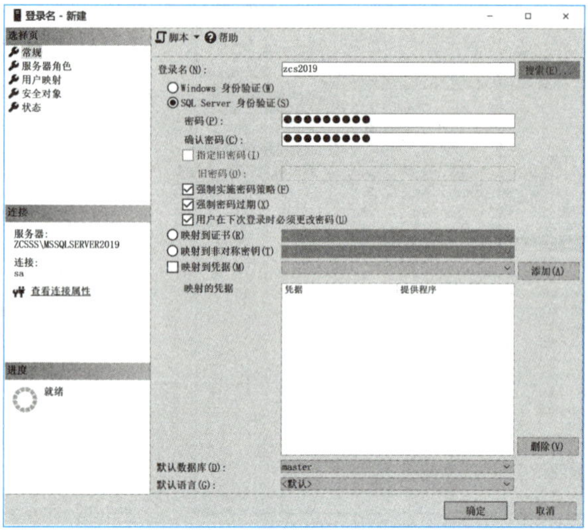

图 1-24 “登录名－新建”窗口

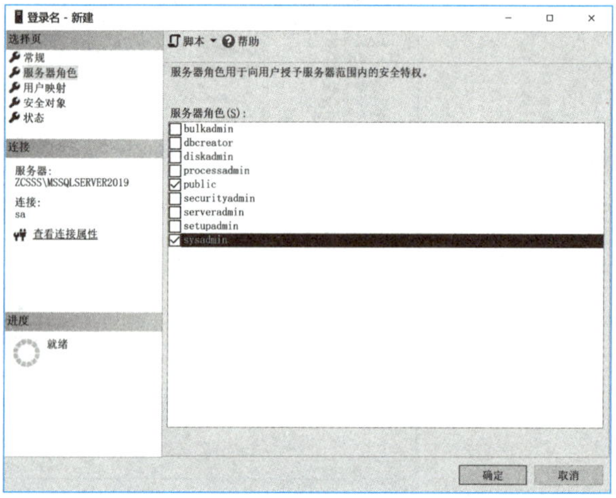

图 1-25 “设置服务器角色”窗口

② 设置“用户映射”。指该登录名对指定的数据库的操作权限，如图 1-26 所示，可以设置特定数据库的权限。

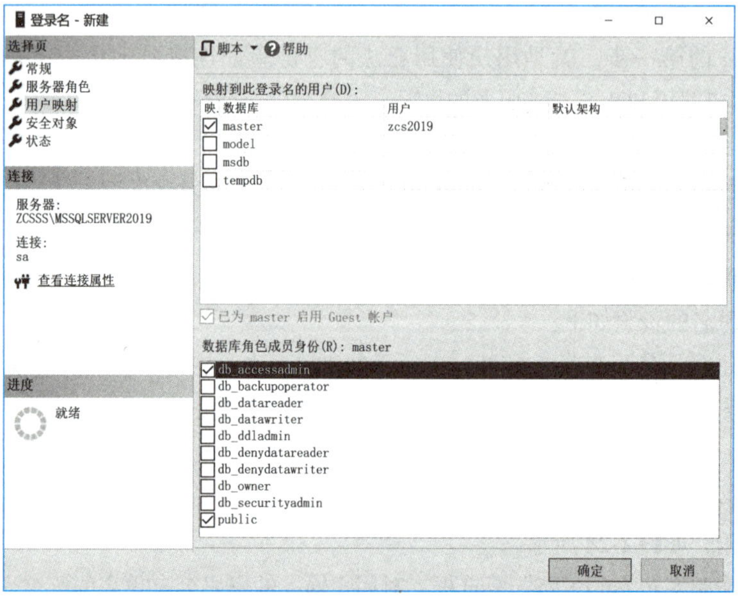

图 1-26 “设置用户映射”窗口

固定的数据库操作权限有 10 种。例如，db_backupoperator 权限可以备份数据库，db_datareader 可以读取数据库中的数据，db_denydatareader 不允许读取数据库。

【技能训练 1-3】新建数据库登录名 SchoolMaster

技能要点

（1）建立 SQL Server 的连接。

（2）创建登录名 SchoolMaster。

（3）查看并修改登录名 SchoolMaster 信息。

需求说明

（1）创建登录名 SchoolMaster，密码：master2022，服务器角色：默认，用户映射：默认。

（2）断开连接，用新建的登录名登录。

（3）修改登录名 SchoolMaster 的密码、服务器角色和用户映射。

关键点分析

（1）确保登录名和密码正确，否则创建后无法正常登录。

（2）登录后需要验证操作数据库的权限，该操作在实际使用中需要反复验证，确保权限设置正确，以免为后续数据库设计留下隐患。

（3）使用“SchoolMaster”登录成功后，右击“安全性”→“登录名”节点下的“SchoolMaster”，选择快捷菜单中的“属性”命令，如图 1-27 所示，打开“登录属性 -SchoolMaster”界面，可以查看身份验证方式、修改登录密码、服务器角色和用户映射等参数信息。

图 1-27 修改登录名属性

1.4 创建和管理 SchoolDB 数据库

1.4.1 数据库文件

在 SQL Server 中数据库是由数据库文件和事务日志文件组成的。一个数据库至少应包含一个数据库文件和一个日志文件。

1. 数据库文件

数据库文件（Database File）是存放数据库数据和数据库对象的文件。一个数据库可以有一个或多个数据库文件，一个数据库文件只属于一个数据库。当有多个数据库文件时，有一个文件被定义为主数据库文件（Primary Database File），扩展名为 .mdf，它用来存储数据库的启动信息和部分或全部数据，一个数据库只能有一个主数据库文件。其他数据库文件被称为次数据库文件（Secondary Database File），扩展名为 .ndf，用来存储主文件没存储的其他数据。

2. 日志文件

日志文件（Log File）是用来记录数据库更新情况的文件，扩展名为 .ldf。例如，使用 INSERT、UPDATE、DELETE 等对数据库进行的操作都会记录在此文件中，而如 SELECT 等对数据库内容不会有影响的操作则不会被记录。一个数据库可以有一个或多个日志文件。

1.4.2 系统数据库

SQL Server 数据库分为系统数据库和用户数据库。系统数据库分为：master、model、msdb、tempdb 和 resource 数据库，这五个数据库在 SQL Server 中各司其职。

1. master 数据库

master 数据库记录 SQL Server 系统的所有系统级别信息（如表 sysobjects）。它记录所有的登录账号（表 sysusers）和系统配置。master 数据库记录所有其他的数据库（如表 sysdatabases），包括数据库文件的位置。

2. model数据库

model 数据库是作为在系统上创建数据库的模板。当系统收到创建数据库命令时，新创建的数据库的第一部分内容从 model 数据库复制过来，剩余部分由空页填充，所以 SQL Server 数据中必须有 model 数据库。

3. msdb数据库

msdb 数据库供 SQL Server 代理程序调度警报和作业以及记录操作员时使用。例如，备份一个数据库，会在表 backupfile 中插入一条记录，以记录相关的备份信息。

4. tempdb 数据库

tempdb 数据库保存系统运行过程中产生的临时表和存储过程。当然，它还满足其他的临时存储要求，如保存 SQL Server 生成的存储表等。tempdb 数据库在每次 SQL Server 启动时，都会清空该数据库中的内容，所以每次启动 SQL Server 后，该表都是干净的。临时表和存储过程在连接断开后会自动除去，而且当系统关闭后不会有任何活动连接，因此，tempdb 数据库中没有任何内容。

5. resource 数据库

resource 数据库为只读数据库，它包含了 SQL Server 中的所有系统对象，不包含用户数据或用户元数据。

1.4.3 创建数据库和数据库用户

1. 创建数据库

在 SQL Server Management Studio 中，可以按下列步骤来创建数据库。

图 1-28 “数据库”快捷菜单

（1）找到“新建登录名”选项。在图 1-21 所示的主界面中，右击“数据库”选项，在弹出的快捷菜单中选择“新建数据库”命令，如图 1-28 所示。

（2）输入和设置数据库的基本参数。在图 1-29 所示的“新建数据库”窗口中，首先要输入数据库的名称，如 SchoolDB。

在创建数据库的同时要指定数据库文件和事务日志文件，默认情况下数据库文件的逻辑名称与数据库名称一样，而事务日志文件的文件名默认加一个“_Log”作为文件名，这两个文件的名称都可以直接单击修改。

在文件大小的设置上，默认情况下，数据库文件和日志文件大小都为 8 MB。在实际中，随着数据库中数据的增加，需要随时增加文件的大小来存放数据，因此必须有一个文件增长的策略，可以单击“自动增长 / 最大大小”下的“...”按钮来设置文件增长策略，如图 1-30 所示。

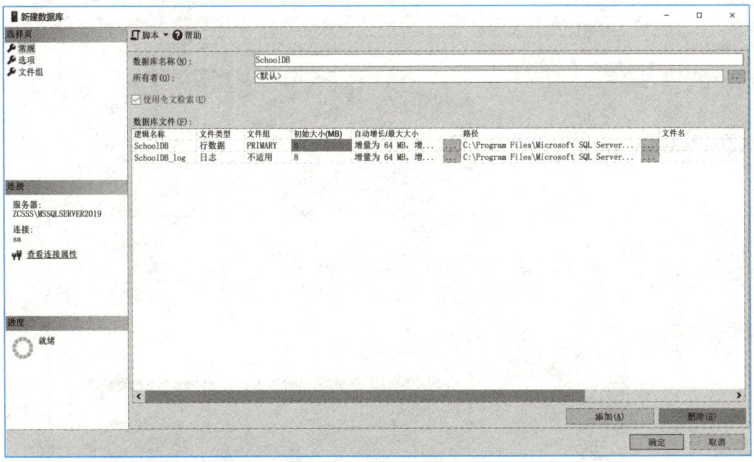

图 1-29　“新建数据库”窗口

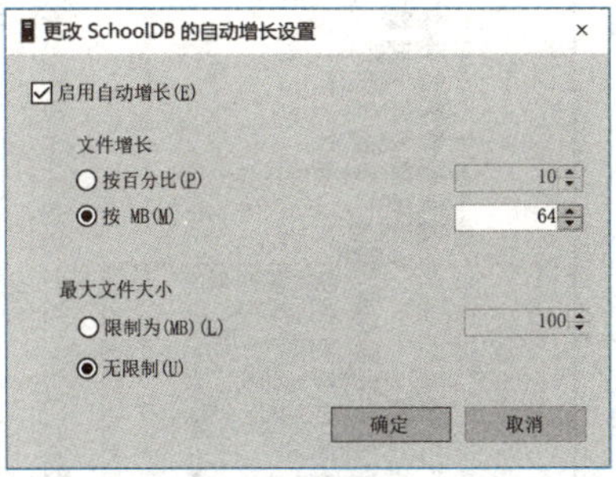

图 1-30　“更改 SchoolDB 的自动增长设置”对话框

根据系统设计的要求，确定是否允许文件自动增长。若允许的话，首先选择增长的方式，是按百分比增长还是每次按固定大小增长；其次确定是否有最大文件容量的限制。

路径的设置至关重要，建议不要使用默认路径，单击“...”按钮后选择自己希望的位置，数据库文件和日志文件的位置可以相同，也可以不相同。在教学过程中，建议将两者设置为相同的路径，便于数据库的分离和复制。

设置完成后单击图 1-29 中的“确定”按钮，完成数据库的创建，在“对象资源管理器”的“数据库”节点下新增加了一个刚刚创建的数据库“SchoolDB”，如图 1-31 所示。如果没有显示，可以单击刷新“ ”按钮，或者右击“数据库”节点，选择快捷菜单中的“刷新”命令即可。

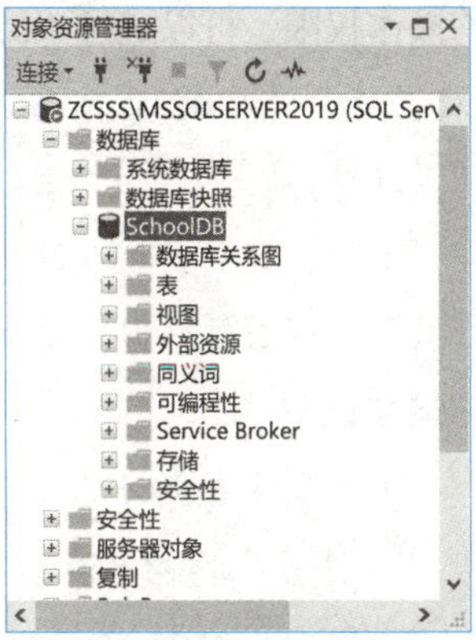

图 1-31　查看“对象资源管理器”

2. 创建数据库用户

每个数据库都有自己的用户列表，新建数据库后，还得为该数据库确定可操作该数据库的用户，未授权的用户不能操作该数据库。可以通过创建数据库用户来赋予登录名权限，数据库用户和登录名是相互链接的权限管理机制，创建数据库用户的步骤如下：

（1）找到“新建用户”选项。在新建的数据库“SchoolDB”的“安全性”节点下，右击“用户”选项，在弹出的快捷菜单中选择“新建用户”命令，如图 1-32 所示。

（2）输入用户名并关联登录名。在“数据库用户 – 新建”窗口中输入用户的名称，选择关联的登录名，如之前创建的登录名“SchoolMaster”，如图 1-33 所示。

图 1-32 “用户”快捷菜单

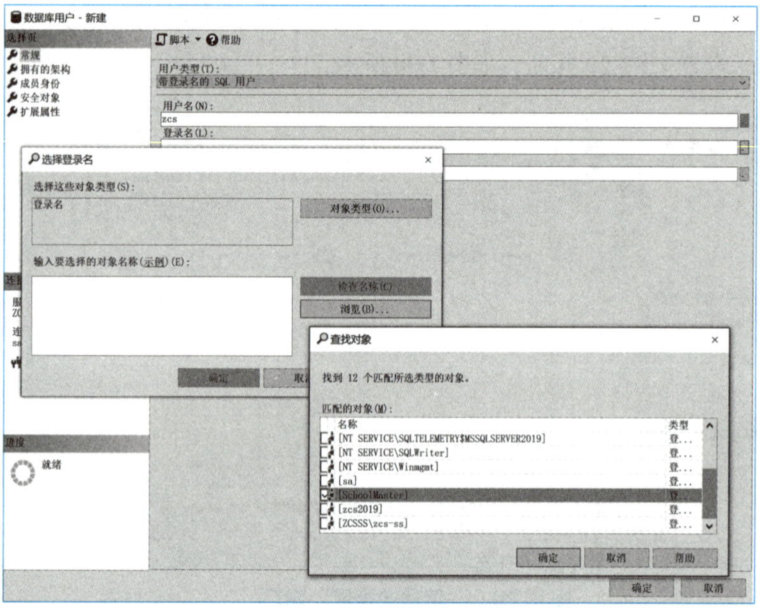

图 1-33 “数据库用户 – 新建”窗口

（3）设置“拥有的架构”和“成员身份”。有了用户名和关联登录名后，还需要赋予用户对该数据库的操作权限，可以通过“拥有的架构”和“成员身份”节点，根据系统设计的需要进行详细设置。

【技能训练 1-4】创建 SchoolDB 数据库和数据库用户

技能要点

（1）创建数据库并设置好数据库的参数。

（2）创建数据库用户并赋予相关的数据库操作权限。

需求说明

（1）数据库名称：SchoolDB。

（2）物理文件：D:\DB。

（3）数据库文件：初始大小为 8 MB，允许自动增长，数据库文件大小不受限制。

（4）事务日志文件：初始大小为 8 MB，最大为 500 MB。

（5）其他选项：自动收缩，并且不创建统计信息。

（6）数据库用户名：Master。

（7）关联登录名：SchoolMaster。

（8）权限：ab_owner。

关键点分析

（1）注意设置各项参数，如名称、数据库的大小、位置、关联的登录名等，如果设置不合理，会给后续数据库使用带来隐患。

（2）路径选择上数据库文件的路径和日志文件路径要分别设置，并都保存在“D:\DB”路径下，便于数据库文件的复制和在不同计算机之间迁移。

（3）数据库用户关联的登录名“SchoolMaster”要按照“技能训练 1-3”的需求提前创建好，否则无法关联到该登录名。

补充说明

（1）关联登录名及权限的设置需要验证，确保设置的正确性。

（2）在验证权限 ab_owner 时，需要断开并重新进行数据库的连接，然后选择使用 Windows 身份验证。

1.4.4　分离和附加数据库

SQL Server 启动时，数据库文件不能复制和粘贴，但有时候希望将数据库物理文件复制到其他计算机上使用。例如，学生在实训室建立的 SQL Server 数据库，需要迁移到自己的计算机上，便于在课后继续完成任务，此时需要使用移动数据库的操作。

移动数据库分两步进行，首先是分离数据库，然后是附加数据库。分离数据库是从服务器中移去逻辑数据库，但不会删除数据库；附加数据库将会创建一个新的数据库，并使用已有的数据库文件和事务日志文件中的数据。

1. 分离数据库

展开“数据库”节点，选择需要分离的数据库，如：右击数据库“SchoolDB”选项，在弹出的快捷菜单中选择“任务”→“分离”命令，如图 1-34 所示。

在弹出的“分离数据库”窗口中对数据库执行分离操作，如图 1-35 所示。

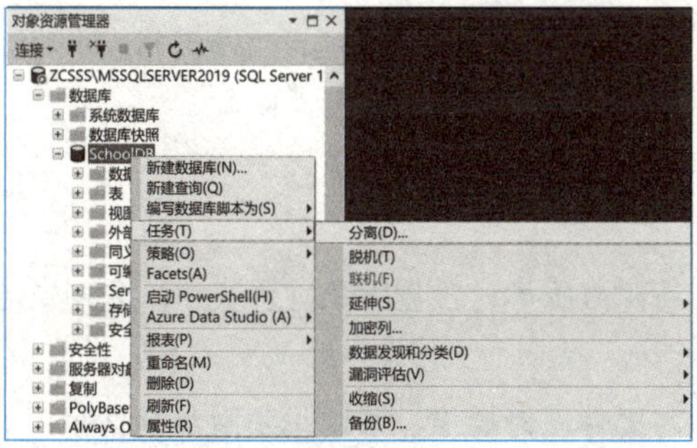

图 1-34　数据库“SchoolDB”快捷菜单

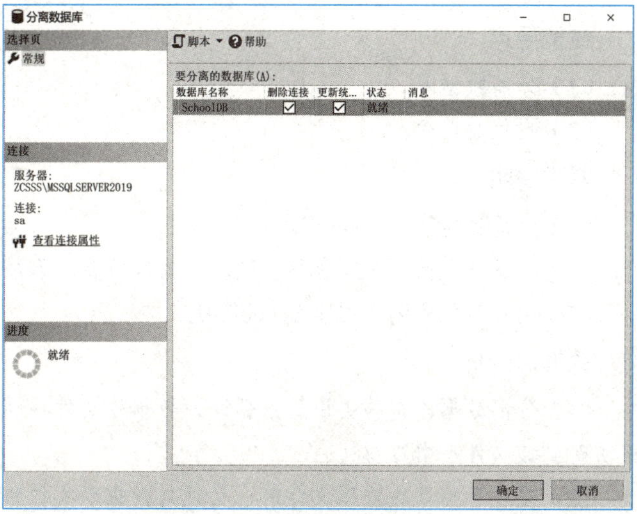

图 1-35　“分离数据库”窗口

单击“确定”按钮以后，分离的数据库将不再显示在“数据库”列表中，其物理文件保存在磁盘中，此时可以对磁盘中的物理数据库文件进行复制、移动和删除等操作。

2. 附加数据库

把磁盘上的数据库文件复制到其他计算机后，通过右击“数据库”→“附加”命令操作将该数据库恢复到新的计算机中，如图 1-36 所示。

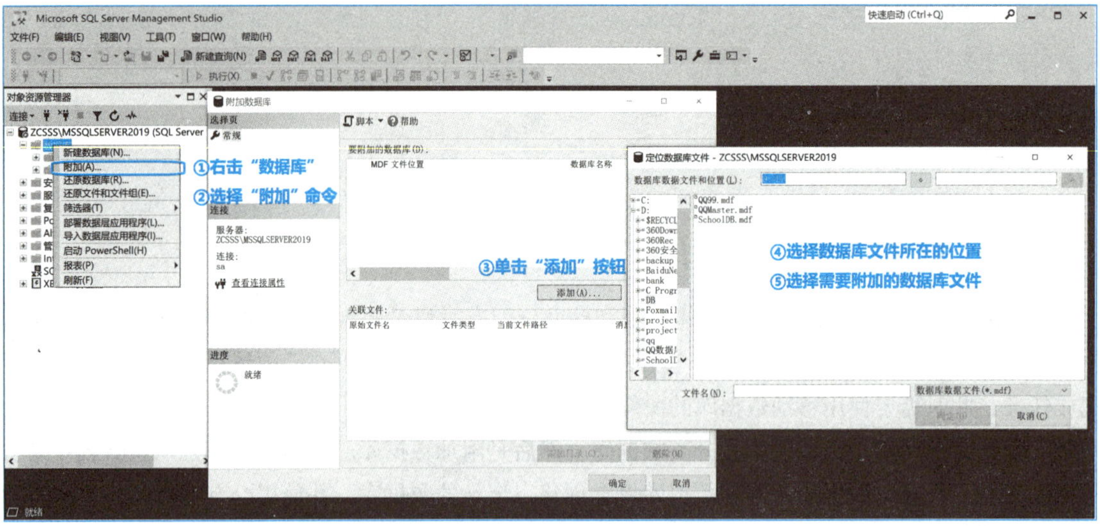

图 1-36 “附加数据库”窗口

选择“附加”命令后，打开“附加数据库”窗口中，选择和指定数据库的文件，最后单击“确定”按钮可以附加数据库，如图 1-36 所示。

附加成功后，可以从“数据库”节点中查看到新附加的数据库。

【技能训练 1-5】分离和附加数据库 SchoolDB

技能要点

（1）分离数据库。

（2）附加数据库。

需求说明

（1）分离数据库 SchoolDB。

（2）将物理文件复制或者移动到新的物理位置，如从“D 盘”复制或者移动到“E 盘”。

（3）附加新位置的数据库 SchoolDB。

关键点分析

（1）分离数据库是移去逻辑数据库，数据库文件存储在新建数据库时设置好的文件夹中，复制或者移动时到该文件夹中查找。

（2）复制和移动数据库文件时，必须对数据库文件和日志文件同时操作，否则无法附加数据库，且可能造成数据库文件被破坏。

（3）附加数据库使用的是已有的数据库文件和事务日志文件中的数据。

补充说明

（1）分离的数据库虽然不再显示在“数据库”列表中，但并没有被删除，其物理文件依然保存在磁盘中。

（2）数据库没有分离之前，不可以对物理数据库文件进行删除、复制、移动等操作，如图 1-37 所示。

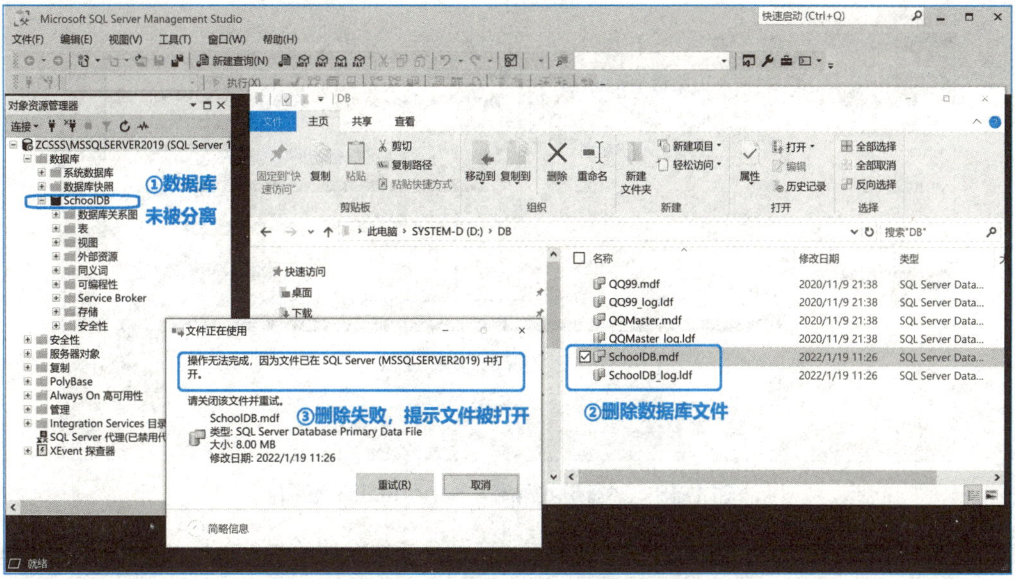

图 1-37　“未分离数据库直接删除失败”界面

1.4.5　数据库的备份和还原

在数据库运行中，难免会遇到诸如人为错误、磁盘损坏、电脑病毒、断电等，这些都会影响数据库的正常使用和数据的正确性，甚至破坏数据库，导致部分数据或是全部数据丢失。备份和还原是一种保护数据库中关键数据的重要手段，在数据库的正常状态下对数据库进行备份，当数据库出现意外故障时就可以用备份把数据还原到正常状态，从而有效地保障了数据的安全性和完整性。

在 SQL Sever 中提供了四种数据库备份方式，分别是完全备份、差异备份、事务日志备份、文件和文件组备份。

（1）完全备份。备份整个数据库的所有内容，包括事务日志。

（2）差异备份。只备份上次完整备份后更改的数据部分。

（3）事务日志备份。只备份事务日志里的内容。

（4）文件和文件组备份。如果数据库创建了多个数据库文件或文件组，只备份数据库文件中的某些文件。

完全备份是一次性备份整个数据库到目的地址，还原的时候也是一次性从备份设备中还原。下面以完全备份为例，介绍数据库的备份和还原。

1．完全备份数据库

对数据库 SchoolDB 进行完全备份的基本操作步骤如下：

（1）打开“备份数据库 -SchoolDB”界面。展开“数据库”节点，右击数据库“SchoolDB”选项，在弹出的快捷菜单中选择“任务”→“备份”命令，弹出“备份数据库 -SchoolDB”窗口，在“备份类型”下拉列表框中选择“完整”选项，在“名称”文本框内输入备份集名称，在“说明”文本框中输入对备份集的描述（可选），如图 1-38 所示。

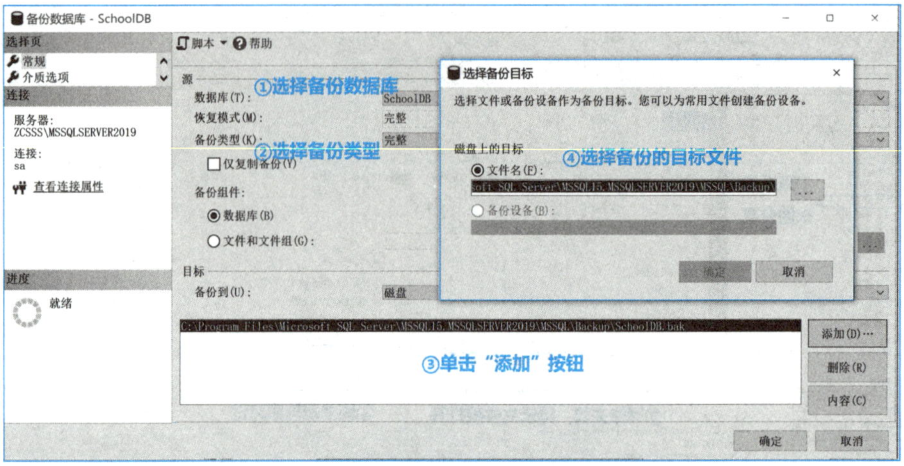

图 1-38 “备份数据库 -SchoolDB”窗口

（2）选择备份的目标文件。在“目标”选项下显示的是系统默认的备份地址，选中默认地址删除后，再单击“添加”按钮，选择保存的位置，在弹出的“选择备份目标”对话框中选择数据库备份的位置并输入数据库备份物理名称为 SchoolDB.bak，如图 1-38 所示。

（3）查看备份文件。单击“确定”按钮后，即可在目标位置下看到备份的文件 SchoolDB.bak。

2. 还原数据库

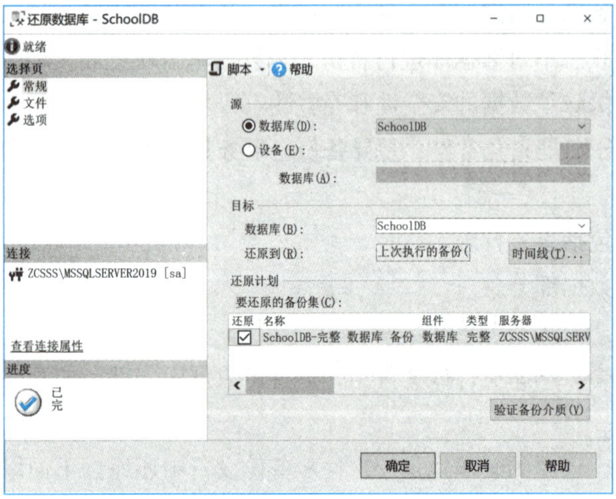

图 1-39 “还原数据库 -SchoolDB”窗口

对数据库做了备份后，当数据发生损坏或丢失时就可以用备份的数据库内容来还原数据库。

下面以数据库 SchoolDB 为例介绍还原数据库的操作步骤。

（1）在 SSMS 中分离已损坏的数据库。

（2）还原数据库。右击“数据库”节点，在弹出的快捷菜单中选择“还原数据库”命令，打开“还原数据库 -SchoolDB”窗口，如图 1-39 所示。在“源数据库”下拉列表中选择“SchoolDB”，在“目标数据库”文本框中输入数据库名称，默认为“SchoolDB”。单击“确定”按钮，完成数据库的还原。

1.4.6 删除数据库

不再使用的数据库可以删除，以释放磁盘空间。

在“对象资源管理器”中右击需要删除的数据库，在弹出的快捷菜单中选择“删除”命令，可以直接删除数据库，同时删除数据库的数据库文件和事务日志文件。

在删除数据库时必须谨慎，因为一旦删除了数据库，该数据库中的所有信息都将丢失。

数据库的所有操作，包括数据库选项的配置，都可以使用 SQL 语句来完成，这部分内容将在后续章节中介绍。

【技能训练 1-6】备份和删除数据库 SchoolDB。

技能要点

（1）完全备份数据库。

（2）删除数据库。

（3）还原数据库。

需求说明

（1）采用“完全备份”的方式备份数据库 SchoolDB，备份位置：“E:\BAK”，备份文件名：“SchoolDB_bak”。

（2）删除 SchoolDB 数据库。

（3）通过备份的文件“SchoolDB_bak”还原数据库 SchoolDB。

关键点分析

（1）在删除数据库之前，必须先备份好该数据库，以免数据库丢失。

（2）在删除数据库时需要先关闭该数据库。

（3）在查询中，如果用到此数据库也应先关闭查询。

补充说明

查询等数据库操作将在后续章节中学习。

本章总结

本章主要介绍了用数据库来管理数据的基本概念和 SQL Server 2019 的主要版本，详细介绍了 SQL Server 2019 数据库系统和 SQL Server Management Studio 的安装过程、登录连接到数据库并创建登录用户、创建和管理数据库及数据库用户。

本章知识技能体系结构如图 1-40 所示。

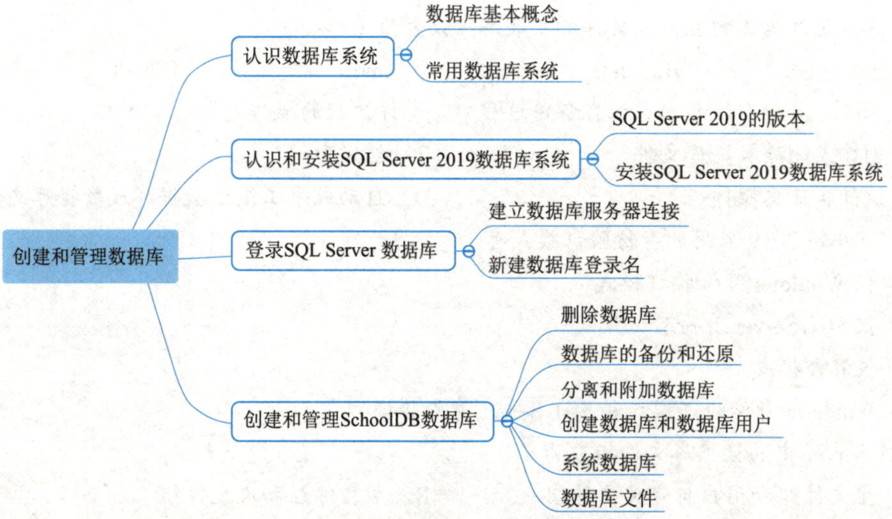

图 1-40　知识技能体系结构图

习题

一、选择题

1. 某单位由不同的部门组成，不同的部门每天都会产生一些报告、报表等数据，以往都采用纸张的形式来进行数据的保存和分类，随着业务的扩展，这些数据越来越多，管理这些报告、报表也越来越费时费力，此时应该考虑（　　）。

A. 由多个人来完成这些工作　　B. 在不同的部门中，由专门的人员去管理这些数据
C. 采用数据库系统来管理这些数据　　D. 把这些数据统一成一样的格式

2. 数据完整性是指（　　）。

A. 数据库中的数据不存在重复　　B. 数据库中所有的数据格式是一样的
C. 所有的数据全部保存在数据库中　　D. 数据库中的数据能够正确地反映实际情况

3. 用户在 SQL Server 中建立的 MySchool 数据库属于（　　）。

A. 用户数据库　　B. 系统数据库　　C. 数据库模板　　D. 数据库管理系统

4. 一个登录名的数据库角色成员身份被设置为 ab_denydatawriter，该用户对数据库将（　　）。

A. 只能写入数据，不能读取数据　　B. 不能写入数据
C. 既能写入数据，也能读取数据　　D. 能够执行所有的管理操作

5. 数据冗余指的是（　　）。

A. 数据和数据之间没有联系　　B. 数据有丢失
C. 数据量太大　　D. 存在重复的数据

6. （　　）的操作是把已经存在于磁盘的数据库文件恢复成数据库。

A. 附加数据库　　B. 删除数据库　　C. 分离数据库　　D. 压缩数据库

7. 通过数据库的选项可以设置数据库（　　）。

A. 是否是只读的　　B. 物理文件是否允许被删除
C. 允许创建的表的数目　　D. 表中所允许的最大数据行的数目

8. SQL Server 数据库的主数据文件的扩展名应设置为（　　）。

A. .sql　　B. .mdf　　C. .mdb　　D. .db

9. SQL Server 支持在线备份，但在备份过程中，允许执行的操作是（　　）。

A. 创建或删除数据库文件　　B. 创建索引
C. 执行非日志操作　　D. 自动或手工缩小数据库或数据库文件大小

10. SQL Server 2019 采用的身份验证模式有（　　）。

A. 仅 Windows 身份验证模式
B. 仅 SQL Server 身份验证模式
C. 仅混合模式
D. Windows 身份验证模式和 SQL Server 身份验证模式

11. SQL Server 中的数据库文件组分为（　　）。

A. 主文件组和用户自定义文件组　　B. 主文件组和次文件组
C. 用户自定义文件组和次文件组　　D. 以上都不是

12. SQL Server 2019 中的数据库日志文件扩展名是（　　）。

A. .sql　　B. .mdf　　C. .mdb　　D. .ldf

13. 将自己计算机中创建的数据库拷贝到用户的计算机中，首先必须执行的操作是（　　）。

A. 压缩数据库　　B. 创建数据库　　C. 分离数据库　　D. 附加数据库

14.（　　）系统数据库包含系统的所有信息。

A. Master　　B. Resource　　C. Model　　D. Msdb

15. 数据库的容量（　　）。

A. 只能指定固定的大小　　B. 最小为 10 MB

C. 最大为 100 MB　　D. 可以设置为自动增长

二、操作题

1. 在自己的计算机上安装好 SQL Server 2019 数据库系统，并做好相关配置。

2. 在 SQL Server Management Studio 中，创建一个网吧计费系统的数据库，要求如下：

（1）数据库名：NetBar。

（2）物理文件位置：D:\NetBar。

（3）数据库物理文件初始大小：10 MB。

（4）是否允许自动增长：是。

（5）自动增加方式：每次增加 1 MB。

（6）最大数据容量：500 MB。

（7）是否自动收缩：是。

（8）数据库登录名：NetMaster。

（9）登录对数据库的访问权限：只能是执行查询，其他操作都不允许。

（10）对数据库进行分离，在后续各章节的课后练习中均使用该数据库，请保存好该数据库文件。

第 2 章
创建和管理数据表

工作任务

- 完成表的创建
- 完善表的结构
- 建立表间关系

知识技能目标

- 了解实体和记录的概念
- 理解数据完整性的含义和实现途径
- 熟悉常用的数据类型
- 掌握表的创建
- 掌握常用约束的创建
- 掌握数据库关系图的创建
- 掌握表的删除

重点难点

- 数据完整性概念及每种约束在数据完整性中的作用
- 约束的创建
- 数据库关系图的创建

在 SSMS 中创建了数据库后，还不能存储数据，因为数据库本身无法直接存储数据，如果要存储数据必须通过数据库中的数据表来实现。

2.1 数据表的完整性

2.1.1　实体和记录

实体是所有客观存在、可以被描述的事物。例如，学生、课程、教室、假期等都属于客观存在、可以被描述的事物，这些都称为实体。

在描述实体时，是针对实体的特征进行描述的。例如针对学生，可以从学号、姓名、性别、出生日期、班级及家庭住址等几个方面进行描述；针对课程，可以从课程编号、课程名称、学时及学分等几个方面进行描述。

对于学生而言，虽然都是从学号、姓名、性别、出生日期、班级及家庭住址等进行描述，但是具体到不同的学生，其学号、姓名、性别、出生日期、班级及家庭住址等是不一样的。因此，只要是对学生的描述，描述的格式是一样的，在这种格式下，不同的数据体现了不同的实体。

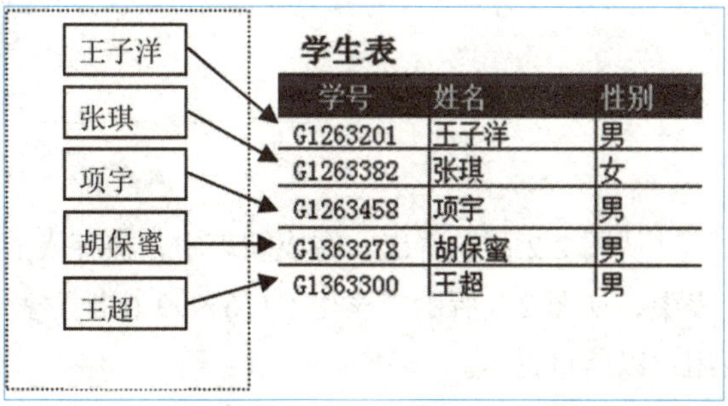

图 2-1　记录与实体

数据库中用数据表来存储这种相同类型和格式的实体。在图 2-1 所示的表中，每一行对应一个实体，通常也称为一条记录。表中的每一列，如学号、姓名等，通常也称为“字段”。

数据库由很多表组成，包含存储实体的数据表，也包含表达实体关系的表。例如，学生和课程之间是存在联系的，某个学生会学习某门课程，因此需要建立学生与课程的“关系”，这种关系也是通过表来存储的。

微　课

实体及数据完整性

2.1.2　数据完整性

数据完整性是指数据的准确性，准确性是通过数据库表的约束来实现的。例如，在存储学生信息的表中，如果允许任意输入学生信息，则同一个学生的信息在同一张表中可能会重复出现；如果不对表中存储的性别加以限制，那么学生的性别可能出现除男或女以外的值，这样的数据都不具备完整性。

SQL Server 中数据完整性包含四种类型：实体完整性、域完整性、参照完整性及用户自定义完整性。

1. 实体完整性

实体完整性要求表中的每一条记录反映不同的实体，不能存在相同的记录。通过主键约束、标识列属性、唯一约束或索引，可以实现表的实体完整性。

2. 域完整性

域完整性是指表中字段输入值的有效性。通过设置字段的类型、取值范围（CHECK 约束）、默认值

（DEFAULT）和非空约束等，可以实现域完整性。如性别只能为男或女，为了确保不合格的数据不进入数据库表中，可以使用 CHECK 约束进行限制。

3．参照完整性

在输入或删除记录时，参照完整性保证了两张表中相关联字段值的一致性。

例如，在管理学生信息时，学生表中存储学生的信息，成绩表中存储考试成绩的信息，并且成绩表中有一列数值为学号，通过这个学号的值在学生表能查找到学生的详细信息，如图 2-2 所示。

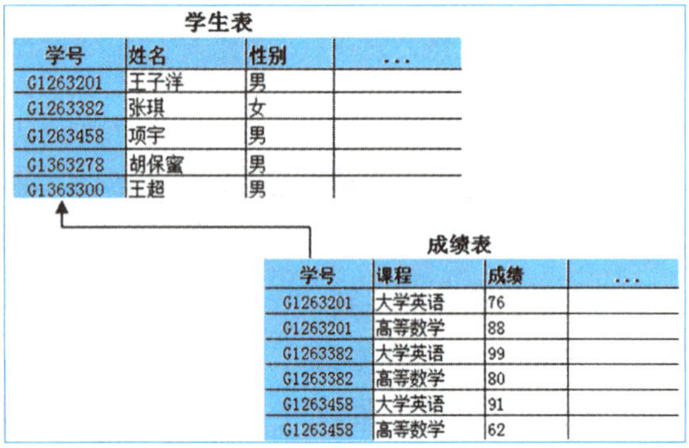

图 2-2　学生成绩管理

从图 2-2 可以看出，在成绩表中，被存入的学号必须是在学生表中已经存在的，否则不能存到成绩表中，如图 2-3 所示，学生 G1263999 在学生表中不存在，则在成绩表中添加其成绩是错误的，需要给用户以信息提示。

成绩表

学号	课程	成绩	...
G1263201	大学英语	76	
G1263201	高等数学	88	
G1263382	大学英语	99	
G1263382	高等数学	80	
G1263458	大学英语	91	
G1263458	高等数学	62	
G1263999	大学英语	75	学号不存在，出现异常

图 2-3　成绩表异常

此外，如果张琪已经有了成绩信息，如成绩表的第三、四行所示，当张琪毕业离校后，就不能直接从学生表中将其记录删除。

参照完整性通过外键约束来实现。

4．用户自定义完整性

用户自定义完整性用来定义特定的规则。通过数据库的规则、触发器及存储过程等方法进行约束。

2.1.3　主键和外键

微　课
主键和外键

1. 主键

主键（Primary Key）约束可以实现数据的实体完整性。

规范化的数据库中的每张表都必须设置主键约束，主键的字段值必须是唯一的，不允许重复，也不能为空。

一张表只能定义一个主键，主键可以是单一字段，也可以是多个字段的组合。

例如，在学生表中，可以设置“学号”为主键，因为在一所学校内部学号是唯一的。

2. 外键

外键（Foreign Key）约束可以使一个数据库的多张表之间建立关联，外键约束可以保证数据的参照完整性。

例如，在成绩表的学号字段上建立外键约束，关联到学生表的学号字段。此时，学生表称为“主表”，成绩表称为“从表”（或称为“相关表”）。一个表可以有多个外键。

设置了外键约束后，外键的值只能取主表中主键的值或空值，从而保证了参照完整性。

2.2　创建数据表

2.2.1　数据类型

在 SQL Server 2019 中，每个字段（列）、局部变量和参数都有一个相关的数据类型，用来限定该对象所存储的数据的类型。表 2-1 列出了常见数据类型。

表 2-1　SQL Server 数据类型

分类		数据类型	说明
数值数据类型	精确数字	int smallint tinyint bigint	整数
		decimal(p[,s])	p 代表范围，指的是小数点左右所能存储的数字的总位数；s 是精度，指的是小数点右边存储的数字的位数
	近似数字	float real	-1.79E+308~1.79E+308 -3.40E+38~3.40E+38
日期和时间数据类型	用于存储日期和时间，在单引号内输入，如 '2010-3-8'	datetime	从 1753 年 1 月 1 日到 9999 年 12 月 31 日间所有的日期和时间数据，精确到三百分之一秒或 3.33 毫秒
字符数据类型	字符数据包括任意字母、符号或数字字符的组合	char	固定长度的非 Unicode 字符数据，最大长度为 8 000 个字符
		varchar	可变长度的非 Unicode 字符数据
		nchar	固定长度的 Unicode 字符数据
		nvarchar	可变长度的 Unicode 字符数据
		text	可变长度的非 Unicode 长文本
		ntext	可变长度的 Unicode 长文本

续表

分类		数据类型	说明
货币数据类型	代表货币或货币值	money	精确到小数点后四位
二进制数据类型	用来存储非字符和文本的数据	binary varbinary image	固定长度的二进制数据 可变长度的二进制数据 可用于存储图像

2.2.2 使用 SSMS 创建数据表

数据表是数据库中最重要的对象，整个数据库中的数据都是物理存储在各个数据表中的。数据库中的表包含系统表和用户表。系统表是创建数据库时自动生成的，用来保存数据库自身的信息。用户表存储用户数据。

展开创建数据表的数据库，右击数据库下的“表”选项，然后在弹出的快捷菜单中选择“新建”→“表”命令，如图 2-4 所示。

输入每个列的列名及数据类型，如图 2-5 所示。对于字符数据类型，还需要输入长度信息，如 char(10) 指长度为 10 的定长字符数据，其中括号中的长度可以改变。

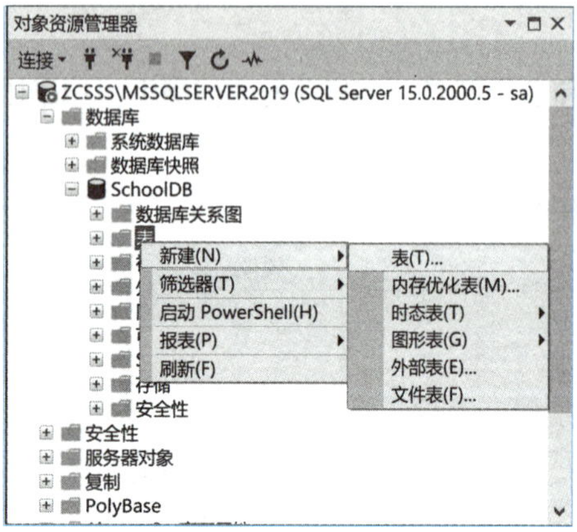

图 2-4 “表”快捷菜单

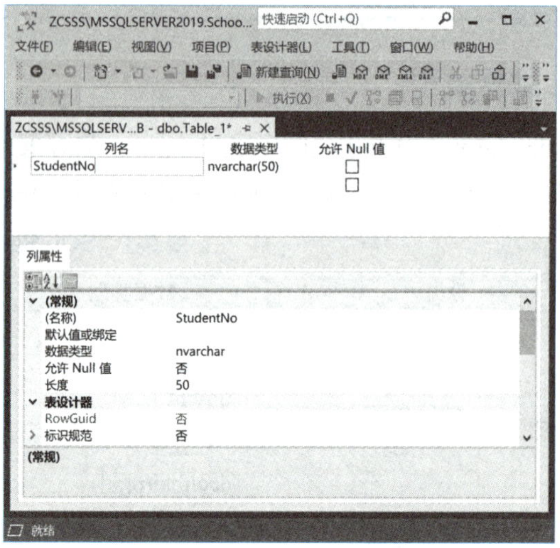

图 2-5 设置列名及数据类型

所有列及数据类型都确定好后，需要对表进行保存。选择“文件”菜单中的“保存”或快捷工具栏中的“保存”按钮，打开“选择名称”对话框输入表名即可，如图 2-6 所示。

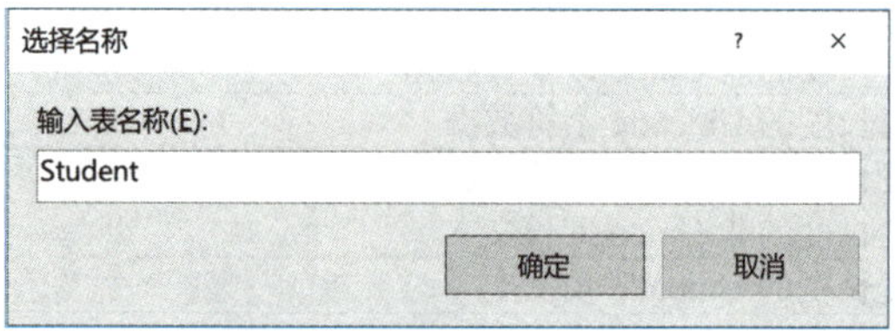

图 2-6 “选择名称”对话框

保存好的数据表，在“对象资源管理器”中，展开“SchoolDB”数据库下的“表”节点，将看到新创建的数据表。

【技能训练 2-1】创建 SchoolDB 数据库中的 4 张数据表

技能要点

（1）建立数据库表的步骤。

（2）表中各列的名称和数据类型等字段属性的设置。

（3）保存数据库表。

需求说明

（1）创建学生信息表 Student，表的基本信息见表 2-2。

表 2-2　学生信息表 Student 结构

列名	数据类型	是否允许为空	默认值	描述
StudentNo	nvarchar(50)	—	—	学号，主键
StudentName	nvarchar(50)	—	—	姓名
Sex	char(2)	—	—	性别
BornDate	datetime	是	—	出生日期
GradeId	int	—	—	所在学期
Phone	nvarchar(50)	—	—	联系电话
Address	nvarchar(255)	是	北京市	家庭地址
Email	nvarchar(50)	是	—	电子邮件
IdentityCard	varchar(18)	是	—	身份证号

（2）创建学期表 Grade，表的基本信息见表 2-3。

表 2-3　学期表 Grade 结构

列名	数据类型	是否允许为空	默认值	描述
GradeId	int	—	—	学期编号，主键
GradeName	nvarchar(50)	—	—	学期名称

（3）创建课程表 Subject，表的基本信息见表 2-4。

表 2-4　课程表 Subject 结构

列名	数据类型	是否允许为空	默认值	描述
SubjectId	int	—	—	课程编号，主键
SubjectName	nvarchar(20)	—	—	课程名称
ClassHour	int	—	—	学时
GradeId	int	—	—	所属学期

（4）创建成绩表 Result，见表 2-5。

表 2-5　成绩表 Result 结构

列名	数据类型	是否允许为空	默认值	描述
Id	int	—	—	标识列，自增 1，主键
StudentNo	nvarchar(50)	—	—	学号
SubjectId	int	—	—	所考课程编号
StudentResult	int	是	—	分数
ExamDate	datetime	—	—	考试日期

关键点分析

（1）通过 SSMS 附加创建好的数据库 SchoolDB。

（2）根据每张表的信息分别创建数据表，输入列名称，设置列的数据类型。

（3）完成一张表后，保存并关闭表结构，再创建下一张表。

补充说明

（1）表信息中的“是否允许为空”“默认值”和描述的主键、条件、标识列等参数信息，将在下一节中实现，此处仅需要设置好“列名”和“数据类型”即可。

（2）注意列的名称、类型等务必正确，后续章节的学习都将以这 4 张表为基础，以免返工。

（3）要以正确的名称保存各数据表。

2.3 完善数据表的结构设计

2.3.1　是否允许为空值

表的字段是否允许为空也是一项约束，如果该列允许为空，则在输入数据行时，这一项可以不输入。

列是否允许为空和具体的要求相关。例如，学生的地址不是很重要，可以为空；而姓名是重要的、不可或缺的信息，就不应该允许为空。

在 Student 表上右击，在弹出的快捷菜单选择“设计”命令，就可以对表的结构进行修改，如图 2-7 所示。

微　课

设置允许为 NULL

图 2-7　表的快捷菜单

进入图 2-5 所示的“表结构设计”界面后，将不允许空值的列名后的“允许 Null 值”复选框取消，根据表 2-2 的描述，出生日期、家庭地址、电子邮件和身份证号 4 个字段允许为空，设置结果如图 2-8 所示。

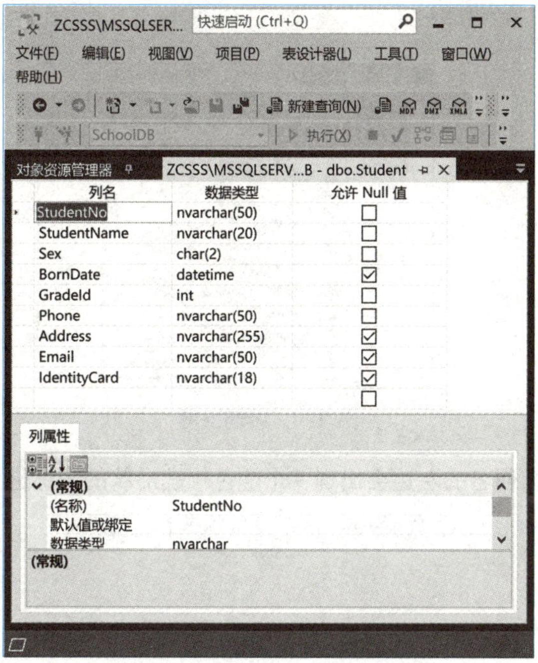

图 2-8 “表结构设计”界面

【技能训练 2-2】设计 Student 和 Result 表中允许为空的字段

技能要点

（1）对表结构进一步优化。

（2）设置允许为空的字段。

需求说明

（1）根据表 2-2 的描述，对上一阶段创建的 Student 表进行完善，设置字段是否允许为空。

（2）根据表 2-5 的描述，对上一阶段创建的 Result 表进行完善，设置字段是否允许为空。

关键点分析

（1）右击数据表“Student”，在弹出的快捷菜单中选择“设计”命令。

（2）进入表设计界面后，根据需求，设计 Student 表中为空的字段。

（3）对 Result 表进行类似的操作。

（4）设置完成后要及时保存。

补充说明

（1）数据库中的列若允许为空，则在输入数据行时，该项可以不输入。

（2）实际项目开发时，是否允许为空要根据实际项目需要确定，比如重要的、不可或缺的信息，就不应当允许为空。

2.3.2 建立主键

进入需要设置主键的表的结构设计界面，右击需要建立主键的列名，然后在弹出的快捷菜单中选择“设置主键”命令即可，如图 2-9 所示。

微 课

设置主键

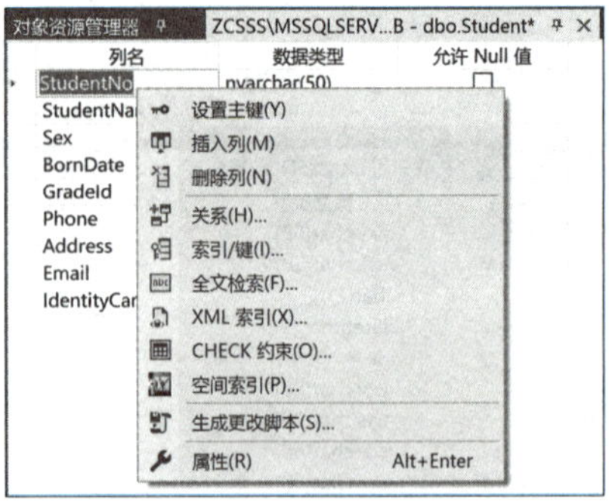

图 2-9 设置主键

某列被设置为主键后，该列名的左边会出现一个金色钥匙形状的图标进行标识，表示主键设置成功。

【技能训练 2-3】设计 SchoolDB 数据库中的 4 张数据表的主键

技能要点

建立主键。

需求说明

根据表 2-2、表 2-3、表 2-4 和表 2-5 的需求描述，为 SchoolDB 数据库中的 4 张数据表分别建立主键。

关键点分析

（1）建立主键前需要打开该表的设计视图。

（2）选择要建立主键的列右击，然后在弹出的快捷菜单中选择“设置主键”命令。

（3）要确定指定主键列名称的左边出现金色钥匙小图标。

（4）设置完成后要及时保存。

补充说明

（1）表中的主键也可以是由多个列组合的复合主键。

（2）建立复合主键时需要按住【Ctrl】建选择多列后再设置主键。

（3）如果设置错误，可以在已经设置为主键的列名称上右击，在弹出的快捷菜单中选择“删除主键”命令即可。

2.3.3 默认值

微 课

设置默认值

表中某些字段数据经常为固定值，或出现某些数据的频率较多，为了减少用户的工作量，可以为这些字段的值事先设置为默认值。例如，在“图书管理系统”中借阅表中“借出日期”通常默认是当天的日期。

设置某个字段的默认值前，要先单击该列，在下方的“列属性”中找到“默认值或绑定”项，在其中输入需要的默认值即可，如图 2-10 所示。

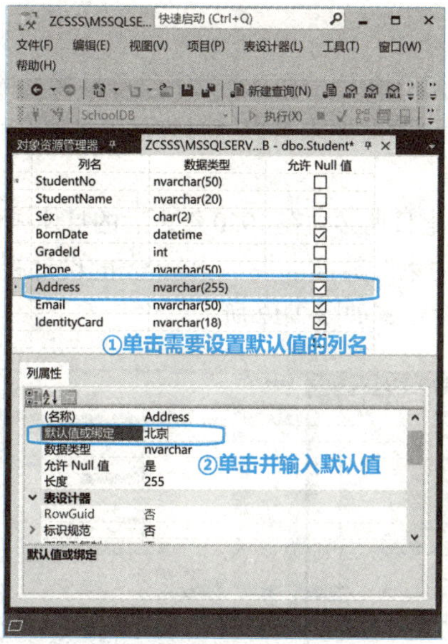

图 2-10　设置列的默认值

Address 列设置默认值为“北京”后，这一列可以在没有输入住址的情况下，都统一为该住址。

【技能训练 2-4】设计 Student 表的默认值

技能要点

设置默认值。

需求说明

（1）根据表 2-2 的需求描述，将 Student 表中字段 Address 设置默认值为“北京”。

（2）设置完成后要及时保存。

关键点分析

进入设计视图，根据需求说明，设置好表的默认值。

补充说明

（1）建立默认值后，当用户没有在该列中输入值，则将定义的值赋给该列。

（2）测试“默认值”是否成功。在图 2-7 所示的快捷菜单中选择“编辑前 200 行”菜单命令，进入编辑表数据界面，如图 2-11 所示。输入每列的值，其中允许为空的列和设置为默认值列不要输入，以测试设置是否成功。

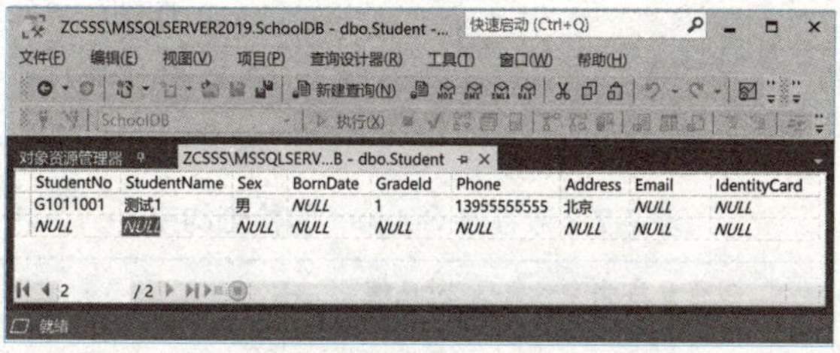

图 2-11　编辑表数据测试默认值

2.3.4 建立检查约束

微 课

设置检查约束

检查约束也称为 CHECK 约束，用于定义字段可以接受的数据值或格式。例如年龄不能小于零，性别只能为男或女，这些要求可以通过表的 CHECK 约束来实现，以提高数据的科学性和规范性。

例如，设置学生的出生日期必须在 1950 年之后的具体操作步骤如下：

（1）打开“CHECK 约束”界面。在 Student 表的设计视图中右击任意列名，选择快捷菜单中的“CHECK 约束”命令，如图 2-12 所示。

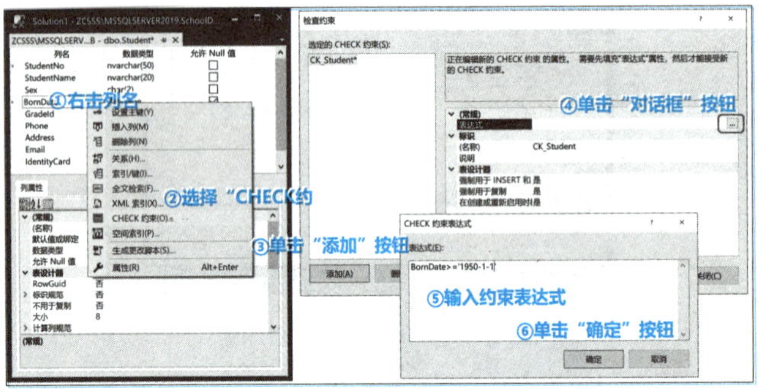

图 2-12　表设计视图的快捷菜单

（2）编辑约束表达式。在弹出的“检查约束”对话框中单击“添加”按钮，将添加一个新的约束。单击“表达式”最右边的“...”按钮，弹出的“CHECK 约束表达式”对话框。在该文本框中输入约束表达式“BornDate>='1950-1-1'”后，单击“确定”按钮，返回“检查约束”对话框，单击“关闭”按钮，如图 2-12 所示，检查约束设置完成。

（3）保存表。设置完成后，及时保存修改后的表，以免丢失设置信息。

【技能训练 2-5】设计 SchoolDB 数据库中的数据表的检查约束

技能要点

添加检查约束。

需求说明

根据实际的业务需求，为 SchoolDB 数据库中的 3 张表分别添加检查约束，具体要求如表 2-6、表 2-7 和表 2-8 所示。

表 2-6　学生信息表 Student 的检查约束

列名	数据类型	是否允许为空	默认值	描述
Sex	char(2)	—	—	性别，只能填写“男”或“女”
Email	nvarchar(50)	是	—	电子邮件，必须包含“@”字符

表 2-7　课程表 Subject 的检查约束

列 名	数据类型	是否允许为空	默认值	描 述
ClassHour	int	—	—	学时，必须大于零

表 2-8　成绩表 Result 的检查约束

列　名	数据类型	是否允许为空	默认值	描　述
StudentResult	int	是	—	分数，必须在 0~100 之间

关键点分析

（1）设置表中各列可接受的数据值或者格式的要求。表达式的格式必须正确。

（2）“男”或“女”的表达式为“Sex=' 男 ' or Sex=' 女 '”。

（3）电子邮件中必须包含“@”字符的表达式为“Email like '%@%'”。

补充说明

（1）建立了检查约束后，向表中该列输入、插入或者更新时，约束将起作用。

（2）如果输入的值与建立的约束不符，将出现错误报告。

微　课

设置自动标识列

2.3.5　标识列

在某些情况下，表中找不到合适的列作为主键。例如在学生成绩表中，如果要做到不重复的话，需要考虑学号、课程编号和考试日期等多种隐私，这时可以指定一个特殊的字段来区分每一条记录。

SQL Server 提供了一个“标识列”，标识列本身没有具体的意义，只是用来区分不同的记录。标识列的实现方式如下：

（1）设计为标识列的字段的数据类型一般为整型。

（2）定义标识列后，还需要设置“种子”和“增量”，默认值都是 1。

（3）定义了标识列后，每次输入数据时，标识列数据会随记录的增加而自动增加；记录被删除后，标识列的值也随之删除，以后输入记录时，标识列的数据会继续增加。

（4）标识列通常被定义为主键。

例如，将 Result 表中 Id 设置为“标识列”。

进入 Result 表的设计视图，单击“Id”列名，在“列属性”下的“标识规范”中选择“是”，这时“标识增量”和“标识种子”都为 1，如图 2-13 所示。

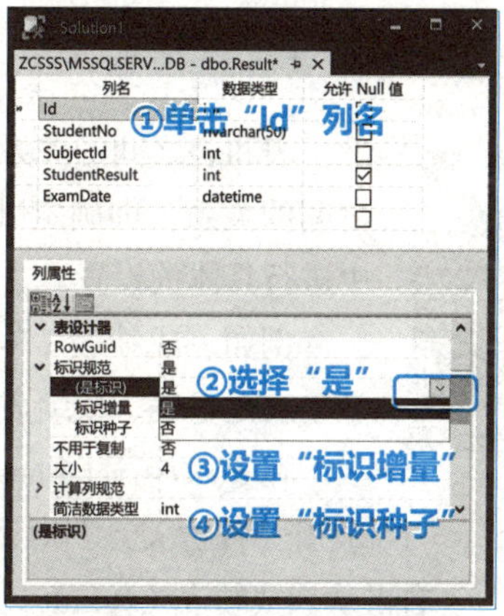

图 2-13　设置标识列

【技能训练 2-6】设计 SchoolDB 数据库中的数据表的标识列

技能要点

添加标识列。

需求说明

根据表 2-9 为成绩表 Result 添加标识列。

表 2-9　成绩表 Result 的标识列

列名	数据类型	是否允许为空	默认值	描述
Id	int	—	—	标识列，自增 1

关键点分析

（1）定义为标识列的数据类型必须为整型，如果不是整型的话需要先修改类型。

（2）测试标识列是否设置成功。在表 Result 上右击，选择“编辑前 200 行”命令，进入编辑视图，如果“Id”列的值不能输入，则表示“标识列”设置正确，如图 2-14 所示。

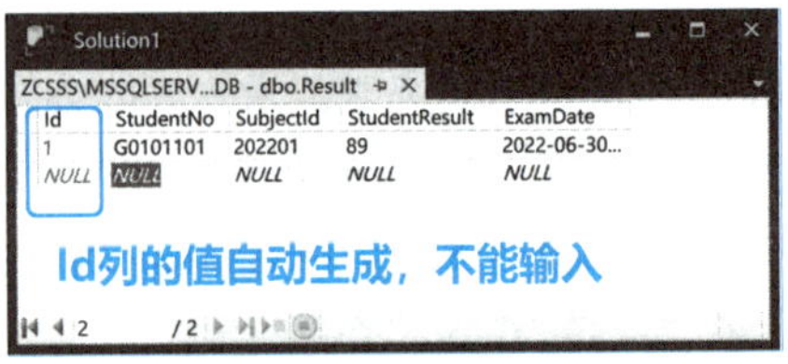

图 2-14 测试标识列是否正确

补充说明

（1）标识列中的数据是自动生成的，不能在该列上输入数据。

（2）使用 SQL 语句插入数据时，也不允许为标识列指定值。

2.4 建立数据表间关系

2.4.1 设置外键约束

微 课

设置外键约束

表和表之间的关系是通过设置外键来实现的，在建立主外键关系之前要设计好主表和从表之间的关系，即确定哪张表为主表，哪张表为从表，并确定引用的具体字段，然后再在 SSMS 中进行具体的设置。

例如，成绩表（Result）中的列 StudentNo 引用了学生表（Student）中的 StudentNo，因此，学生表是主表，成绩表是从表。

在 SQL Server Management Studio 中，设置外键的步骤如下：

（1）打开“外键关系”对话框。

右击从表成绩表（Result）进入设计视图，然后右击列名，在弹出的快捷菜单中选择“关系”命令，打开“外键关系”对话框，如图 2-15 所示。

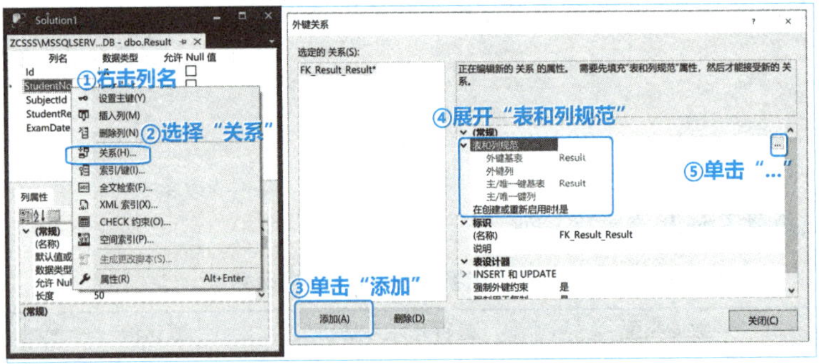

图 2-15 打开“外键关系”对话框

（2）打开“表和列”对话框。

在2-15所示的图中单击“添加”按钮，添加新的关系，单击“表和列规范”右侧的“…”按钮，打开“表和列”对话框，如图 2-16 所示。

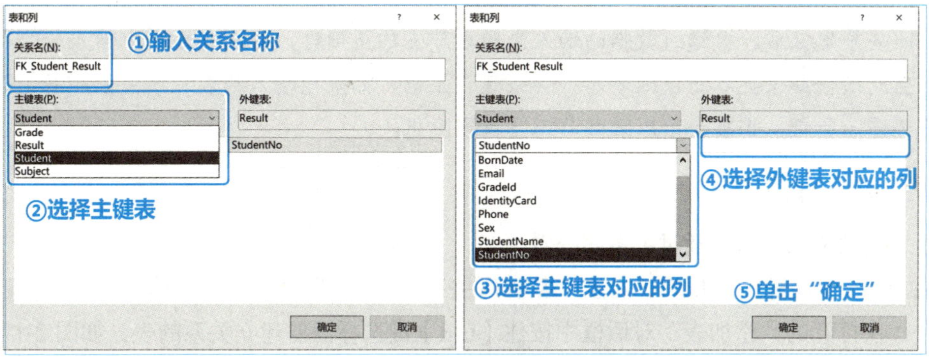

图 2-16 “表和列”对话框

（3）设置主键表和外键表

选择主键表为 Student，对应的列为 StudentNo，选择对应的外键表 Result 的列为 StudentNo。单击“确定”按钮，并保存表结构，完成它们之间的主外键关系的建立。

【技能训练 2-7】建立 SchoolDB 数据库中表间关系

技能要点

（1）表的主外键对应。

（2）表间关系的建立。

需求说明

对于已经建立的四张表，建立它们之间的数据引用关系，见表 2-10。

表 2-10 SchoolDB 数据库表之间的主外键关系汇总

外键表名	外键字段名	主键表名	主键字段名
Subject	GradeId	Grade	GradeId
Student	GradeId	Grade	GradeId
Result	StudentNo	Student	StudentNo
Result	SubjectId	Subject	SubjectId

关键点分析

（1）学期表 Grade 当中只有两列，不受其他表列的限制。

（2）在建立主外键之前，确保学期表 Grade 以外的 3 张表为空表，如果已经存在数据，违反了主外键约束的情况下无法建立主外键关系，建议先删除数据。

（3）主键表的选择、主键表对应的列选择、外键表和外键表对应的列选择要正确。

补充说明

（1）学生信息表 Student，每个学生肯定在读某个学期，一个学期可以包含多个学生。

（2）课程表 Subject 中，每个科目一定是在某个学期学习，它应该对应着学期表 Grade 中的信息，一个科目只能属于一个学期，一个学期可以有多个科目。

（3）成绩表 Result 与学生表 Student 和课程表 Subject 有关系，每条成绩表示某个学生的某个课程的成绩。

（4）表间关系建立后，要通过数据的输入来验证建立的正确性，如在成绩表中输入一个在学生表中不存在的学生成绩，如果提示错误则表示该关系建立正确，如果能输入则表示该关系建立错误。其他几个关系也需要逐一验证，否则会给后续章节练习留下隐患。

2.4.2 建立数据库关系图

查看表之间的关系，需要通过关系图查看。

可以在 SSMS 中展开该数据库，右击“数据库关系图”，在弹出的快捷菜单中选择“新建数据库关系图”命令，在打开的“添加表”对话框中按住【Ctrl】键选择需要建立关系的表，如图 2-17 所示。

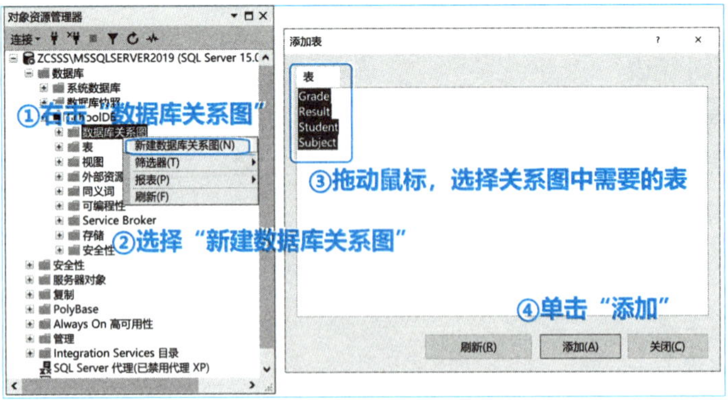

图 2-17 建立数据库关系图

选择好建立的关系图的表后，建立的关系如图 2-18 所示。

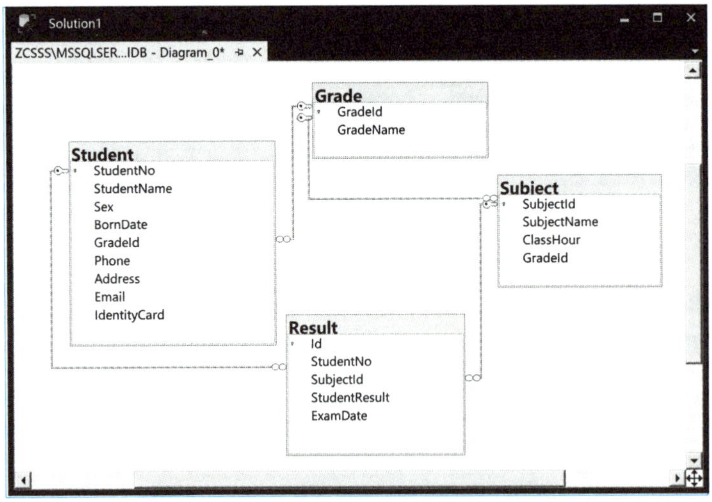

图 2-18 SchoolDB 数据库中的关系图

对于建立了主外键关系的表，录入数据时需先录入主表的数据，然后才能录入从表的数据，并且从表中外键的值只能是主表中已经存在的值。例如，在上面的 SchoolDB 数据库中，首先要录入学期表（Grade），然后录入学生表（Student）和课程表（Subject），最后才能录入成绩表（Result）。

【技能训练 2-8】创建 SchoolDB 数据库关系图

技能要点

创建数据库关系图。

需求说明

对 SchoolDB 数据库已经建立的 4 张表及表间关系，创建数据库关系图，完整的关系图如图 2-18 所示。

关键点分析

（1）建立关系图之前必须先建立各表之间的主外键关系。

（2）数据库关系图建立好后需要保存好，在“对象资源管理器”中展开“数据库关系图”节点，将可以看到建立成功的关系图，如图 2-18 所示。

补充说明

建立数据库关系图仅仅是以图形的形式展示各表之间的关系，随时可以查看，对数据库的设计和应用没有直接影响。

2.5 删除数据表

对于不再使用的数据表，可以在数据库中将该表删除，以节省系统空间，减少系统维护负担。删除表的方法如下：

选择需要删除的数据表，右击该表，在弹出的快捷菜单中选择“删除”命令，可以直接把该表删除，如图 2-19 所示。

对于建立了主外键关系的表，若要删除主表，首先要删除从表以保证参照完整性，否则系统会报错，删除失败。

图 2-19　删除表

本章总结

本章主要介绍 SQL Server 创建和管理数据表。创建数据表的过程是设置数据列属性的过程，同时也是实施数据完整性的过程。数据完整性是创建数据表的重点和难点，包括实体完整性、引用完整性、域完整性和用户自定义完整性。

实体完整性要求数据行不能有重复，每一行数据都由主键来唯一确定。域完整性实现了对输入到特定列的数值的限制。引用完整性是通过建立主表和从表的关系来实现的，要求从表中相关项目的数据在主表中必须存在、主表中相关项的数据更改则从表对应的数据项也应当随之改变、在删除从表之前，不能删除主表。

创建数据库表需要确定表的列名、数据类型、是否允许为空，还需要确定主键、必要的默认值、标识列和检查约束。

本章知识技能体系结构如图 2-20 所示。

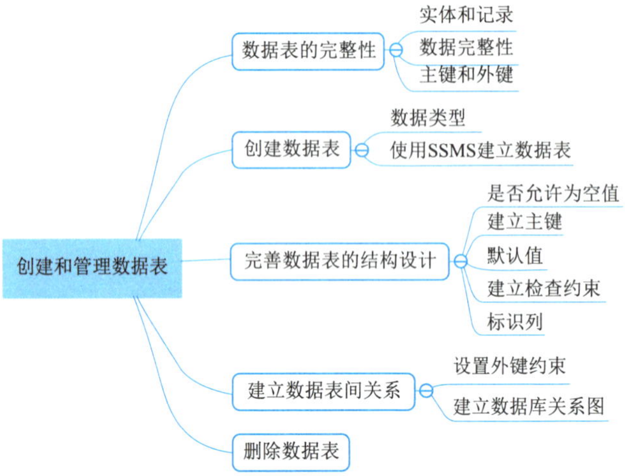

图 2-20　知识技能体系结构图

习题

一、选择题

1. SQL Server 提供了四种类型的约束实现数据完整性，包括实体完整性约束、域完整性约束、引用完整性约束和自定义完整性约束。实现实体完整性约束的方式不包括（　　）。

A. 索引　　B. 唯一约束
C. 主键约束　　D. 外键约束

2. 主键用来实现（　　）。

A. 实体完整性约束　　B. 引用完整性约束
C. 域完整性约束　　D. 自定义完整性约束

3. 电话号码应当采用（　　）格式的数据类型来存储。

A. 字符　　B. 整数　　C. 浮点数　　D. bit

4. 表 Course 中的列 CourseID 是标识列，属于自动增长数据类型，标识种子是 2，标识增量是 3。在新创建的表中首先插入三行数据，然后再删除最后一行，再向表中增加数据行时，标识值将是（　　）。

A. 9　　B. 8　　C. 11　　D. 14

5. 在 SQL Server 2019 数据库中，标识列本身没有实际意义，而是为了区分表中不同的记录。下列关于标识列的说法中错误的是（　　）。

A. 即使一个表已经存在主键，也可以设置某列为标识列
B. 不能对标识列加上默认值
C. 标识列可以是任意数据类型
D. 不能为标识列输入值

6. 要在 SQL Server 中创建一个员工信息表，其中员工的薪水、医疗保险和养老保险分别采用三个列来存储。但是该公司规定：任何一个员工，医疗保险和养老保险两项之和不能大于薪水的 1/3，这一项规则可以采用（　　）来实现。

A. 主键约束　　B. 外键约束　　C. 检查约束　　D. 默认约束

7.（　　）数据类型可以表示日期和时间。

A. datetime　　B. int　　C. char　　D. text

8. 外键是用来实施（　　）。

A. 参照完整性　　B. 域完整性　　C. 实体完整性　　D. 用户自定义完整性

9. CHECK 是用来实施（　　）。

A. 参照完整性　　B. 域完整性
C. 实体完整性　　D. 用户自定义完整性

10. 关于主键描述正确的是（　　）。

A. 包含一列　　B. 包含两列
C. 包含一列或者多列　　D. 以上都不正确

11. 关系数据库中外键是（　　）。

A. 两个表间的联系　　B. 允许导入外部数据
C. 用于两个表之间的连接查询　　D. 不允许有多个外键

12. 数据库的完整性是指数据的（　　）。

A. 正确性和相容性　　B. 合法性和不被恶意破坏
C. 正确性和不被非法存取　　D. 合法性和相容性

13. 以下关于外键和相应的主键之间的关系，正确的是（　　）。

A. 外键并不一定要与相应的主键同名
B. 外键一定要与相应的主键同名
C. 外键一定要与相应的主键同名而且唯一
D. 外键一定要与相应的主键同名，但并不一定唯一

14. 关于关系图下列哪一个是正确的（　　）。

A. 关系图是在同一个表中不同字段之间建立关联
B. 关系图是表与表之间建立关联，与字段无关
C. 关系图是在不同表中的字段之间建立关联
D. 关系图是在不同数据库之间建立关联

15. 在数据库中存储的是（　　）。

A. 数据　　B. 数据模型
C. 数据以及数据之间的联系　　D. 信息

二、操作题

1. 在前一章创建的网吧计费数据库 NetBar 中，创建如表 2-11、表 2-12、表 2-13 所要求的数据库表。

表 2-11 上网卡表（Card）的结构

列 名	数据类型	长度	是否允许为空	列说明
ID	varchar	10	否	主键，不允许有相同值
PassWord	varchar	50	否	密码
Balance	int	—	是	卡上的余额
UserName	varchar	50	是	持卡人的姓名

表 2-12 计算机表（Computer）的结构

列 名	数据类型	长度	是否允许为空	列说明
ID	varcahr	10	否	主键，不允许有相同值
OnUse	varchar	1	否	是否正在使用
Note	varchar	100	是	备注和说明信息

表 2-13 上机信息表（Record）的结构

列 名	数据类型	长度	是否允许为空	列说明
ID	int	—	否	主键，不允许有相同值
CardID	varchar	10	否	外键，引用 Card 表的 ID 列
ComputerID	varchar	10	否	外键，引用 Computer 的 ID 列
BeginTime	smalldatetime	—	是	开始上机时间
EndTime	smalldatetime	—	是	下机时间
Fee	numeric	—	是	本次上机费用

2. 对创建的表完成以下需求。

（1）针对 Record 表的 CardID、ComputerID 列，分别与 Card 表、Computer 表建立主外键关系（引用完整性约束）。

（2）Card 表中，卡上的余额不能超过 1 000 元。

（3）Computer 表中，OnUse 只能是 0 或 1。

（4）Record 表中，EndTime 不能早于 BeginTime。

第 3 章

使用 T-SQL 操作数据表和数据的导入导出

工作任务

- 完成数据表中数据的增加、修改和删除
- 实现数据的导入和导出

知识技能目标

- 了解 SQL 和 T-SQL 的概念
- 掌握运算符的规则和使用
- 使用 T-SQL 向表中插入数据
- 使用 T-SQL 更新表中数据
- 使用 T-SQL 删除表中数据
- 掌握数据的导入和导出

重点难点

- 使用 T-SQL 插入、更新和删除数据
- 数据的导入和导出

在进行数据管理时，如果每次创建数据库、表和从数据库中读取数据都通过 SSMS 中进行的话，不但管理不方便，而且存在数据库中的数据也无法提供给程序使用。数据库也需要一套指令集，能够识别指令、执行相应的操作并为程序提供数据，目前标准的指令集就是 SQL 语言。

SQL 语言是一门针对数据库而言的语言，可以创建数据库、创建数据表、添加约束等，可以针对数据库的数据进行增、删、改、查等操作，可以创建视图、存储过程等，可以赋予用户权限等。

3.1 T-SQL 简介

3.1.1 SQL 和 T-SQL

1. SQL与T-SQL的联系

微课 T-SQL介绍

SQL 的全称是“结构化查询语言（Structured Query Language）”，是 1974 年由 Boyce 和 Chamberlin 提出来的。1975—1979 年由 IBM 公司研制的关系数据库管理系统原形系统 System R 实现了这种语言，经过多年的发展，SQL 语言已成为关系数据库的标准语言。

美国国家标准局（ANSI）和国际标准化组织（ISO）都制定了 SQL 标准，2003 年 ISO 发布了 SQL 国际标准，称为 SQL-92。ANSI 随之也发布了相应版本的 ANSI SQL-92，有时候直接称为 ANSI SQL。尽管不同的关系数据库使用的 SQL 版本有一些差异，但大多数都遵循 ANSI SQL 标准，SQL Server 使用 ANSI SQL-92 的扩展集 Transact-SQL，简称为 T-SQL。

SQL 语言不同于 C# 这样的程序设计语言，它是只能被数据库识别的指令，但是在程序中，可以利用其他编程语言组织 SQL 语句发送给数据库，数据库再执行相应的操作。例如，在 C# 程序中要得到 SQL Server 数据库表中的记录，可以在 C# 程序中编写 SQL 语句，然后发送到数据库，数据库接收 SQL 语句并执行，再把执行结果返回给 C# 程序。

2. SQL的组成

SQL 语言主要由以下 4 部分组成。

（1）DDL（Data Definition Language，数据定义语言），用于建立数据库、数据库的对象等，如 CREATE TABLE 等。

（2）DML（Data Manipulation Language，数据操纵语言），主要功能是插入、修改和删除数据库中的数据，如 INSERT、UPDATE、DELETE 等语句。

（3）DQL（Data Query Language，数据查询语言），用于对数据库中的数据进行查询，如 SELECT 等。

（4）DCL（Data Control Language，数据控制语言），用于控制数据库组件的存取许可、存取权限等，如 GRANT 等。

另外，SQL 语言还具有数据通信、数据维护等功能，还包含有变量说明、内部函数等其他命令。

微课 T-SQL运算符

3.1.2 T-SQL 中的运算符

运算符是一种符号，是用来进行列间或者变量之间的比较和数学运算的。在 T-SQL 中，常用的几种运算符有算术运算符、赋值运算符、比较运算符和逻辑运算符。

1. 算术运算符

算术运算符包括：+（加）、-（减）、*（乘）、/（除）、%（模）五个，见表 3-1。

算术运算符用于在两个数或表达式上执行数学运算，这两个表达式可以是任意两个数字数据类型的表达式。

表 3-1　T-SQL 中的算术运算符

运算符	说明
+	加运算，求两个数或表达式相加的和
-	减运算，求两个数或表达式相减的差
*	乘运算，求两个数或表达式相乘的积
/	除运算，求两个数或表达式相除的商，例如，5/5 的值为 1，5.7/3 的值为 1.900000
%	取模运算，求两个数或表达式相除的余数，例如，5%3 的值为 2

2. 赋值运算符

T-SQL 有一个赋值运算符，即“=”（等号），用于将一个数或变量或表达式赋值给另一个变量，见表 3-2。

表 3-2　T-SQL 中的赋值运算符

运算符	说明
=	把一个数或变量或表达式赋值给另一个变量，例如：Name='张成叔'

3. 比较运算符

比较运算符用于判断两个表达式的关系，除 text、ntext 或 image 数据类型的表达式外，比较运算符几乎可以用于其他所有的表达式，比较运算符的符号及其说明见表 3-3。

表 3-3　T-SQL 中的比较运算符

运算符	说明	运算符	说明
=	等于，例如：age=23	>=	大于等于
>	大于，例如：price>100	<=	小于等于
<	小于	!=	不等于（非 SQL 92 标准）
<>	不等于		

4. 逻辑运算符

逻辑运算符用于对某个条件进行判断，以获得判断条件的真假，返回带有 TRUE 或 FALSE 值的布尔数据类型，见表 3-4。

表 3-4　T-SQL 中的逻辑运算符

运算符	说明
AND	当且仅当两个布尔表达式都为 TRUE 时，返回 TRUE
OR	当且仅当两个布尔表达式都为 FALSE 时，返回 FALSE
NOT	对布尔表达式的值取反，优先级别最高

3.2 使用 T-SQL 向数据表中插入数据

3.2.1 使用 INSERT 语句插入数据

对数据库表使用 INSERT 语句一行一行地插入数据，其语句格式如下：

```
INSERT [INTO] 表名 [(列名列表)] VALUES (值列表)
```

例如：向学生表中插入一行数据的命令如下：

```
INSERT INTO STUDENT(StudentNo,Address,StudentName,Sex,GradeId,Email,Phone)
  VALUES('G2263399','安徽合肥','张成叔','男',1,'zhangchsh@163.com','13955155470')
```

SQL 语句的执行可以在查询窗口中进行，先单击“新建查询”按钮，在查询窗口中输入 SQL 语句，如图 3-1 所示。

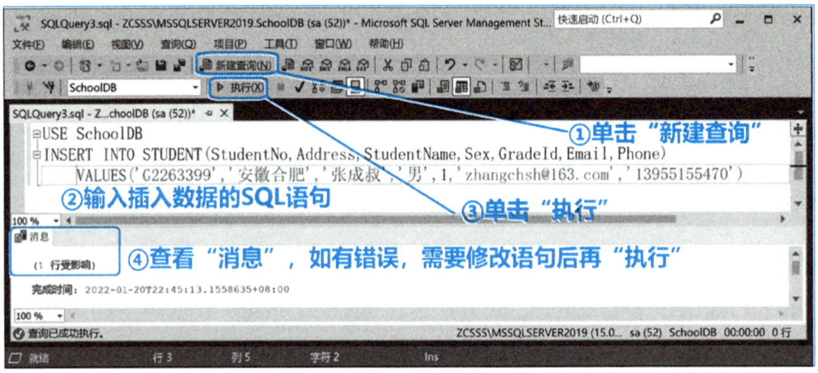

图 3-1 在查询窗口中执行插入语句

输入完语句后，单击“执行”按钮，在“消息”中查看执行的结果，如果语句有错，执行失败需要编辑修改语句，然后再“执行”，直到语句执行成功，显示“1 行受影响”等提示信息。

在插入数据的时候，需要注意以下事项：

（1）值的顺序和类型要与列名的顺序和类型一致。

（2）对于字符类型、日期类型的列，当插入数据的时候，其值用单引号（'）引起来。

（3）尽管当每个列都有数据时，可以不指定列名，但是最好明确指定插入的列和对应的值，这样比较清晰。

（4）INSERT 语句不能为标识列指定值，因为它是自动增长的，例如，为成绩表 Result 插入数据是不能给定“Id”列的值，列名称“Id”也不需要列出。

```
INSERT Result(StudentNo,SubjectId,StudentResult,ExamDate)
  VALUES('G1263201',13,85,'2020-1-5')
```

（5）INSERT 语句不能为计算列指定值，因为它是自动计算得到的。

（6）若在设计表的时候指定某列不允许为空，则该列必须插入数据，否则将报错。

（7）若某列设置了默认值，则用 DEFAULT（默认）关键字来表示插入的是默认值，如：

```
INSERT INTO STUDENT(StudentNo,Address,StudentName,Sex,GradeId,Email,Phone)
  VALUES('G2263399',DEFAULT,'张成叔','男',1,'zhangchsh@163.com','13955155470')
```

（8）SQL 语句中不支持中文的符号，包括空格都必须在英文状态下输入，否则都会提示语句错误。

（9）如果有语法错误的话，系统会给出错误提示，请根据错误提示进行修改后再“执行”。

（10）打开数据表查看插入的数据是否成功。右击“Student”表，选择“编辑前 200 行”命令，如图 3-2 所示，表示插入数据成功。

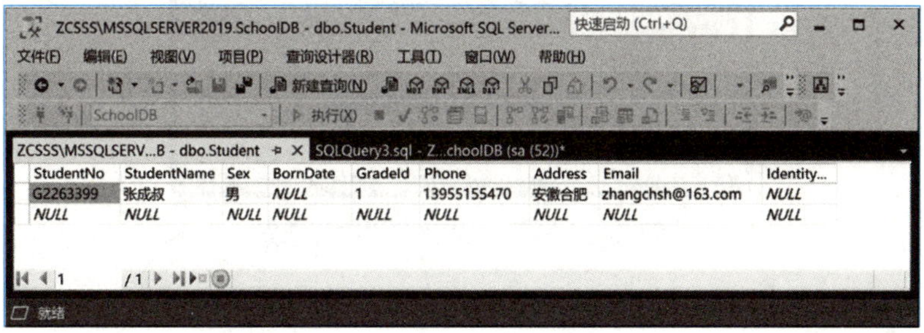

图 3-2 查看表中数据界面

【演示示例 3-1】使用 INSERT 语句，为数据库 SchoolDB 中的年级表 Grade 添加 6 条数据，具体数据见表 3-5。

表 3-5 年级表 Grade 中的测试数据

gradeId	gradeName
1	S1
2	S2
3	S3
4	S4
5	S5
6	S6

代码如下

```
USE SchoolDB;
INSERT INTO Grade VALUES(1,'S1')
INSERT INTO Grade VALUES(2,'S2')
INSERT INTO Grade VALUES(3,'S3')
INSERT INTO Grade VALUES(4,'S4')
INSERT INTO Grade VALUES(5,'S5')
INSERT INTO Grade VALUES(6,'S6')
SELECT*FROM Grade;
```

代码的执行结果如图 3-3 所示。

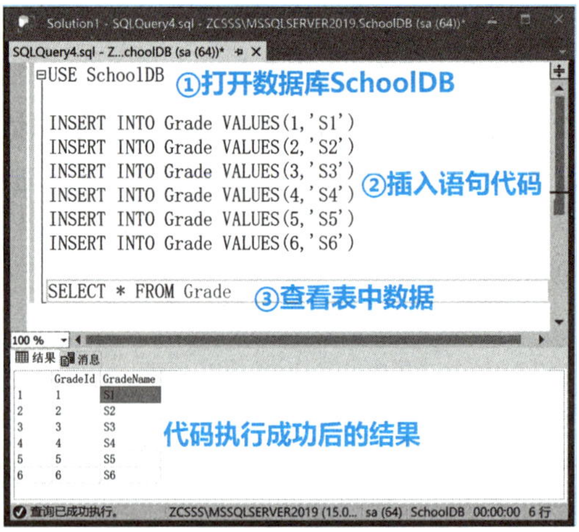

图 3-3　插入 6 条数据的参考结果

代码分析

（1）插入数据前要使用“USE SchoolDB”语句来打开数据表所在的数据库，否则可能无法执行后面的语句代码。

（2）年级名称为字符型，需要加单引号来区别，如“'S1'、'S2'”等。

补充说明

（1）为了查看数据插入成功的效果，使用查询命令“SELECT”，该命令的详细使用规则在后续章节中学习。

（2）如果再次执行代码，会提示错误，如图 3-4 所示。因为表中已经有了数据，再次插入系统的数据，会提示主键约束错误，因为主键是唯一的。解决的办法是删除表中原有数据，然后再次执行。

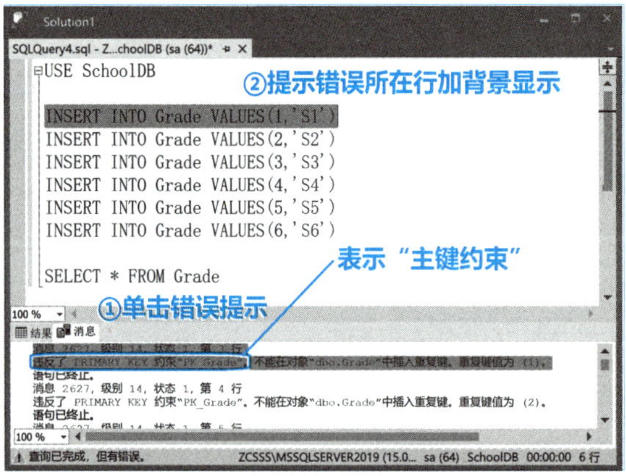

图 3-4　执行代码错误提示

【技能训练 3-1】向数据库 SchoolDB 的 3 张表分别插入数据

技能要点

（1）使用 INSERT 语句向数据库表插入数据。

（2）根据系统提示对错误进行编辑和修改。

（3）查看插入后表中的数据。

需求说明

（1）新学期开始后，需要将新同学信息录入到系统中，将表 3-6 中的数据插入数据库 SchoolDB 的 Student 表中。

表 3-6　学生信息表测试数据

Student No	Student Name	Sex	GradeId	Phone	Address	BornDate	Email	IdentityCard
G1263201	王子洋	男	5	18655290000	安徽省蚌埠市	2000/8/7	wzy@163.com	340423200008070000
G1263382	张琪	女	5	15678090000	安徽省合肥市	2000/5/7	zhangqi@126.com	340104200005070000
G1263458	项宇	男	5	18298000000	—	2003/12/10	xiangyu@163.com	340881200312100000
G1363278	胡保蜜	男	3	18965000000	北京市通州区	2000/6/29		346542200006290000
G1363300	王超	男	3	18123560000	上海市闵行区	2000/4/30	wangchao@126.com	340409200004300000
G1363301	党志鹏	男	3	15876550000	安徽省芜湖市	2001/12/20	dzp@suho.com	456765200112200000
G1363302	胡仲友	男	3	15032450000	安徽省淮南市	2001/6/13	12454344@qq.com	340043200106130000
G1363303	朱晓燕	女	3	15155670000	安徽省安庆市	2001/4/18	yanyan@163.com	
G1463337	高伟	男	1	18390870000	山东省济南市	2002/6/7	—	450504200206070000
G1463342	胡俊文	男	1	13976870000	河南省郑州市	2002/4/20	—	340408200204200000
G1463354	陈大伟	男	1	15067340000	四川省成都市	2002/8/23	wangkuan@163.com	340422200208230000
G1463358	温海南	男	1	18028760000	—	2002/1/30	—	450560200201300000
G1463383	钱嫣然	女	1	18656430000	安徽省潜山市	2001/1/14	yanran@126.com	340408200101140000
G1463388	卫丹丹	女	1	15134870000	广东省深圳市	2002/4/17		340411200204170000

（2）向课程表中增加表 3-7 中的课程表记录。

表 3-7　课程表测试数据

SubjectId	SubjectName	ClassHour	GradeId
1	C 语言程序设计	64	1
2	大学英语	96	1
3	图形图像处理	64	1
4	网页设计	64	2
5	C# 面向对象设计	64	2
6	数据库设计与应用	96	2
7	Android 应用开发	64	3
8	Java 面向对象设计	64	3
9	Web 客户端编程	64	3
10	数据结构与算法	64	4
11	JavaWeb 应用开发	64	4
12	计算机网络基础	64	4
13	软件测试技术	32	5
14	Linux 操作系统	32	5

（3）向成绩表 Result 中增加表 3-8 中的成绩记录。

表 3-8　成绩表测试数据

StudentNo	SubjectId	StudentResult	ExamDate
G1263201	1	76	2022/6/23
G1263201	2	88	2022/6/27
G1263201	5	90	2024/1/5
G1263382	1	79	2022/6/23
G1263382	2	56	2022/6/27
G1263382	7	61	2023/6/29
G1263458	2	92	2022/6/27
G1263458	3	82	2022/6/22
G1263458	5	82	2024/1/5
G1363278	1	55	2023/6/29
G1363278	3	78	2023/6/26
G1363278	8	76	2025/7/3
G1363300	1	83	2023/6/29
G1363300	5	49	2024/1/3
G1363300	9	64	2025/7/4
G1363301	1	65	2023/6/29
G1363301	4	87	2024/1/4
G1363301	9	85	2025/7/4
G1363301	10	90	2025/11/10
G1363302	1	80	2023/6/29
G1363302	4	56	2024/1/6
G1363302	9	87	2025/7/4
G1363303	1	61	2023/6/29
G1363303	5	87	2024/1/3
G1363303	9	81	2025/7/4
G1463337	1	82	2024/11/1
G1463337	1	90	2025/1/8
G1463337	2	92	2025/1/7
G1463337	3	56	2025/1/10
G1463342	1	86	2024/11/1
G1463342	2	68	2025/1/7
G1463354	1	52	2024/11/1
G1463354	1	67	2025/1/8
G1463354	1	78	2025/3/9
G1463354	2	68	2025/1/7

续表

StudentNo	SubjectId	StudentResult	ExamDate
G1463354	3	75	2025/1/10
G1463358	1	65	2024/11/1
G1463358	2	92	2025/1/7
G1463383	1	88	2024/11/1
G1463383	1	87	2025/1/8
G1463383	2	92	2025/1/7
G1463383	3	89	2025/1/10
G1463388	1	80	2024/11/1
G1463388	1	78	2025/1/8
G1463388	2	92	2025/1/7
G1463388	3	83	2025/1/10

（4）保存 T-SQL 为“训练 3-1 向表中添加数据 .sql”。

关键点分析

（1）使用 INSERT 语句插入数据时，要充分了解数据表的结构，包括各种约束条件。本例中默认值的插入方式、日期型数据的插入方式及允许空值的列插入方式需要注意。

（2）在 SSMS 中，单击“新建查询”按钮，新建一个查询窗口。

（3）输入 SQL 语句完成后，可以单击“✓”图标按钮检查 SQL 语句语法是否正确，然后单击“执行”按钮运行该 SQL 语句。

（4）打开表检查数据是否正确插入，可以右击表名“Student”，选择“编辑前 200 行”命令，也可以通过 SELECT 语句查看。

（5）允许为空的列可以不输入数据。

如果学生没有电子邮件，Email 列的值就不用指定，用 NULL 代替。如“高伟”同学的 E-mail 为空，参考的 T-SQL 语句为：

```
INSERT INTO Student
  VALUES('G1463337','高伟','男','2002/6/7',1,18390870000,'山东省济南市', NULL,
450504200206070000)
```

（6）默认值的输入。设置了默认值的列可以使用“DEFAULT”代替。如：“温海南”同学的地址为默认值，参考的 T-SQL 语句如下：

```
INSERT INTO Student
  VALUES('G1463358','温海南','男','2002/1/30',1,18028760000,DEFAULT,
NULL,450560200201300000)
```

（7）完成数据的插入，单击“保存”按钮，保存编写好的 T-SQL 语句，输入保存文件的名称为“增加记录 .sql”。

补充说明

（1）逗号输入的是英文的（半角），而不是中文的。

（2）日期、字符等对应的数据项的值要用单引号括起来。

3.2.2 一次插入多行数据

1. 通过INSERT SELECT语句向表中添加数据

例如，创建一张新表 AddressList 来存储本班的通讯录信息，则可以从学生表中提取相关的数据插入建好的 AddressList 表中，T-SQL 语句如下：

```
INSERT INTO AddressList(姓名,地址,电子邮件)
  SELECT StudentName,Address,Email
  FROM Student
```

Select 子句用于查询，上面的 SQL 语句用来把学生信息表中的姓名、地址和 Email 信息读取并保存到新的 AddressList 表中。

使用该语句需要注意以下两点。

（1）查询得到的数据个数、顺序、数据类型等，必须与插入的数据项保持一致。

（2）AddressList 表必须预先创建好，并且具有姓名、地址和电子邮件三个列。

2. 通过SELECT INTO语句将现有表中的数据添加到新表中

与上面的 INSERT INTO 类似，SELECT INTO 语句也是从一个表中选择一些数据插入到新表中，所不同的是，这个新表是执行查询语句的时候创建的，不能够预先存在。

T-SQL 语句如下：

```
SELECT Student.StudentName,Student.Address,Student.Email
  INTO AddressList
  FROM Student
```

将创建新表 AddressList，把 Students 表中的 StudentName、Address、Email 作为 AddressList 表的新列，并且把查询到的数据全部插入新表中。

向一个新表插入数据时，又会牵涉一个新的问题：如何插入标识列？

因为标识列的数据是不允许指定的，因此可以创建一个新的标识列，语法如下：

```
SELECT IDENTITY(数据类型,标识种子,标识增长值)  AS 列名
  INTO 新表
  FROM 原始表
```

上面的语句可以修改为：

```
SELECT StudentName,Address,Email,IDENTITY(int,1,1) AS StudentID
  INTO AddressList FROM Student
```

3. 通过UNION关键字合并数据进行插入

UNION 语句用于将两个不同的数据或查询结果组合成一个新的结果集。

当然，不同的数据或查询结果，也要求数据个数、顺序、数据类型都一致，因此，当向表中多次插

入数据的时候，可以使用 SELECT UNION 来简化操作。

例如，可以通过以下 T-SQL 语句实现一次插入多条记录。

```
INSERT Student (StudentNo,StudentName,Sex,GradeId,Phone)
  SELECT 'G1263201','王子洋','男',5,18655290000 UNION
  SELECT 'G1263382','张琪','女',5,15678090000 UNION
  SELECT 'G1363301','党志鹏','男',3,15876550000 UNION
  SELECT 'G1363302','胡仲友','男',3,15032450000 UNION
  SELECT 'G1363303','朱晓燕','女',3,15155670000 UNION
  SELECT 'G1463337','高伟','男',1,18390870000
```

语句的执行结果，将在已有的数据表中再插入 6 条记录，如图 3-5 所示。

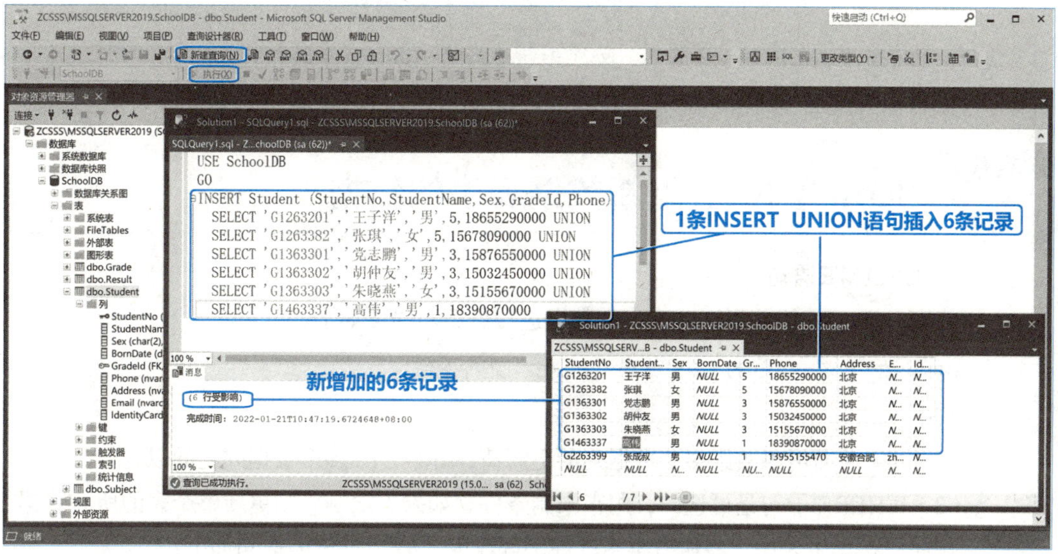

图 3-5　一次性插入多条记录界面

【技能训练 3-2】为 SchoolDB 数据库创建学生通讯录

技能要点

使用 INSERT 插入数据。

需求说明

（1）根据学生信息表 Student，使用 INSERT SELECT 语句创建通讯录表 Address_1，只需要学生姓名、电话、地址和电子邮箱 4 个字段。

（2）根据学生信息表 Student，使用 SELECT INTO 语句创建通讯录表 Address_2，只需要学生姓名和电话 2 个字段。

（3）保存 T-SQL 为“训练 3-2 创建通讯录 .sql”。

关键点分析

（1）创建完毕后，在“对象资源管理器”中对应的数据表结构和表的数据内容参考结果，如图 3-6 所示。

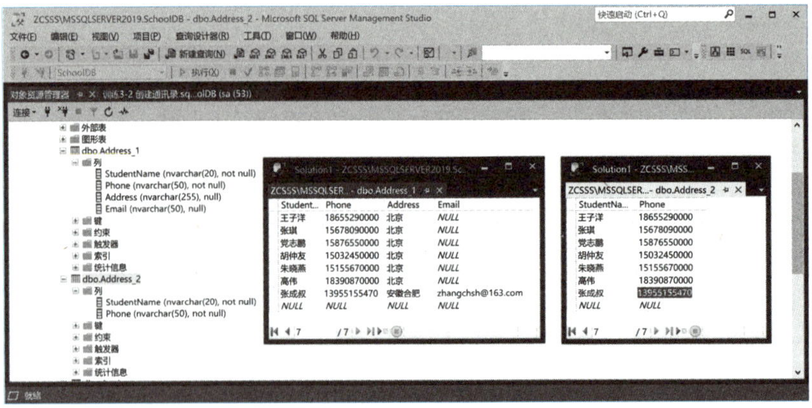

图 3-6　创建学生通讯录参考结果图

（2）使用“INSERT SELECT”语句时，必须先创建好表 Address_1 的结构，且字段学生姓名、电话、地址和电子邮箱的属性要和 Student 表中字段属性相同。

3.3 使用 T-SQL 更新数据表中的数据

微课

UPDATE 修改数据

1. UPDATE语句

使用 UPDATE 语句可以对表中的数据进行更新。语法如下：

```
UPDATE 表名 SET 列名=更新值 [WHERE 更新条件]
```

其中：

（1）SET 后面可以紧跟多个数据列的更新值，不限一个，多个数据列之间以逗号“,”分隔开。

（2）WHERE 子句是可选的，用来限制条件。如果不限制，则更新整个表的所有数据行。

例如，在学生表中，将所有学生的性别都改为“男”的 SQL 语句如下：

```
UPDATE Student SET Sex='男'
```

2. 查看UPDATE语句修改数据的结果

修改数据是比较危险的操作，容易把正确的数据修改为错误的数据，特别是不使用 WHERE 子句的情况下，修改是对所有数据起作用的，要特别谨慎。

为了查看修改的效果，需要在修改前查看表中数据，修改后再次查看表中数据，前后进行比较，才能弄清楚修改的效果。

查看表中数据可以直接使用“编辑前 200 行”，也可以使用“SELECT”语句实现。

【演示示例 3-2】将课程表中将“图形图像处理”课程的学期修改为 2，课时修改为 72。

代码如下

```
USE SchoolDB
SELECT * FROM Subject
UPDATE Subject SET GradeId=2,ClassHour=72
  WHERE SubjectName='图形图像处理'
```

```
SELECT*FROM Subject
```

代码的执行结果如图 3-7 所示。

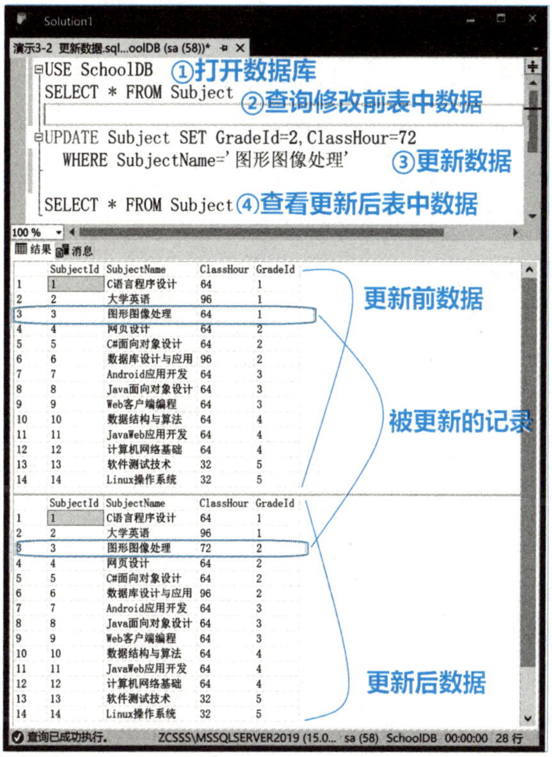

图 3-7　修改数据的参考结果界面

【技能训练 3-3】更新 SchoolDB 的数据表中数据

技能要点

使用 UPDATE 语句修改数据库表中的数据。

需求说明

（1）修改学号为 G1363300 的学生地址为“山东省济南市”。

（2）修改学号为 G1363301 的学生的所属学期为 2。

（3）修改“大学英语”课程的学时数为 55。

（4）将 2025 年 1 月 7 日考试的“大学英语”课程分数低于 70 分的学生全部提高 5 分。

（5）将学号为 G1363300 的学生在 2024 年 1 月 3 日考试的“数据库设计与应用”课程的分数修改为 80。

（6）将电子邮件为空的学生电子邮件统一修改为“未知 @”。

关键点分析

（1）在 SSMS 中，新建一个查询窗口，选择数据库 SchoolDB。

（2）修改学生的住址，参考语句如下：

```
UPDATE Student SET Address='山东省济南市'
  WHERE StudentNo='G1363300'
```

（3）相同的思路完成需求 2 和需求 3。

（4）需求 4 参考代码如下：

```
UPDATE Result SET StudentResult=StudentResult+5
  WHERE ExamDate='2025-1-7' AND SubjectId=2 And StudentResult<70
```

由于在 Result 表中只有课程编号字段 SubjectId，没有课程名称字段，需要根据课程名称“大学英语”在课程表 Subject 中查询其课程编号。通过 SELECT 语句查询即可。

（5）相同的思路完成需求 5。

（6）需求 6 参考如下 T-SQL 语句。

```
UPDATE Student SET Email='未知@'WHERE Email IS NULL
```

这里的关键点是“邮箱为空”的表达方法。

（7）保存 T-SQL 为“训练 3-3 修改记录 .sql”。

补充说明

（1）对于含有日期条件的修改，如需求 4，需要确定某个特定日期，但在数据表中插入的数据位带有小时分秒，如 '2025-1-7 00:00:00'，比较时采用如下形式即可。

```
WHERE ExamDate='2025-1-7'
```

（2）对于含有多个条件的修改，如需求 4，条件既有日期、课程的限制，又有分数的限制，需要用到“AND”来连接多个条件。

例如：

```
WHERE ExamDate='2025-1-7' AND SubjectId=2 And StudentResult<70
```

（3）判断列是否为空，使用关键字“IS NULL”，不可以使用“=NULL”来表示。

3.4 T-SQL 删除数据表中的数据

微课

DELETE删除数据

使用 DELETE 语句删除表中的数据，语法如下：

```
DELETE [FROM] 表名 [WHERE 删除条件]
```

例如，在学生表中删除姓名为“项宇”的记录，参考语句如下：

```
DELETE FROM Student WHERE StudentName='项宇'
```

如果删除行的主键值被其他表所引用的话，将会报错，无法删除。

【演示示例 3-3】如果在成绩表中有“胡保蜜”同学的成绩信息，在学生表中删除姓名为“胡保蜜”的记录。

代码如下

```
USE SchoolDB
```

```
SELECT*FROM Student WHERE StudentName='胡保蜜'
SELECT*FROM Result WHERE StudentNo='G1363278'
DELETE FROM Student WHERE StudentName='胡保蜜'
```

执行该语句时，系统将报告与外键约束冲突的错误信息，因为在学生成绩表有关于“胡保蜜”同学的记录，如图 3-8 所示。

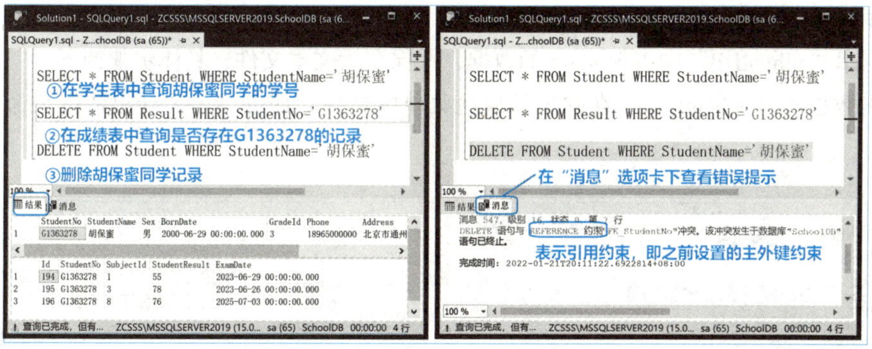

图 3-8　删除错误的提示界面

补充说明

（1）如果确实需要删除“胡保蜜”同学的记录，需要先删除成绩表中所有关于“胡保蜜”同学的记录，后删除学生表中“胡保蜜”同学的记录。参考代码如下：

```
DELETE FROM Result WHERE StudentNo='G1363278'
DELETE FROM Student WHERE StudentName='胡保蜜'
```

（2）如果在使用 DELETE 语句时不使用 WHERE 子句，将删除表中所有记录，且删除后无法还原，需要谨慎使用。

【技能训练 3-4】删除 SchoolDB 的数据表中数据

技能要点

使用 DELETE 语句删除数据。

需求说明

（1）由于入学年龄条件限制，学校要求不允许 2020 年 7 月 1 日（含）后出生的学生入学，由于操作失误，已经将不符合要求的学生信息录入数据库表 Student 中，现在需要进行删除。

（2）保存 T-SQL 为“训练 3-4 删除记录 .sql”文件。

关键点分析

（1）注意条件子句的表达。

（2）注意日期表达式的使用，2020 年 7 月 1 日后指大于等于这一天的日期。

补充说明

由于删除的是整条纪录，在删除之前要设计好条件，避免误删除不该删除的记录。

3.5 数据的导入和导出

3.5.1 数据的导出

SSMS 提供了将数据库表中的数据导出为 Excel 文件、文本文件等，便于用户进行后续数据的处理，满足用户更多的需求。

导出数据库“SchoolDB”中表 Student 的数据，并保存为文本文件，具体步骤如下：

（1）右击数据库“SchoolDB”，在弹出的快捷菜单中选择“任务”→“导出数据”命令，如图 3-9 所示。

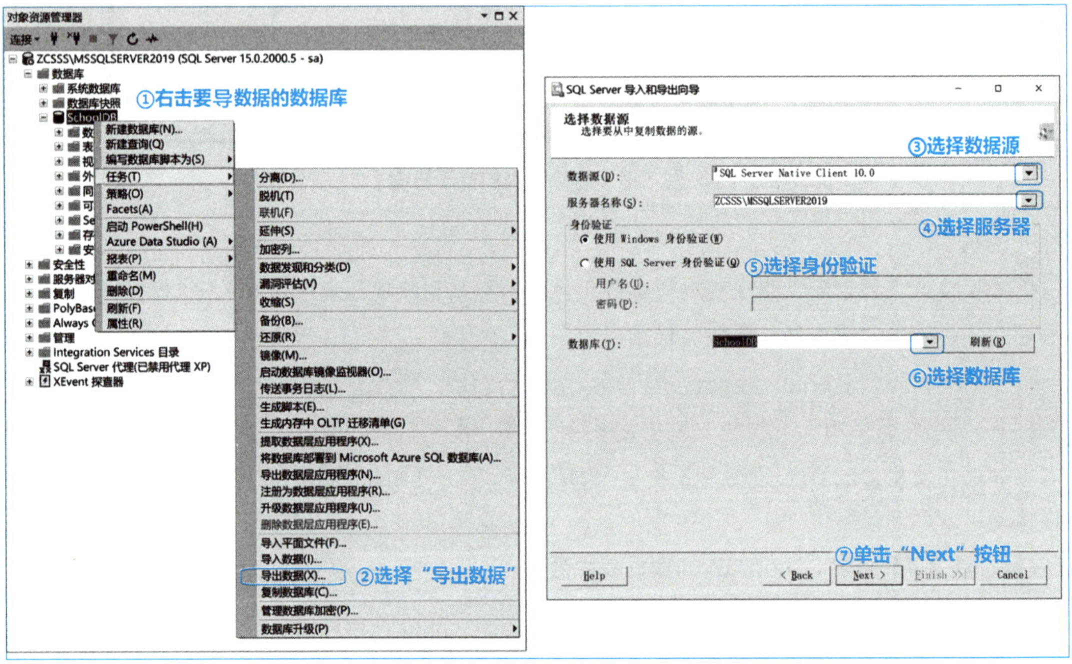

图 3-9　导出数据快捷菜单项和导入导出向导

（2）选择“数据源”。选择好“数据源”“服务器名称”“身份验证”和“数据库”名称后，单击“Next”按钮，如图 3-9 所示。

（3）“选择目标”。在“目标”下拉列表框中选择“Microsoft Excel”选项，选择提前准备好的 Excel 文件，并选择好 Excel 版本，建议选择比较低的版本，选择“首行包含列名称”复选框。单击“Next”按钮，进入“指定表复制或者查询”对话框，选择“复制一个或多个表或视图的数据”单选按钮，单击“Next”按钮，如图 3-10 所示。

（4）“选择源表和源视图”，并查看数据类型映射。可以选择 1 个或多个需要导出的表，选择好后单击“Next”按钮。查看数据类型映射，一般不需要修改，直接单击“Next”按钮，如图 3-11 所示。

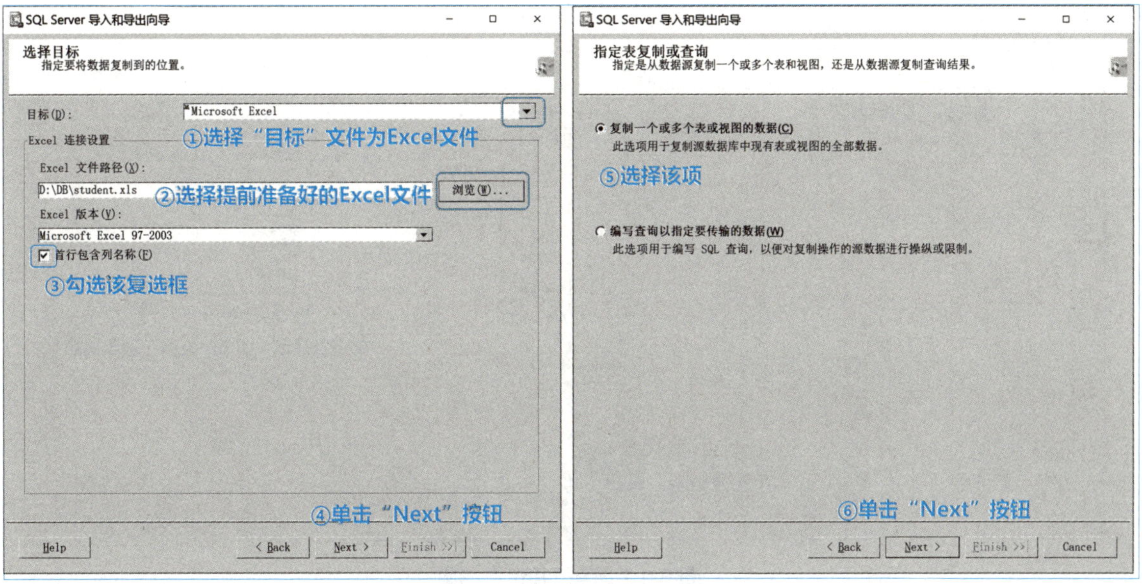

图 3-10　选择将数据导出到何处

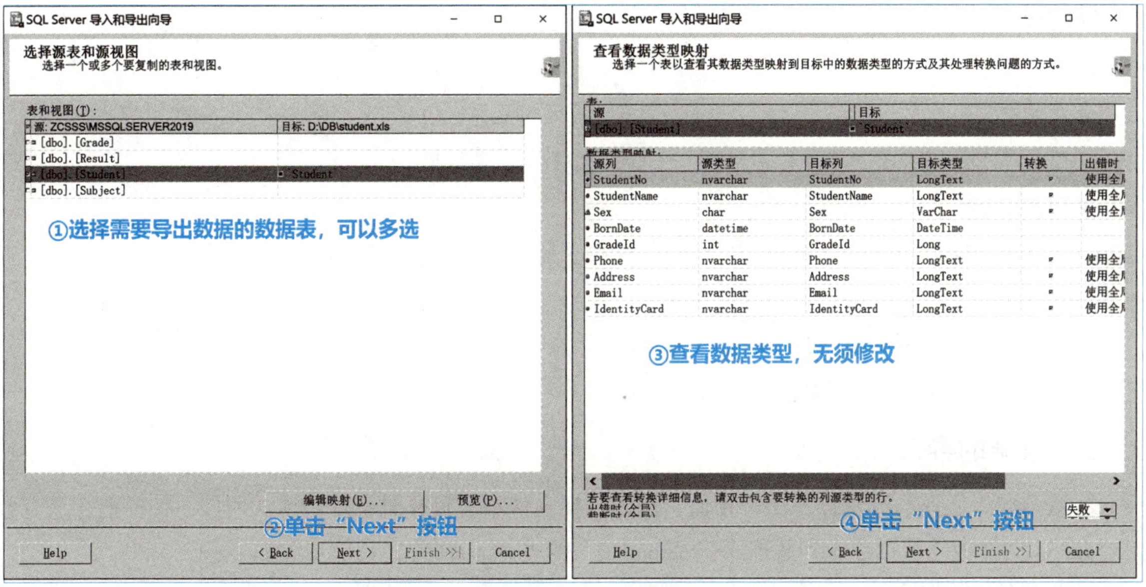

图 3-11　选择源表和查看数据类型映射

（5）运行并查看结果。选择“立即运行”复选框，单击“Finish”按钮，查看运行结果，如果提示“Success”表示导出成功，如图 3-12 所示。

找到 Excel 文件，打开后可以查看导出的数据。

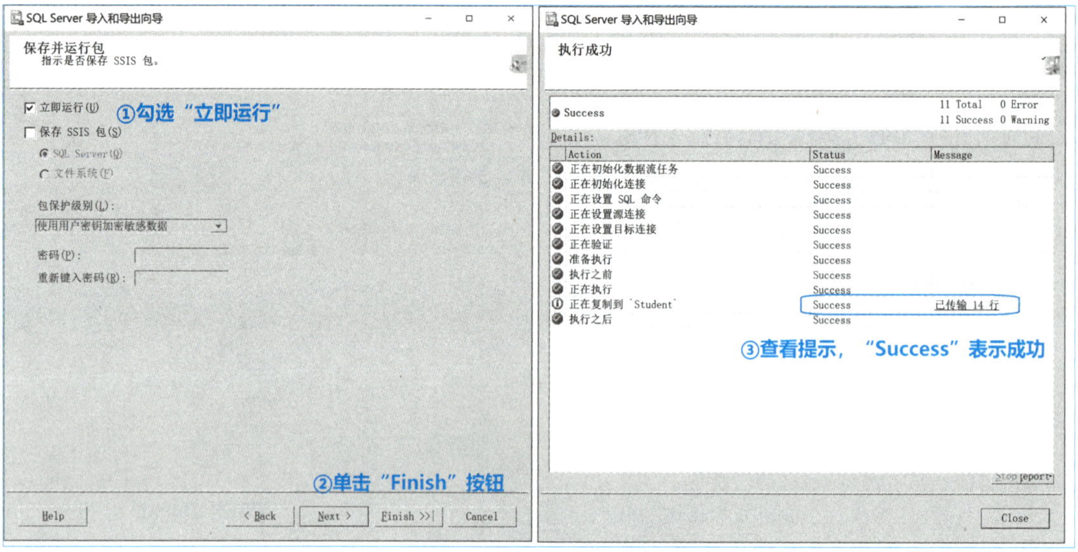

图 3-12　运行并查看结果

【技能训练 3-5】导出 SchoolDB 的数据表中所有表数据

技能要点

导出数据。

需求说明

将数据库 SchoolDB 中 4 张数据表都以 Excel 文件的格式导出。

关键点分析

（1）在图 3-9 中，选择“身份认证”时，建议选择“使用 SQL Server 身份认证”，并选择一个可以操作该数据的登录用户，否则导出容易失败。

（2）选择导出目标时应选择“Microsoft Excel”文件。

（3）目标 EXCEL 文件要提前新建好。

3.5.2　数据的导入

数据的导入操作与导出操作比较相似，选择目标文件和源目标时正好相反。例如，将提前存放有数据的 Excel 文件中的数据导入到数据库“SchoolDB”的表 Subject 中，具体步骤如下：

（1）准备好数据文件。

（2）右击数据库“SchoolDB”，在弹出的快捷菜单中选择“任务”→“导入数据”菜单项。

（3）“选择数据源”。在图 3-13 中选择“数据源”为“Microsoft Excel”，选择好提前准备好的数据文件和 Excel 版本，选择“首行包含列名称”复选框，单击“Next”按钮。

（4）“选择目标”。在图 3-14 中，选择“目标”为“SQL Server Native Client 10.0”，选择好服务器，并建议选择“使用 SQL Server 身份验证”单选按钮，输入用户名和密码。选择“数据库”为 SchoolDB，单击“Next”按钮。

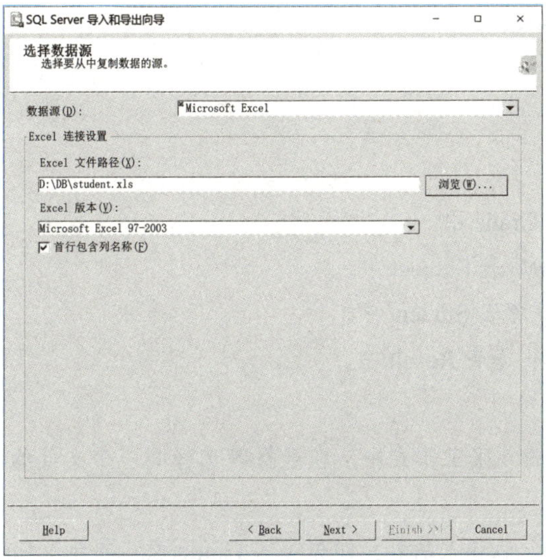

图 3-13　“选择数据源”窗口

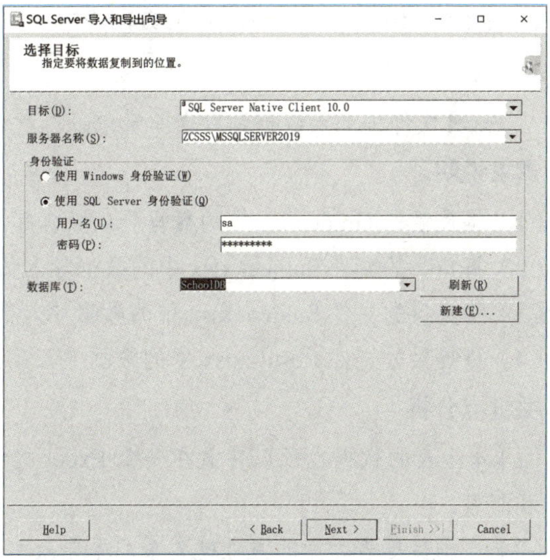

图 3-14　“选择目标”窗口

（5）在“指定表复制或者查询”对话框中，选择“复制一个或多个表或视图的数据”单选按钮，单击“Next”按钮。

（6）“选择源表和源视图”。在图 3-15 中，勾选 Excel 文件中的工作表，单击“Next”按钮。

（7）查看数据类型映射，一般不需要修改，直接单击“Next”按钮。选择“立即运行”复选框，单击“Finish”按钮，查看运行结果，如果提示“Success”表示导入成功，如图 3-16 所示。

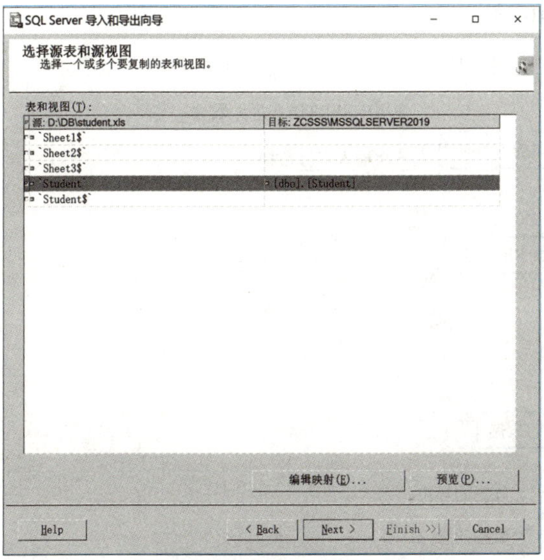

图 3-15　复制到目标表

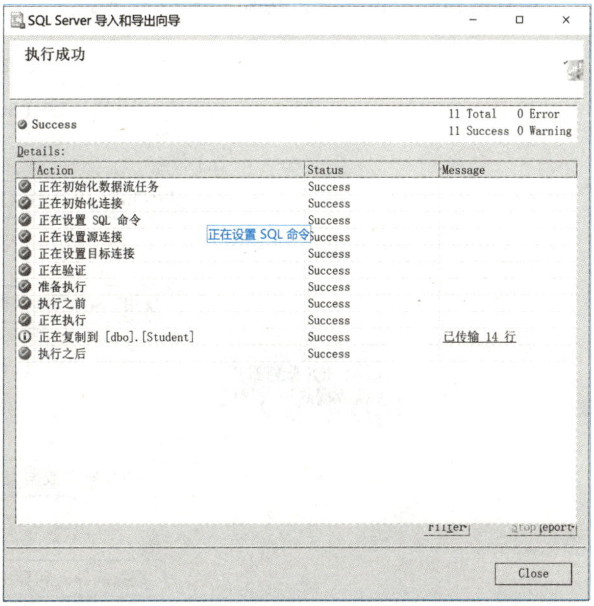

图 3-16　查看执行结果窗口

【技能训练 3-6】向 SchoolDB 的数据表中导入数据

技能要点

从 Excel 文件中导入数据到数据库表中。

需求说明

（1）将提供的 Grade.xlsx 中的数据导入数据库表 Grade 中。

（2）将提供的文件 Subject.xlsx 中的数据导入数据库表 Subject 中。

（3）将提供的文件 Student.xlsx 中的数据导入数据库表 Student 中。

（4）将提供的文件 Result.xlsx 中的数据导入到数据库表 Result 中。

关键点分析

（1）4 张表的数据也可以存放在一个 Excel 文件的 4 张工作表中，在选择时选择同一个文件的不同工作表即可。

（2）根据数据表之间的主外键关系，先导入主表，后导入从表。即先导入 Grade 表，再导入 Subject 和 Student 表，最后导入 Result 表，否则导入数据失败。

本章总结

本章主要介绍 T-SQL 语言的组成和主要运算符，并详细介绍使用 INSERT 语句向表中插入数据、使用 UPDATE 语句更新表中数据和使用 DELETE 语句删除表中数据。数据库的导入 / 导出功能可以实现与文本、Excel 等文件交换数据。

本章的知识技能体系结构如图 3-17 所示。

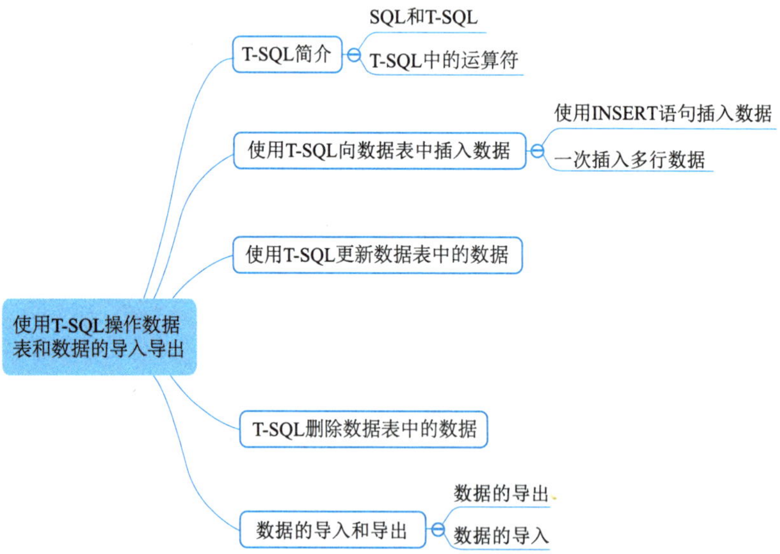

图 3-17　知识技能体系结构图

习题

一、选择题

1. 在表 Employee 中有两列分别为年龄 Age、职位 Position，执行删除语句：“DELETE FROM Employee WHERE Age<30 AND Position='项目经理'”，下面包含（　　）值的数据行可能被删除。

A. 小于 30 岁的项目经理和所有员工　　B. 小于 30 岁的项目经理

C. 小于 30 岁的员工和项目经理　　D. 小于 30 岁的员工或者项目经理

2. 假设正在设计一个数据库应用程序，在设计过程中，数据库进行了重新规划，对原来的数据库做了调整。其中对一个很重要的表进行简化，选择原表中的若干列组成了一个新的表结构。由于原表中已经保存了大量的数据，为了把原表中的数据移动到新表中，以下（　　）中的方法是最好的。

A. 重新在新的数据库表中录入数据

B. 使用数据转换服务的输出功能把原来的数据库保存为文本文件，再把文本文件复制到新的数据库中。

C. 使用一个“INSERT INTO[新的表名]SELECT[旧的表名]”的插入语句进行数据添加

D. 使用 UNION 语句一次插入多个数据行

3. 假设 Students 表中有主键 SCode 列，Score 表中有外键 SID 列，SID 引用 SCode 列来实施引用完整性约束，此时如果使用 T-SQL：“UPDATE Students SET SCode='001201' WHERE SCode='001201'”来更新 Students 表的 SCode 列，可能的运行结果是（　　）。

A. 肯定会产生更新失败　　B. 可能会更新 Students 表中的两行数据

C. 可能会更新 Score 表中的一行数据　　D. 可能会更新 Students 表中的一行数据

4. 下列删除数据的 SQL 语句在运行时不会产生错误信息的是（　　）。

A. DELETE * FROM Employee WHERE SGrade='6'

B. DELETE FROM Employee WHERE 'SGrade'='6'

C. DELETE Employee WHERE SGrade='6'

D. DELETE Employee SET SGrade='6'

5. 要删除表 Students 中的数据，使用：“TRUNCATE TABLE Students”运行结果可能是（　　）。

A. 表 Students 中的约束依然存在

B. 表 Students 被删除

C. 表 Students 中的数据被删除了一半，再次执行时，将删除剩下的一半数据行

D. 表 Students 中不符合检查约束要求的数据被删除，而符合检查约束要求的数据依然保留

6. 假设 Students 表中 SEMail 列的默认值为“TEST@163.COM”，同时还有 SAddress 列和 SSex 列，则执行如下语句后，下列说法中正确的是（　　）。

```
INSERT Students(SAddress,SSEX) VALUES('学生宿舍',1)
```

A. SEMail 列的值为“TEST@163.COM”

B. SAddress 列的值为空

C. SSex 列的值为“男”

D. SEMail 列的值为空

7. 假设 Employee 表中的 EmpID 列为主键，并且为自动增长的标识列，同时还有 EmpGrade 列和 EmpSalaryGrade 列，所有列的数据类型都是整数，目前还没有数据，则执行插入数据的 T-SQL 语句后的结果（　　）。

```
INSERT Employee(EmpID,EmpGrade,EmpSalaryGrade)VALUES(1,2,3)。
```

A．插入数据成功，EmpID 列的数据为 1

B．插入数据成功，EmpID 列的数据为 2

C．插入数据成功，EmpGrade 列的数据为 3

D．插入数据失败

8. 假设学生表中包含主键列“学号”，则执行语句“Update 学生表 SET 学号 =177 WHERE 学号 =188”的执行结果可能是（　　）。

A．修改了多行数据　　B．没有修改数据

C．删除了一行不符合要求的数据　　D．T-SQL 语法错误，不能执行

9. 以下哪个 T-SQL 语句能够向表中添加记录？（　　）

A．CREATE　　B．UPDATE　　C．INSERT　　D．DELETE

10. 下列选项中，执行数据的删除语句在运行时不会产生错误信息的选项是（　　）。

A．DELETE * FROM ABC WHERE ASS= '6'

B．DELETE FROM ABC WHERE ABC='6'

C．DELETE ABC WHERE ASS='6'

D．DELETE ABC SET ASS='6'

11. 执行语句："DELETE FROM 学生表 WHERE 姓名 LIKE '_nnet'" 时，下列选项中哪些数据行可能删除（　　）。

A．Whyte　　B．Carson　　C．Annet　　D．Hunyer

12. 下列各运算符中（　　）不属于逻辑运算符。

A．&　　B．not　　C．and　　D．or

13. 有如下定义，则插入语句正确的是（　　）。

```
CREATE TABLE student
(
  studentid int not null,
  name char(10) null,
  age int not null,
  sex char(1) not null,
  dis char(10)
)
```

A．INSERT INTO student VALUES(11,'abc',20,'f')

B．INSERT INTO student(studentid,sex,age) VALUES(11,'f',20)

C．INSERT INTO student(studentid,sex,age) VALUES(11,20,'f',NULL)

D．INSERT INTO student SELECT 11,'ABC',20,'F','test'

14. WHERE 子句的条件表达式中，可以匹配 0 个到多个字符的通配符是（　　）。

A. *　　B. %　　C. _　　D. ?

15. 关于 NULL 值叙述正确的是（　　）。

A. NULL 表示空格　　B. NULL 表示 0

C. NULL 表示空格和 0　　D. NULL 表示空值

二、操作题

1. 在 NetBar 的数据库表 Card 中，为 ID 列增加约束，要求 ID 列的格式同时满足以下五个条件。（1）只能是 8 位字符;（2）前两位是 0;（3）3–4 位为数字;（4）第 5 位为下划线;（5）6–8 位为字母。

2. 使用 T-SQL 语句为 NetBar 的数据库表 Card 增加以下数据行，见表 3-9。

表 3-9　Card 表中的数据

ID	PassWord	Balance	UserName
0023_ABC	abc	100	张安财
0024_ABD	abd	200	胡信息
0024_ABE	abe	300	计算机

3. 对数据库执行增加、修改和删除数据的操作，使其数据行改变为见表 3-10。

表 3-10　Card 表中更新后的数据

ID	PassWord	Balance	UserName
0023_ABC	0023abc	98	测试者 1
0024_ABE	abe	44	测试者 2
0036_CCD	36ccd	100	测试者 3
0089_EDE	zhang	134	测试者 4

第 4 章

单表查询和数据统计

工作任务

- 查询单表中的数据
- 对学生信息进行模糊查询
- 对成绩信息进行汇总统计

知识技能目标

- 理解查询处理的机制
- 掌握常用的系统函数
- 熟练使用 SELECT 语句进行条件查询
- 掌握查询结果的排序
- 使用表达式、运算符和函数解决实际问题
- 掌握通配符的概念及应用
- 掌握聚合函数的应用
- 使用 LIKE、BETWEEN、IN 进行模糊查询
- 使用聚合函数统计和汇总查询信息

重点难点

- 查询条件的构造
- 灵活使用函数解决问题
- 模糊查询的实际应用
- 灵活应用聚合函数解决实际问题

查询是针对表中已经存在的数据行（记录）进行检索，可以简单地理解为“筛选”，将符合条件的数据抽取出来。

数据表在接受查询请求时，它将逐行判断是否符合查询条件。如果符合查询条件就提取出来，然后把所有选中的行组织在一起，构成查询的结果，通常称作记录集。记录集的结构类似于表结构，但是数据没有被保存。在记录集上可以再次进行查询。

4.1 T-SQL 查询基础

4.1.1 使用 SELECT 语句进行查询

微　课

使用SELECT语句进行查询

T-SQL 语言中最主要、最核心的部分是它的查询功能。查询语言用于对已经存在于数据库中的数据按照特定的组合、条件或者一定次序进行检索。

简单的 SELECT 查询语句的格式如下：

```
SELECT <列名表>
    FROM <表名>
    [WHERE <查询条件>]
    [ORDER BY <排序的列名> [ASC|DESC]
```

SELECT 指定要查看的列（字段），即查询结果中显示的列（字段），FROM 指定这些数据来自哪里（表或者视图），WHERE 则指定了要查询哪些行（记录），根据指定的条件查询需要的记录 ,ORDER BY 用于对查询的结果进行排序。

WHERE 子句和 ORDER BY 子句都是可选项，根据具体的查询要求进行选择使用。

查询语句一般都在 SSMS 的查询窗口中进行调试和运行。

1. 查询所有的数据行和列

要查询所有的数据行和数据列，SELECT 后面加上“*”就可以了，“*”代表所有的列，不需要加任何条件。如查询学生表中所有的学生信息语句如下：

```
SELECT * FROM Student
```

执行结果如图 4-1 所示。

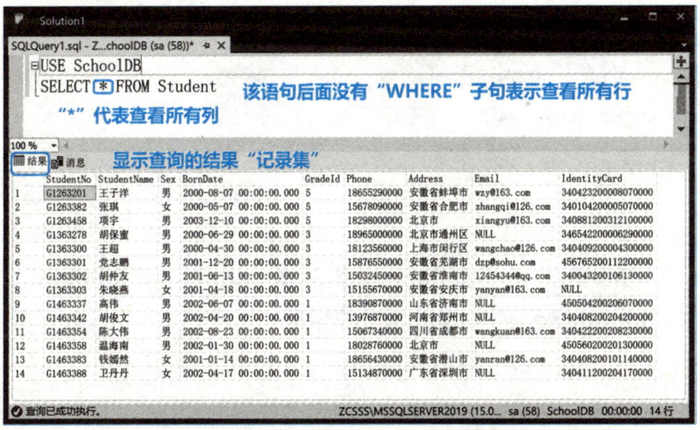

图 4-1　查询所有的数据行和列

2. 查询部分行和列

使用格式：

```
SELECT <列名表> FROM <表名> WHERE <查询条件>
```

说明：

（1）“列名表”中多个字段用逗号“,”隔开。

（2）使用 WHERE 子句来设计部分行的条件。

例如，要查询地址不是“安徽省蚌埠市”的学生的学号、姓名和班级，可输入下面的 SQL 语句：

```
SELECT StudentNo,StudentName,Address FROM Student
  WHERE Address<>'安徽省蚌埠市'
```

执行结果如图 4-2 所示。

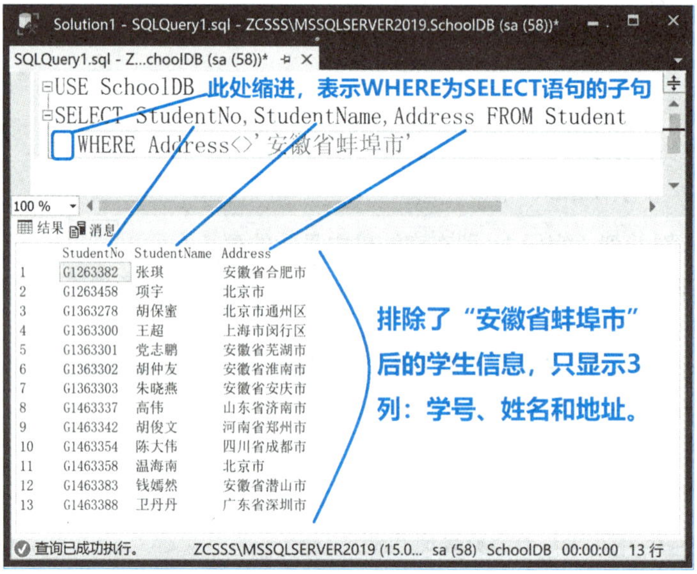

图 4-2　查询部分行和列

3. 在查询中使用列的别名

在显示结果时，可以指定以别名来代替原来的字段名称，有 3 种不同的方法：

（1）采用“字段名称 AS 别名”的格式。

（2）采用“字段名称 别名”的格式。

（3）采用“别名=字段名称”的格式。

例如：

```
SELECT StudentNo AS 学号,StudentName AS 姓名,Address AS 地址
  FROM Student WHERE Address <>'安徽省蚌埠市'
```

执行结果如图 4-3 所示。

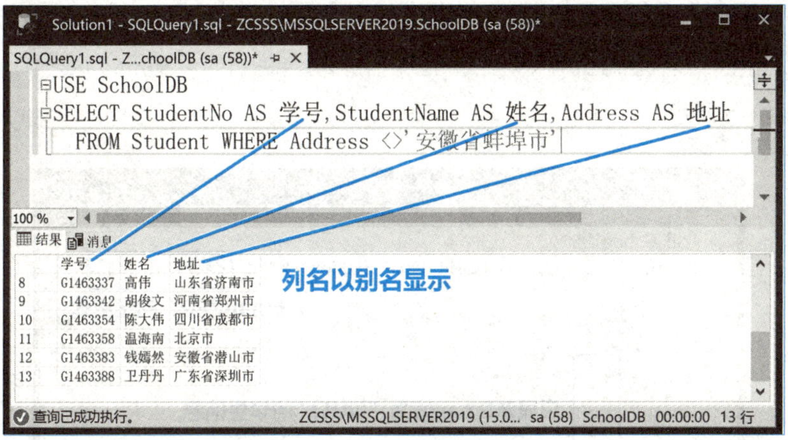

图 4-3　在查询中重新命名列名

还有一种情况是使用计算、合并得到新列的命名。假如，将“学生信息”表中的“学号”列和“姓名”列合并成一列显示，显示名称为“学号姓名”，可以使用以下查询语句。

```
SELECT StudentNo+'-'+StudentName AS 学号姓名 FROM Student
```

重新命名列名还有一种方法，就是采用“=”来命名，例如：

```
SELECT 学号姓名=StudentNo+'-'+StudentName FROM Student
```

两种方法的查询结果完全相同，如图 4-4 所示。

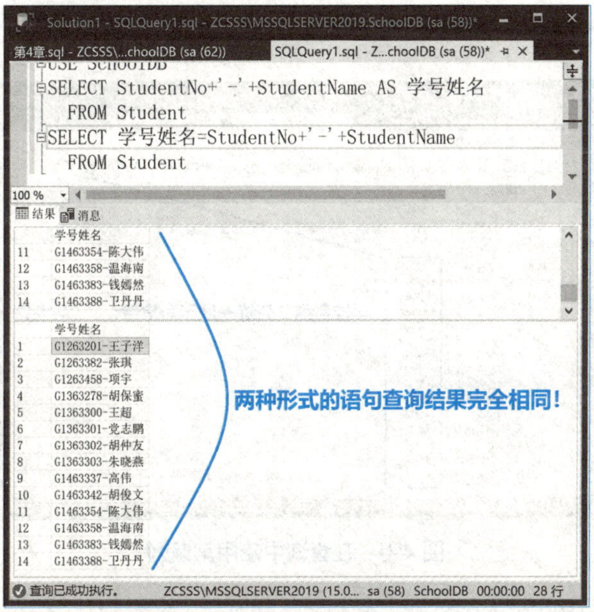

图 4-4　在查询中合并列并命名

4. 查询空值

表中有些字段的值会出现空值，在 T-SQL 语句中采用“IS NULL”或者“IS NOT NULL”来判断是否为空，因此，如果要查询学生信息表中没有填写 Email 信息的学生，可以使用以下查询语句。

```
SELECT StudentName, Email FROM Student WHERE Email IS NULL
```

执行结果如图 4-5 所示。

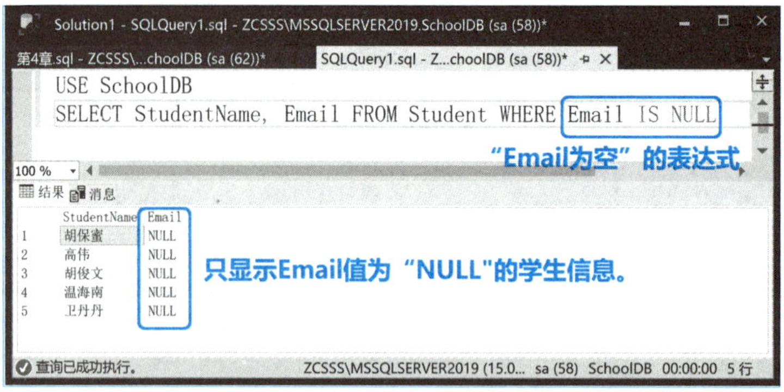

图 4-5　查询 Email 信息为空的学生姓名

5. 在查询中使用常量列

为方便统计或查看，可以将一些常量的信息添加到查询输出中。例如，查询学生信息的时候，学校名称统一都是“** 学院”，查询语句如下：

```
SELECT 姓名 =StudentName, 地址 =Address, '** 学院 ' AS 学校名称
  FROM Student
```

执行结果如图 4-6 所示。

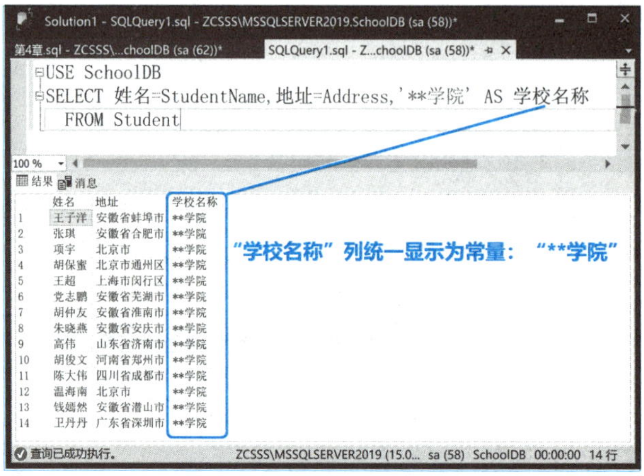

图 4-6　在查询中使用常量列

6. 查询返回限制的行数

如果一个表中有多条记录，而用户只是查看记录的样式和内容，这就没有必要显示全部的记录。如果要限制返回的行数，可以使用 TOP 关键字。例如，要返回学生表中前 3 条记录，查询语句如下：

```
SELECT TOP 3 StudentName,Address FROM Student
```

执行结果如图 4-7 所示。

如果要返回一定百分比的记录，还需加上 PERCENT 关键字。例如，要返回学生表中前 20% 的记录，查询语句如下：

```
SELECT TOP 20 PERCENT StudentName,Address FROM Student
```

执行结果如图 4-7 所示。

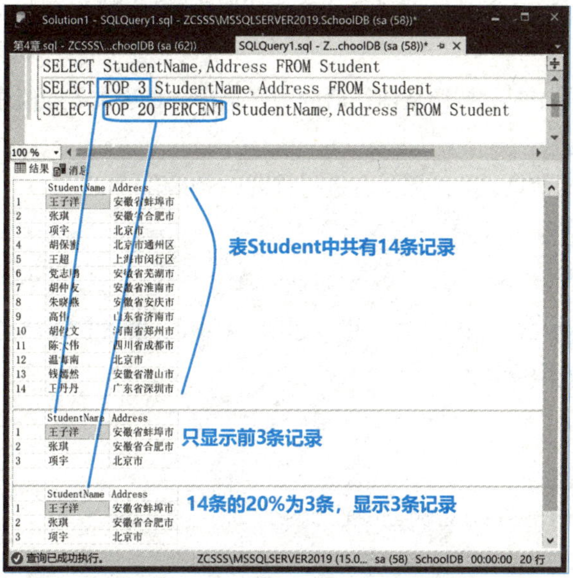

图 4-7　在查询中限制返回的行数

【技能训练 4-1】对 SchoolDB 数据库的 Subject 表和 Student 表进行简单查询

技能要点

使用 SELECT 语句进行查询。

需求说明

（1）查询“S1”学期的全部学生信息。

（2）查询“S2”学期的全部学生的姓名和电话。

（3）查询“S1”学期全部女同学的信息。

（4）查询课时超过 60 的科目信息。

（5）保存代码为“训练 4-1 查询学生信息 .sql”。

关键点分析

（1）在需求 1 中，Student 表中只存储了学期编号，未存储学期名称“S1”，需要先在 Grade 表中查询到“S1”的学期编号，再根据学期编号在 Student 表中进行查询。即需要 2 条查询语句才可以实现。

（2）把表中所有的列都列举出来，可以使用“*”表示所有的列。

4.1.2 使用 ORDER BY 进行查询排序

微 课

查询排序

在 SELECT 语句中，可以使用 ORDER BY 子句对查询结果进行排序。

1. ORDER BY子句的语法格式

```
ORDER BY 次序表达式 [ASC|DESC]
```

2. 子句功能

（1）次序表达式为排序的表达式，可以是一个列、列的别名、表达式。

（2）关键字 ASC 表示升序排列，DESC 表示降序排列，默认值为 ASC，排序时，空值（NULL）被认为是最小值。

（3）当次序表达式为多个时，按照从前往后的顺序执行，表达式 1 的值相等的情况下，再按照表达式 2 的值排序，依次类推。

例如，查询学生的成绩信息，并按照学号进行排列，SQL 语句如下：

```
SELECT * FROM Result
  ORDER BY StudentNo
```

【演示示例 4-1】 在数据库 SchoolDB 的成绩表 Result 中，先按照课程编号升序排序，当课程编号相同，按照成绩从高到低的次序排序。

代码如下

```
SELECT * FROM Result
  ORDER BY SubjectId,StudentResult DESC
```

执行结果如图 4-8 所示。

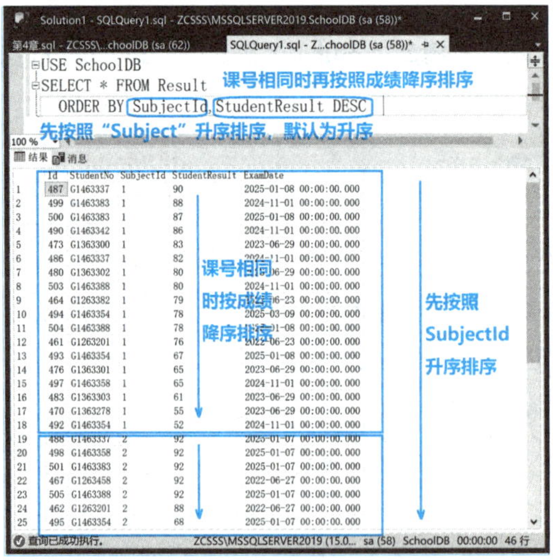

图 4-8 按照多列排序的参考结果图

代码分析

代码中“SubjectId”后面可以加上“ASC”，由于默认是升序，所以可以省略不写，如果要求按照课程编号降序时，“DESC”不能省略。

【技能训练 4-2】使用排序查询学生相关信息

技能要点

（1）使用 SELECT 语句查询数据。

（2）使用 ORDER BY 将结果排序。

需求说明

（1）按照出生日期查询第“S1”期的学生信息。

（2）按日期先后、成绩由高到低的次序查询编号为 1 的科目考试信息。

（3）查询 2025 年 1 月 5 日参加“C 语言程序设计”考试的前五名学生的成绩信息。

（4）查询 S1 的课时最多的科目名称。

（5）查询年龄最小的学生的姓名及所在的年级。

（6）查询 2025 年 1 月 7 日参加考试的最低分出现在哪个科目。

（7）查询学号为“G1263458”的学生参加过的所有考试信息，并按照时间先后次序显示。

（8）查询学号为“G1263458”的学生参加过的所有考试中的最高分及时间、科目。

（9）保存 T-SQL 为“训练 4-2 使用排序查询 .sql”。

关键点分析

（1）在 SSMS 中，新建一个查询窗口，在查询窗口中先输入语句“USE SchoolDB”打开数据库。

（2）需求 4 中查询课时最多的方式为：先按照课时降序排序，再显示 1 条记录。参考代码为：

```
SELECT TOP 1 SubjectName AS 课时最多的科目名称, ClassHour AS 课时
  FROM Subject
  WHERE GradeID=... ORDER BY ClassHour DESC
```

补充说明

按照多个列进行排序时（如需求 2），在每列之间使用逗号分隔，并且在每列后面考虑排序的升降序，例如，...ORDER BY 列 1 ASC, 列 2 DESC。

4.2　在查询中使用函数

SQL Server 提供了内置函数，使用这些函数，可以插入当前日期、计算工龄、产生随机验证码等。常用的内置函数有字符串函数、日期函数、数学函数和系统函数。

4.2.1　字符串函数

字符串函数用于对字符串数据进行处理，并返回一个字符串或数字。表 4-1 列出了部分常用的字符串函数。

表 4-1 部分常用的字符串函数

函数名	描述	举例
CHARINDEX	用来寻找一个指定的字符串在另一个字符串中的起始位置	SELECT CHARINDEX('Happy','I am happy',1) 返回：6
LEN	返回传递给它的字符串长度	SELECT LEN('Java 面向对象程序设计 ') 返回：12
UPPER	把传递给它的字符串转换为大写	SELECT UPPER('Java 面向对象程序设计 ') 返回：JAVA 面向对象程序设计
LTRIM	清除字符串左边的空格	SELECT LTRIM(' 王子洋 ') 返回：王子洋（后面的空格保留）
RTRIM	清除字符串右边的空格	SELECT LTRIM(' 王子洋 ') 返回：王子洋（前面的空格保留）
RIGHT	从字符串右边返回指定数目的字符	SELECT RIGHT(' 中国北京市 ',3) 返回：北京市
REPLACE	替换一个字符串中的字符	SELECT REPLACE('JAVA 程序设计 ','JAVA','Java') 返回：Java 程序设计
STUFF	在一个字符串中，删除指定长度的字符，并在该位置插入一个新的字符串	SELECT STUFF('ABCDE',2,3,' 心随舞动 ') 返回：A 心随舞动 E

【演示示例 4-2】在数据库 SchoolDB 的表 Student 中，查询并升序显示所有学生的姓名，一列显示姓，另一列显示名。假设姓名中的第 1 个汉字为姓，后面为名。

问题分析

（1）在表 Student 中，姓名是 1 个字段，常规显示时只能作为一个完整的信息显示。

（2）需要将姓和名分开显示，需要使用字符串函数，截取姓名字段值的一部分，先使用 LEFT() 函数取姓名字段的第 1 个汉字，再使用 SUBSTRING() 函数取姓名字段第 2 个汉字开始的所有字符。

代码如下

```
USE SchoolDB
SELECT LEFT(StudentName,1) AS '姓',
  SUBSTRING(StudentName,2,LEN(StudentName)-1) AS '名'
  FROM Student
  ORDER BY StudentName
```

执行结果如图 4-9 所示。

代码分析

函数 “LEFT(studentName,1)” 表示取最左边的 1 个汉字，虽然一个汉字在计算机内部存储时占用 2 个字节。

补充说明

问题要求按照 “姓名” 排序，不是按照 “姓” 排序，两者有一定的区别，以下是按照 “姓” 排序的代码。

```
SELECT LEFT(StudentName,1) AS '姓',
  SUBSTRING(StudentName,2,LEN(StudentName)-1) AS '名'
```

```
FROM Student
ORDER BY LEFT(StudentName,1)
```

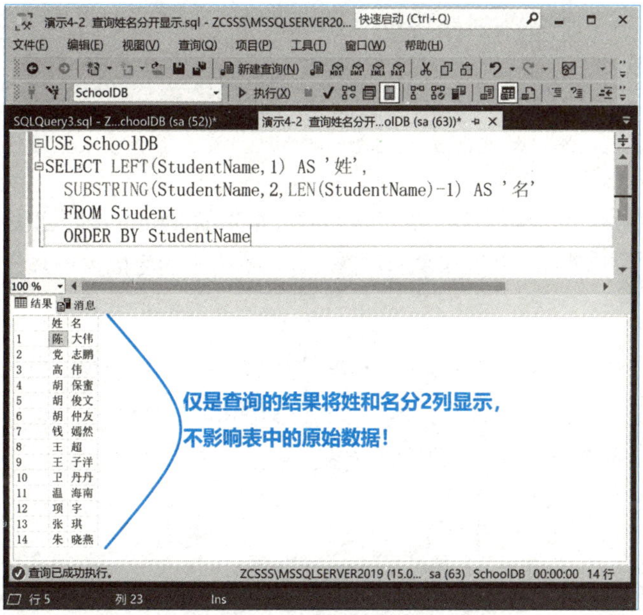

图 4-9　查询学生的姓名信息

4.2.2　日期函数

日期和时间函数主要用于处理日期和时间值，通常不能对日期直接运用数学运算。例如，如果执行一个诸如"当前日期 +1"的语句，SQL Server 无法理解要增加的是一日、一月还是一年。

日期函数帮助提取日期值中的日、月及年，以便分别操作它们，表 4-2 列出了部分常用的日期函数。

表 4-2　部分常用的日期函数

函数名	描述	举例
GETDATE	取得当前系统日期	SELECT GETDATE() 返回：今天的日期
DATEADD	将指定的数值添加到指定的日期部分后的日期	SELECT DATEADD(mm,4,'01/01/2016') 返回：以当前的日期格式返回 05/01/2016
DATEDIFF	两个日期之间的指定日期部分的间隔	SELECT DATEDIFF(mm,'01/01/2025','05/01/2025') 返回：4
DATENAME	日期中指定日期部分的字符串形式	SELECT DATENAME(dw, '01/01/2000') 返回：Saturday 或星期六
DATEPART	日期中指定日期部分的整数形式	SELECT DATEPART(day, '01/15/2016') 返回：15

在实际使用中，日期部分的参数及其缩写都有严格的格式，不可以随意表达，需要遵照格式设计参数。表 4-3 列出了 SQL Server 可识别的日期部分参数及其缩写。

表 4-3　日期部分参数及其缩写

日期部分参数	缩写	日期部分参数	缩写
year	yy,yyyy	weekday	dw,w
quarter	qq,q	hour	hh
month	mm,m	minute	mi,n
dayofyear	dy,y	second	ss,s
day	dd,d	millisecond	ms
week	wk,ww		

【演示示例 4-3】在数据库 SchoolDB 中，查询所有学生的年龄，按照出生日期降序显示，使用中文汉字显示姓名和年龄。年龄由出生日期中的年份决定，不考虑出生的月份和日期。

问题分析

（1）年龄的计算方式比较多，按照需求只需要精确到出生日期的年份，即今年的年份减出生日期的年份。

（2）使用 YEAR() 函数提取出生日期中的年份。

代码如下

```
USE SchoolDB
SELECT StudentName AS '姓名',YEAR(GETDATE())-YEAR(BornDate) AS '年龄'
  FROM Student
  ORDER BY BornDate DESC
```

执行结果如图 4-10 所示。

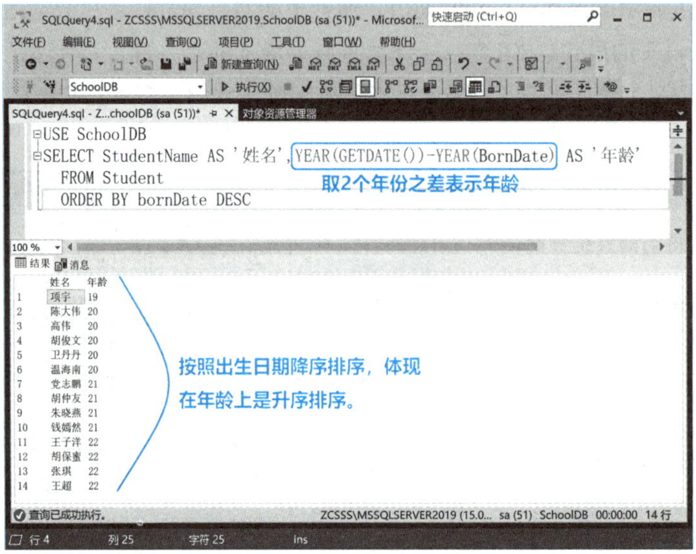

图 4-10　查询所有学生的年龄信息

补充说明

按照“出生日期”降序排序和按照计算的“年龄”升序排序的效果相同，因为日期型数据比较时，靠后的日期更大一些，而靠后的日期转换为年龄时会更小一点。

4.2.3 数学函数

数学函数用于对数值型数据进行处理，并返回处理结果。表 4-4 列出了部分常用的数学函数。

表 4-4 部分常用的数学函数

函数名	描述	举例
RAND	返回从 0 到 1 之间的随机 float 值	SELECT RAND() 返回：0.767553509644696
ABS	取数值表达式的绝对值	SELECT ABS(-26) 返回：26
CEILING	向上取整，取大于等于指定数值、表达式的最小整数	SELECT CEILING(28.5) 返回：29
FLOOR	向下取整，取小于等于指定表达式的最大整数	SELECT FLOOR(28.5) 返回：28
POWER	取数值表达式的幂值	SELECT POWER(3，2) 返回：9
ROUND	将数值表达式四舍五入为指定精度	SELECT ROUND(28.543，1) 返回：28.500
SIGN	对于正数返回 +1，对于负数返回 -1，对于 0 则返回 0	SELECT SIGN(-28) 返回：-1
SQRT	取浮点表达式的算术平方根	SELECT SQRT(4) 返回：2

4.2.4 系统函数

系统函数用来获取有关 SQL Server 中对象和设置的系统信息，表 4-5 列出了部分常用的一些系统函数。

表 4-5 部分常用的系统函数

函数名	描述	举例
CONVERT	用来转变数据类型	SELECT CONVERT(VARCHAR(4),8888) 返回：字符串 8888
CURRENT_USER	返回当前用户的名字	SELECT CURRENT_USER 返回：你登录的用户名
DATALENGTH	返回用于指定表达式的字节数	SELECT DATALENGTH('A 联盟 ') 返回：5
HOST_NAME	返回当前用户所登录的计算机名字	SELECT HOST_NAME() 返回：你所登录的计算机的名字
SYSTEM_USER	返回当前所登录的用户名称	SELECT SYSTEM_USER 返回：你当前所登录的用户名
USER_NAME	从给定的用户 ID 返回用户名	SELECT USER_NAME(1) 返回：从任意数据库中返回“dbo”

【技能训练 4-3】在 SchoolDB 数据库中使用函数查询学生相关信息

技能要点

（1）使用 SELECT 语句查询数据。

（2）使用函数处理数据。

需求说明

（1）查询年龄超过 20 周岁的第“S3”期的学生信息（假设一年 365 天）。

（2）查询 1 月份过生日的学生信息。

（3）查询今天过生日的学生姓名及所在年级。

（4）查询学号为“G1263458”的学生 E-mail 的域名。例如，假设他的 E-mail 地址为“zhangchsh@163.com”，则查询出他的 E-mail 域名为“163.com”。

（5）新生入学，为其分配一个 E-mail 地址，规则如下：S1+ 当前日期 +4 位随机数 +@163.com。例如，当前日期是 2022 年 11 月 22 日，产生的四位随机数为 5468，则产生的 E-mail 地址为“S1202211225468@163.com”。

（6）保存 T-SQL 为“训练 4-3 使用函数查询 .sql”。

关键点分析

（1）学生的出生日期与当前日期的天数差值如果大于 365*20 天，就说明该学生年龄超过 20 周岁，参考如下 T-SQL 语句：

```
DATEDIFF(DD,BornDate,GETDATE())>365*20。
```

（2）获取 E-mail 的域名，分三步解决。

① 获取符号“@”的位置 N。

② 获取字符串 E-mail 的长度 L。

③ 从字符串 E-mail 右侧截取（L-N）个字符。

（3）获取当前日期的年、月、日，实际就是将当前日期进行拆分，取得指定部分的整数，获取当前日期的年份可表示如下：

```
CONVERT(VARCHAR(4),DATEPART(YYYY,GETDATE()))
```

同理可获得当前日期的月份和日期。

（4）随机数将使用到随机函数 RAND()，取得这个随机数之后，还需要取其最后面的四位数作为“真正的随机数”，可以再使用 RIGHT() 函数取后面的四位数字。取最后面的四位随机数可以表示如下：

```
RIGHT(RAND(),4)
```

【技能训练 4-4】函数综合技能训练

技能要点

（1）掌握数据库中各类函数的应用。

（2）结合具体数据库应用需求，利用函数进行综合信息查询和数据更新。

需求说明

（1）某公司印了一批充值卡，卡的密码是随机生成的，现在出现这个问题：对于卡里面的字母“O”

和数字“0”、字母“i”和数字“1”，用户反映看不清楚，公司决定，把存储在数据库中的密码所有的字母“O”都改成数字“0”，所有的字母“i”都改成数字“1”。

（2）数据库表名：Card；密码列名：Password。

（3）保存 T-SQL 为“训练 4-4 函数的综合应用 .sql”文件。

关键点分析

（1）更新操作使用 UPDATE 语句实现。

（2）字符串的替换，需要函数 REPLACE() 来实现。

（3）可以使用两条语句实现，还可以只使用一条语句，即使用 REPLACE 的连续操作来实现。

使用一条 T-SQL 语句的代码如下：

```
UPDATE Card
  SET Password=REPLACE(REPLACE(Password,'O','0'),'i','1')
```

使用 2 条 T-SQL 语句实现代码如下：

```
UPDATE Card SET Password=REPLACE(Password,'O','0')
UPDATE Card SET Password=REPLACE(Password,'i','1')
```

补充说明

（1）实现该功能先需要建立表、添加必要的测试数据。

（2）本技能训练的提供的参考建表和添加测试数据如图 4-11 所示。

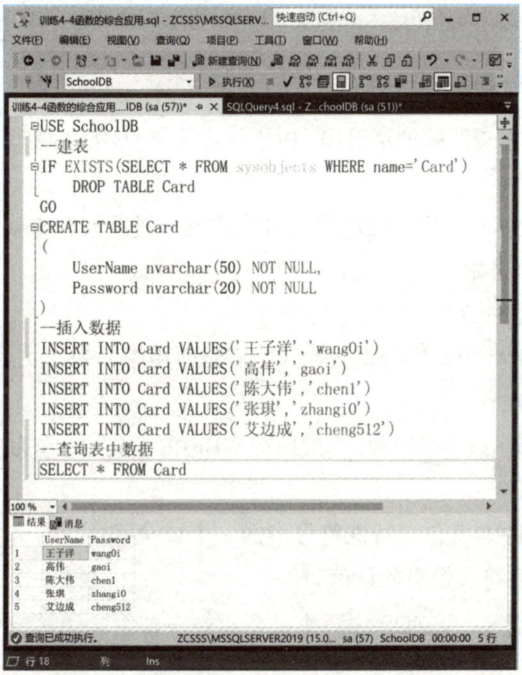

图 4-11　建表和添加测试数据参考图

（3）建表的 T-SQL 语句将在第 7 章进行学习。

4.3 模糊查询

微 课

通配符和LIKE模糊查询

在实际使用数据库时，查询者往往对要查询的数据了解得不全面，其查询条件是模糊的、不确定的。例如，查询“安徽省的学生”、查询“姓王”的学生或查询分数为 70~90 分的考试成绩，这种查询不是指定某个固定的地区、某个人的姓名或一个具体的分数，这样的查询都属于模糊查询。

模糊查询可以使用 LIKE 关键字加上通配符来进行，模糊查询还有基于某个范围内的查询和在某些列举值内的查询。

4.3.1 通配符

通配符是一类字符，它可以代替一个或多个真正的字符，查找信息时作为替代字符出现。T-SQL 中的通配符必须与 LIKE 关键字一起使用。

在 T-SQL 中，提供了表 4-6 所示的通配符。

表 4-6 通配符

通配符	作用	示例
-	一个字符	A LIKE 'C_', 则符合条件的 A 如 CS、Cd 等
%	任意长度的字符串	B LIKE 'MA%', 则符合条件的 B 如 MARRY、MAKE 等
[]	括号中所指定范围内的一个字符	C LIKE '15[1-2]', 则符合条件的 C 如 151 或 152
[^]	不在括号中所指定范围内的任意一个字符	D LIKE '18[^1-2]', 则符合条件的 D 如 183 或 187 等

4.3.2 使用 LIKE 进行模糊查询

LIKE 运算符搜索与指定模式匹配的字符串。由于该运算符只用于字符串，所以仅与字符数据类型（如 char 或 varchar 等）联合使用。

在数据更新、删除或者查询时，都可以使用 LIKE 关键字进行匹配查找。

1. LIKE运算符的基本语法格式

表达式 1 [NOT] LIKE 表达式 2

表达式 1 和表达式 2 一般要求是字符型表达式，实际使用中，表达式 1 多为字段名（列名）。

2. LIKE表达式的功能分析

（1）该表达式的值为逻辑真或者逻辑假，一般用在 WHERE 子句中，作为查询、更新和删除的条件出现。

（2）默认不区分大小写。

（3）如果给出的查询条件本身包含特殊符号中的一个或全部（_ 或 %），此时必须使用转义字符来实现查询。转义字符为单个字符，没有默认值。

【演示示例 4-4】在数据库 SchoolDB 中，查询所有姓王学生的邮箱信息，使用中文汉字显示学号、姓名和邮箱账号。

代码如下

```
USE SchoolDB
```

```
SELECT StudentNo AS '学号',StudentName AS '姓名',Email AS '邮箱'
  FROM Student
  WHERE StudentName LIKE '王%'
```

执行结果如图 4-12 所示。

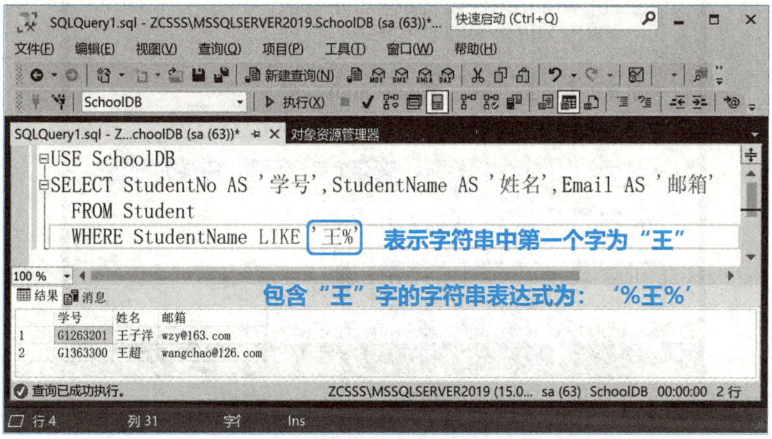

图 4-12　姓王的同学的邮箱信息

补充说明

姓王和包含王要使用不同的表达式来表示，姓名中姓王的表达式为："StudentName LIKE '王%'"，姓名中包含王的表达式为："StudentName LIKE '%王%'"。

【技能训练 4-5】使用 LIKE 对 SchoolDB 的数据表进行模糊查询

技能要点

使用 LIKE 关键字进行模糊查询。

需求说明

（1）查询住址在"合肥"的学生姓名、电话、住址。

（2）查询名称中含有"设计"字样的课程名称、学时及所属年级，并按年级由低到高显示。

（3）查询电话号码以"1515"开头的学生姓名、住址和电话。

（4）保存 T-SQL 为"训练 4-5 查询学生基本信息 .sql"文件。

关键点分析

（1）需求 1 中住址为合肥市，并没有说明合肥市的具体地址，所以使用匹配多个字符的通配符，参考语句如下：

```
SELECT StudentName,Phone,Address
  FROM Student WHERE Address LIKE '%合肥%'
```

执行结果如图 4-13 所示。

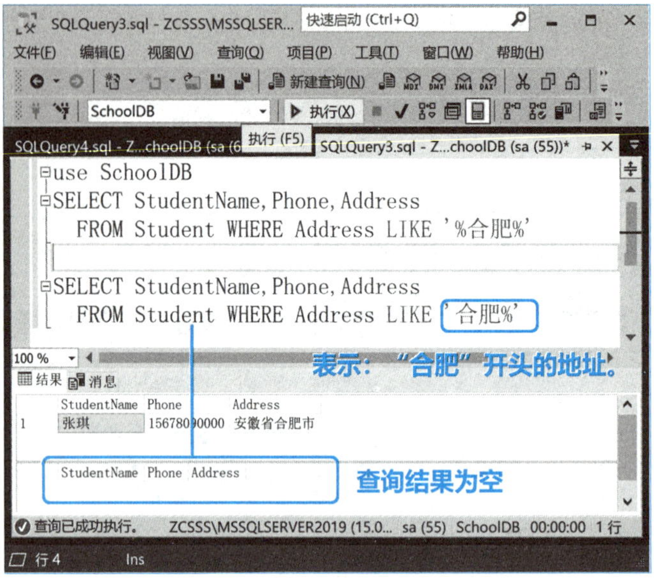

图 4-13　查询"合肥"的学生信息

（2）需求 1 中，由于电话号码是字符型，虽然实际使用的电话号码是由数字组成，但是使用字符型存储更科学，查询时使用字符串函数解决。

补充说明

查询住址在"合肥"如果写成"LIKE' 合肥 %'"可能会漏查数据，只能查询到以合肥开头的数据，如图 4-13 所示。

4.3.3　使用 BETWEEN 在某个范围内进行查询

微课

BETWEEN 模糊查询

使用关键字 BETWEEN 可以查找介于两个已知值之间的一组值。要实现这种查找，必须知道查找的初值和终值，并且初值要小于等于终值，初值和终值用 AND 关键字分开。

例如，查询分数在 60（含）~80（含）的信息如下：

```
SELECT * FROM Result WHERE StudentResult BETWEEN 60 AND 80
```

执行结果如图 4-14 所示。

如果写成如下形式：

```
SELECT * FROM Result WHERE StudentResult BETWEEN 80 AND 60
```

执行结果如图 4-14 所示，没有查询到任何信息，因为不存在大于等于 80，且小于等于 60 的数据。

此外，BETWEEN 查询在查询日期范围的时候使用得比较多，BETWEEN 还可以与 NOT 组合使用。

【演示示例 4-5】在数据库 SchoolDB 中，查询不在 2024 年 11 月 1 日到 2025 年 1 月 9 日之间考试的成绩信息，并按照考试日期顺序排序。

代码如下

```
SELECT * FROM Result
  WHERE ExamDate NOT BETWEEN '2024-11-1' AND '2025-1-9'
```

```
    ORDER BY ExamDate
```

执行结果如图 4-15 所示。

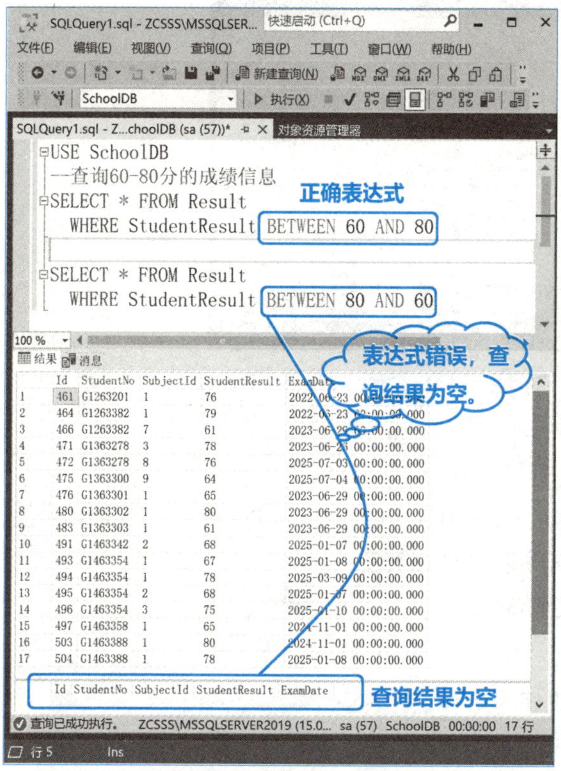

图 4-14　查询分数在 60~80 的信息

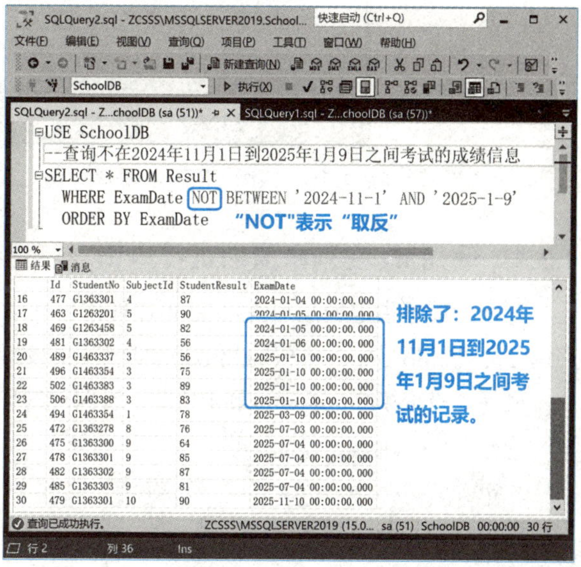

图 4-15　BETWEEN 与 NOT 组合使用实例

补充说明

使用 NOT 来对限制条件进行“取反”操作，实现不在 2024 年 11 月 1 日到 2025 年 1 月 9 日之间的表达式。

【技能训练 4-6】使用 BETWEEN 对 SchoolDB 的数据表进行模糊查询

技能要点

使用 BETWEEN 关键字进行模糊查询。

需求说明

（1）查询出生日期在“2002-1-1”（含）到“2003-12-31”（含）的学生信息，并按照出生日期顺序排序，参考结果如图 4-16 所示。

（2）查询课时数不在 64（含）~72（含）的课程信息，并按照课时数升序排序。

（3）保存 T-SQL 为“训练 4-6 查询学生 .sql”。

关键点分析

两个日期值之间的信息，初值要小于等于终值。

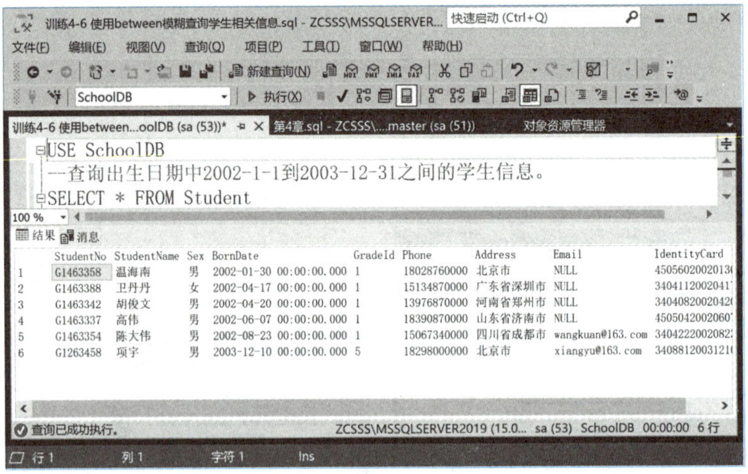

图 4-16　查询“2002-1-1”到“2003-12-31”的学生信息的参考结果

4.3.4　使用 IN 在列举值内进行查询

查询的值是指定的某些值之一，可以使用带列举值的 IN 关键字来进行查询。将列举值放在圆括号里，用逗号分开。括号中列举值的类型必须与匹配的列具有相同的数据类型。

例如，查询第 2、第 3 和第 4 学期开设课程的详细信息。

```
SELECT * FROM Subject
  WHERE GradeId IN(2,3,4) ORDER BY GradeId
```

执行结果如图 4-17 所示。

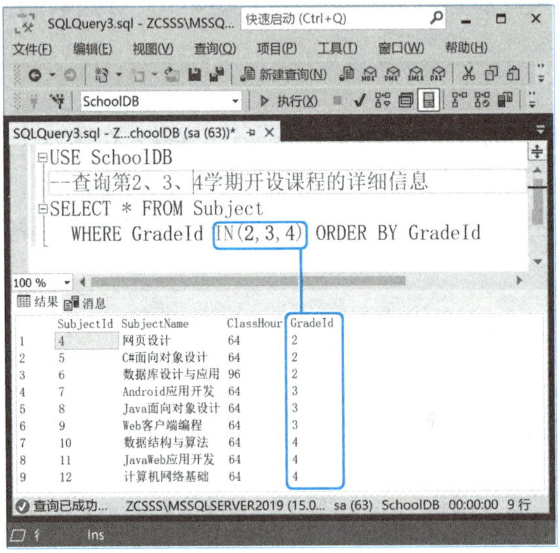

图 4-17　IN 关键字代码执行参考结果图

同样可以把 IN 关键字和 NOT 关键字合起来使用，这样可以得到所有不匹配列举值的行。

【技能训练 4-7】使用 IN 对 SchoolDB 的数据表进行模糊查询

技能要点

使用 IN 关键字进行模糊查询。

需求说明

（1）查询学号为 G1463337 的学生参加的课程编号为 1、2、3 的考试成绩信息，并按照课程编号升序排序，参考结果如图 4-18 所示。

（2）查询课程编号在 1、2、3 以外的其他课程的成绩信息。并按照课程编号顺序排序，参考结果如图 4-18 所示。

（3）保存 T-SQL 为“训练 4-7 查询学生 .sql”。

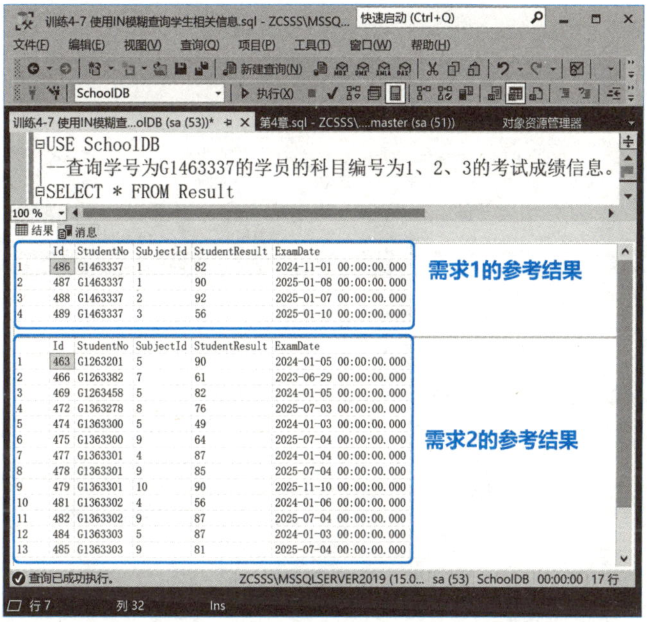

图 4-18　需求 1 和需求 2 的执行参考结果图

关键点分析

（1）在需求 1 中，学号为 G1463337，并且科目编号为 1、2、3，这 2 个条件必须使用 AND 连接。使用 IN 来限定科目编号为 1、2、3。参考语句如下：

```
SELECT … WHERE StudentNo='G1463337' AND SubjectId IN(1,2,3)
```

（2）在需求 2 中，由于课程编号的数量未知，只能通过 NOT IN() 的组合使用，才能高效查询结果。

4.4　T-SQL 中的聚合函数

聚合函数也称为统计函数，它是对一组值进行计算并返回一个数值。主要的聚合函数有 SUM()、AVG()、MAX()、MIN() 和 COUNT() 等。

4.4.1 SUM() 函数

微 课

SUM聚合函数

SUM() 函数返回表达式中所有数值的总和，忽略其中的空值。SUM() 函数只能用于数字类型的列，不能够汇总字符、日期等其他数据类型。

【演示示例 4-6】在数据库 SchoolDB 的成绩表 Result 中，查询学号为“G1263201”学生所有课程的考试总分。

代码如下

```
USE SchoolDB
SELECT*FROM Result WHERE StudentNo='G1263201';
SELECT StudentNo AS '学号',SUM(StudentResult) AS '总分'
   FROM Result
   WHERE StudentNo='G1263201'
```

执行结果如图 4-19 所示。

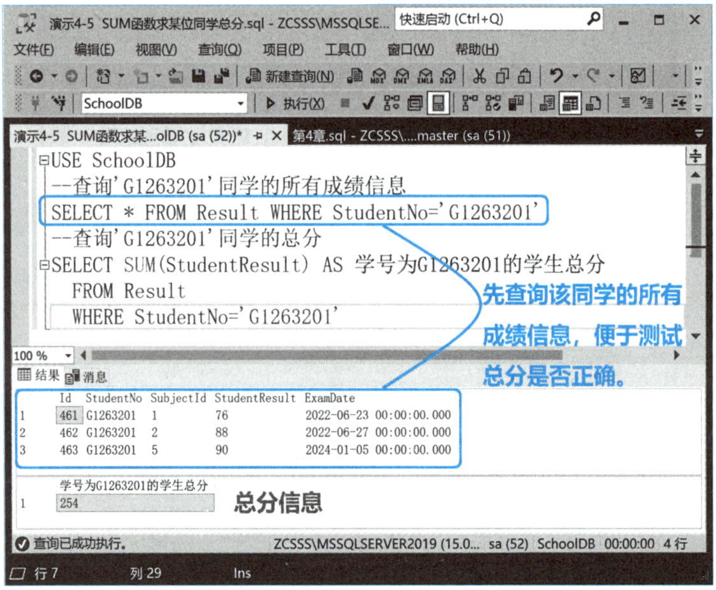

图 4-19 查询“G1263201”的所有课程的成绩和总分

补充说明

(1) 聚合函数的查询一般只返回一个数值，因此，不能够直接与可能返回多行的列一起使用来查询。例如：

```
SELECT SUM(StudentResult) AS 学号为 G1263201 的学生总分,SubjectId AS 科目编号
  FROM Result WHERE StudentNo='G1263201'
```

执行时报告错误信息，如图 4-20 所示。

(2) 在一个查询中可以同时使用多个聚合函数，比如可以同时求某位同学成绩的总分和该同学的平均分。

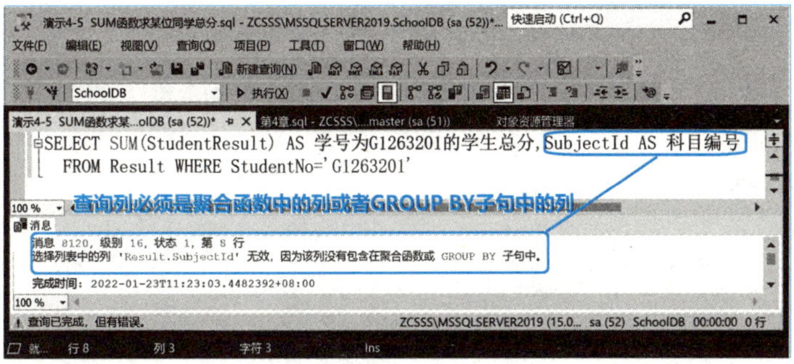

图 4-20　错误提示界面

4.4.2　AVG() 函数

AVG() 函数返回表达式中所有数值的平均值，空值将被忽略。AVG() 函数也只能用于数字类型的列。例如，成绩表中部分数据见表 4-7。要查询及格以上的学生的平均成绩。

表 4-7　成绩表部分数据

StudentNo	SubjectId	StudentResult	StudentNo	SubjectId	StudentResult
G1263201	1	76	G1363303	5	87
G1263201	2	88	G1363303	9	81
G1263201	5	90	G1463337	1	82
G1263382	1	79	G1463337	1	90
G1263382	2	56	G1463337	2	92
G1263382	7	61	G1463337	3	56
G1263458	2	92	G1463342	1	86
G1263458	3	82	G1463342	2	68
G1263458	5	82	G1463354	1	52
G1363278	1	55	G1463354	1	67
G1363278	3	78	G1463354	1	78
G1363278	8	76	G1463354	2	68
G1363300	1	83	G1463354	3	75
G1363300	5	49	G1463358	1	65
G1363300	9	64	G1463358	2	92
G1363301	1	65	G1463383	1	88
G1363301	4	87	G1463383	1	87
G1363301	9	85	G1463383	2	92
G1363301	10	90	G1463383	3	89
G1363302	1	80	G1463388	1	80
G1363302	4	56	G1463388	1	78
G1363302	9	87	G1463388	2	92
G1363303	1	61	G1463388	3	83

参考语句如下：

```
SELECT AVG(StudentResult) AS 平均成绩
  FROM Result WHERE StudentResult>=60
```

执行结果如图 4-21 所示。

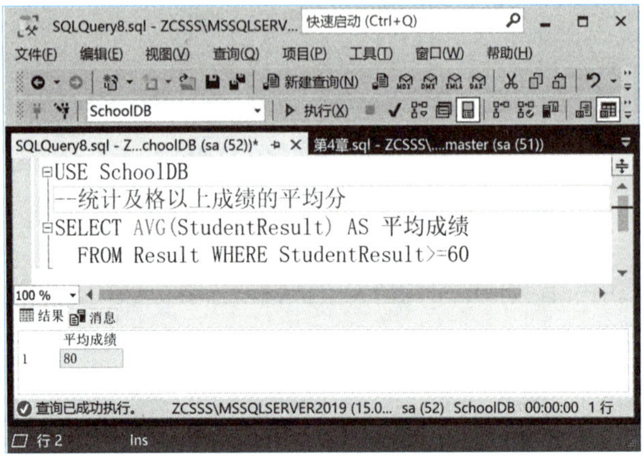

图 4-21　使用 AVG() 聚合函数求平均值

4.4.3　MAX() 函数和 MIN() 函数

MAX() 函数返回表达式中的最大值，MIN() 函数返回表达式中的最小值，这两个函数同样都忽略任何空值，并且它们都可以用于数字型、字符型及日期 / 时间类型的列。对于字符序列，MAX() 函数查找排序序列的最大值。而 MIN() 函数同理，返回排序序列的最小值。

例如，查询几个以上成绩的平均成绩、最高分、最低分的语句如下：

```
SELECT AVG(StudentResult) AS 平均成绩,
  MAX(StudentResult) AS 最高分,MIN(StudentResult) AS 最低分
  FROM Result WHERE StudentResult>=60
```

执行结果如图 4-22 所示。

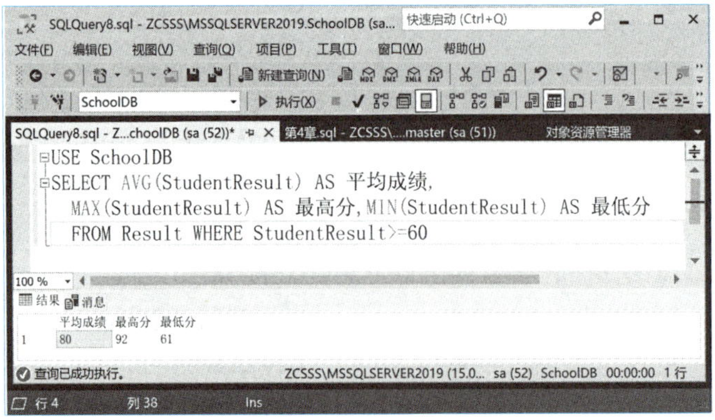

图 4-22　使用 MAX() 和 MIN() 聚合函数求最大值和最小值

4.4.4　COUNT() 函数

微　课

COUNT聚合函数

COUNT() 函数返回记录集的条数。COUNT() 函数可以用于除去 text、image、ntext 以外任何类型的列。一般使用星号 (*) 作为 COUNT 的表达式，使用星号可以不必指定特定的列而计算所有的行数，当对所有的行进行计数时，则包括包含空值的行。

例如，查询总记录数的语句如下：

```
SELECT COUNT(*) AS 总记录数 FROM Result
```

执行结果如图 4-23 所示。

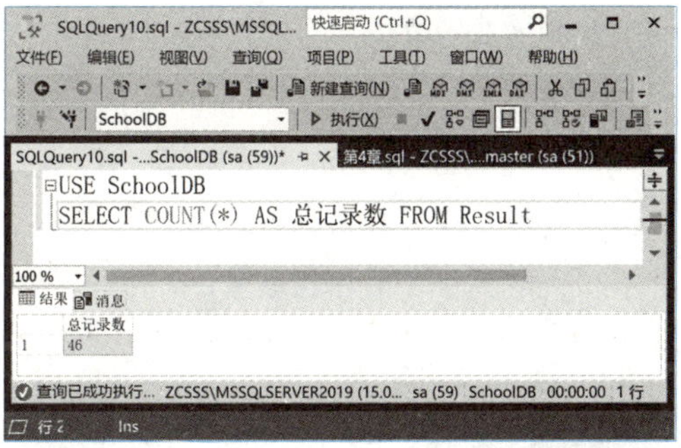

图 4-23　使用 COUNT() 聚合函数得到行数

此外，也可以对某列 (Email) 进行计数，如：

```
SELECT COUNT(Email) AS Email记录数 FROM Student
```

执行结果如图 4-24 所示，单列统计总记录时忽略了空值，所以结果为 9，因为有 5 个学生的 Email 值为空。

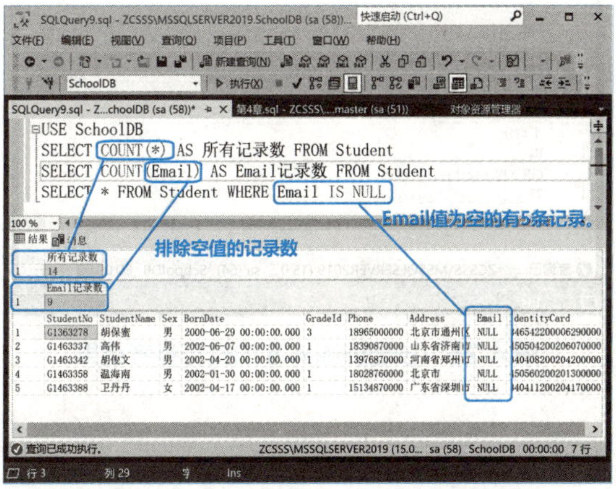

图 4-24　使用 COUNT() 聚合函数得到某列的行数

【技能训练 4-8】使用聚合函数对 SchoolDB 的数据表进行汇总查询

技能要点

聚合函数的使用。

需求说明

（1）统计学生表中学生总人数。

（2）统计“S1”学期的总学时。

（3）查询学号为 G1463354 的学生 S1 学期考试的总成绩。

（4）查询学号为 G1463354 的学生 S1 学期所有考试的平均分。

（5）查询 2025 年 1 月 7 日课程“大学英语”的最高分、最低分、平均分。

（6）查询 2025 年 1 月 7 日课程“大学英语”及格学生的平均分。

（7）查询所有参加“C 语言程序设计”课程考试的学生的平均分。

（8）保存 T-SQL 为“训练 4-8 查询学生 .sql”。

关键点分析

（1）需求 3 和需求 4 中需要查询某学生在 S1 学期的考试成绩统计，首先需要知道 S1 学期的课程编号，需要通过多条查询语句来实现，然后使用聚合函数来进行计算。

（2）需求 5 和需求 6 需要了解“大学英语”的课程编号。

（3）参考结果如图 4-25 所示。

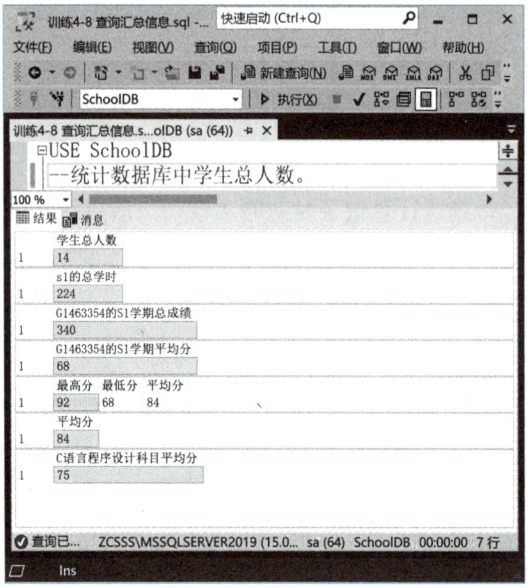

图 4-25　技能训练 4-8 的执行参考结果

本章总结

本章主要介绍单表查询和数据的统计。数据查询是按照条件逐行筛选表中的记录，将符合要求的记录组合成记录集，记录集中的字段就是查询中需要显示的字段。可以使用 IS NULL 判断一行中的某列是否为空、使用 ORDER BY 进行查询记录集的排序，并且可以按照多个列进行排序、可以对字段重命名为用户容易理解的名字、可以使用常量、表达式、运算符或函数。

查询中还可以使用通配符来实现模糊查询，通配符是一类字符，它可以代替一个或多个真正的字符，查找信息时作为替代字符出现，通过使用 LIKE、BETWEEN、IN 关键字，能够进行模糊查询。

数据统计是主要是通过聚合函数来对列进行计算、分析和统计，常用的聚合函数有 SUM()、AVG()、MAX()、MIN() 和 COUNT()。

本章的知识技能体系结构如图 4-26 所示。

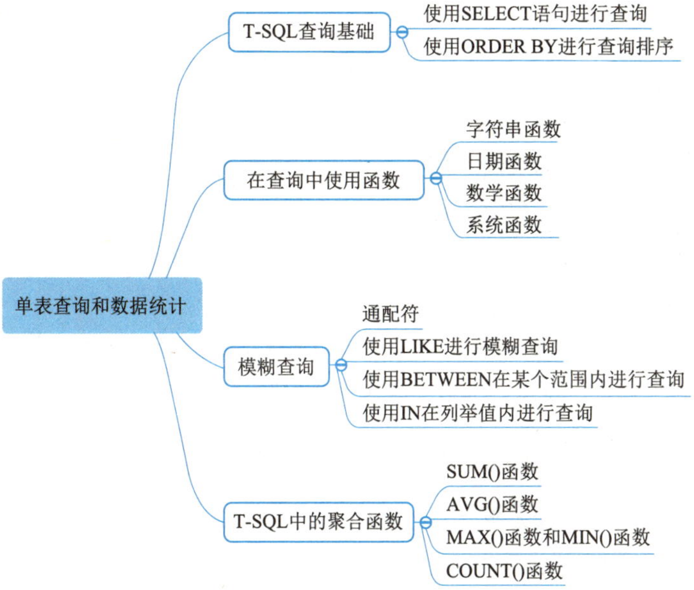

图 4-26　知识技能体系结构图

习题

一、选择题

1. 假设 Employee 表有三列 EmpID、EmpGrade、EmpSalaryGrade，并且列值都是整型数据类型，则以下（　　）中的语句能正确执行。

A．SELECT EmpID FROM Employee ORDER BY EmpID
WHERE EmpID=EmpGrade

B．SELECT EmpID FROM Employee
WHERE EmpID=EmpGrade=EmpSalaryGrade

C．SELECT EmpID FROM Employee
ORDER BY EmpGrade+EmpSalaryGrade

D．SELECT EmpID,EmpGrade FROM Employee
WHERE EmpGrade+EmpSalaryGrade

2. Employee 表中 LastName 列保存顾客的姓，FirstName 列保存顾客的名。现在需要查询顾客姓名的组合，例如，LastName 列中的“张”，同一行 FirstName 列中的“国华”，查询结果应该返回“张国华”，则正确的查询语句应该是（　　）。

A. SELECT LastName,FirstName FROM Employee

B. SELECT * FROM Employee ORDER BY LastName,FirstName

C. SELECT LastName+FirstName FROM Employee

D. SELECT LastName And FirstName From Employee

3. 表 Students 中已经存储了大量数据，Nation 列存储了学生的民族信息。对于少数民族的学生，民族的信息已经输入，汉族的学生 Nation 列都为空值，需要统一修改为“汉族”较好的办法是（　　）。

A. 在表中为该列添加 NOT NULL 约束

B. 使用“UPDATE Students SET Nation=' 汉族 ' WHERE Nation IS NULL”进行数据更新

C. 使用“UPDATE Students SET Default=' 汉族 '”进行数据更新

D. 手动输入所有的汉族

4. 一个小组正在开发一个大型的银行存款系统，系统中包含上百万行顾客的信息。现在正在调试 SQL 语句，以进行查询的优化。可是，他们每次执行查询时，都返回好几百万行数据，显示查询结果非常费时。此时，比较好的解决办法是（　　）。

A. 删除这些数据

B. 把这些数据转换到文本文件中，再在文本文件中查找

C. 在查询语句中使用 TOP 子句限制返回行数

D. 在查询语句中使用 ORDER BY 子句进行排序

5. 执行 SQL 语句：“SELECT TOP 40 PERCENT SName,SAddress FROM Students”的结果返回了 20 行数据，则（　　）。

A. 表 Students 中只有 40 行数据　　B. 表 Students 中只有 20 行数据

C. 表 Students 中大约有 50 行数据　　D. 表 Students 中大约有 100 行数据

6. 表 Math 中有 Ori 和 Dest 两列，要把 Ori 列的平方根写到 Dest 列，正确的 SQL 语句为（　　）。

A. UPDATE Math SET Dest=SQRT（Ori）

B. UPDATE Math SET Ori=Ori/2

C. SELECT Dest FROM Math SET Dest=Ori.SQRT

D. SELECT Ori FROM Math SET Dest=Ori/2

7. 以下（　　）能够得到今天属于哪个月份。

A. SELECT DATEDIFF（mm，GETDATE()）

B. SELECT DATEPART（mm，GETDATE()）

C. SELECT DATEPART（n，GETDATE()）

D. SELECT DATENAME（dw,GETDATE()）

8. 以下（　　）能够在结果集中创建一个新列“查询用户”，并且使用 SQL Server 中的当前用户来填充列值。

A. SELECT SName, 'USER' AS 查询用户 FROM Students

B. SELECT SName,SYSTEM_USER AS 查询用户 FROM Students

C. SELECT SName, 查询用户 FROM Students

D. SELECT SName,SYSTEM_USER= 查询用户 FROM Students

9. 假设 Users 表中有 4 行数据，Score 表中有 3 行数据，且表中数据均为有效数据，如果执行语句：“SELECT * FROM Users,Score WHERE Users.ID=Score.ID”可能返回（　　）行数据。

A. 0　　B. 3　　C. 9　　D. 12

10. SQL 查询中使用 ORDER BY 子句指出的是（　　）。

A. 查询目标　　B. 查询结果排序

C. 查询视图　　D. 查询条件

11. 查询 Student 表中的所有非空 email 信息，以下语句正确的是（　　）。

A. SELECT email FROM Student Where email !=null

B. SELECT email FROM Student Where email not is null

C. SELECT email FROM Student Where email <>null

D. SELECT email FROM Student Where email is not null

12. SELECT 语句中使用关键字（　　）可以限定返回数据的行数。

A. TOP　　B. UNION　　C. ALL　　D. DISTINCT

13. 在 SELECT 语句中使用 top 5 时，返回结果是（　　）。

A. 表中前五行数据　　B. 行编号为“5”的数据

C. 表中前五行有空值的数据　　D. 表中第五行数据

14. 在查询结果集中将 NAME 字段显示为联系人，应该使用（　　）语句。

A. SELECT name FROM Customers as '联系人'

B. SELECT name='联系人' FROM Customers

C. SELECT * FROM Customers WHERE name='联系人'

D. SELECT name '联系人' FROM Customers

15. 用于求系统日期函数的是（　　）。

A. YEAR()　　B. GETDATE()　　C. COUNT()　　D. SUM()

16. 函数 FLOOR(-41.3) 返回（　　）。

A. -41　　B. -42　　C. 42　　D. 以上都不是

17. 表达式 LEN('电子学院')+DATALENGTH(GETDATE()) 的值为（　　）。

A. 8　　B. 10　　C. 12　　D. 16

18. SELECT emp_id,emp_name,sex,title,wage FROM employee ORDER BY emp_name 句子得到的结果集是按（　　）排序。

A. emp_id　　B. emp_name　　C. sex　　D. wage

19. 要查询 book 表中所有书名中包含“计算机”的书籍情况，可用（　　）子句。

A. ORDER BY　　B. WHERE　　C. GROUP BY　　D. 无须配合

20. SELECT 学号 =sno，姓名 =sname FROM s WHERE class=' 软件 1501' 表示（　　）。

A. 查询 s 表中软件 1501 班学生的学号、姓名

B. 查询 s 表中软件 1501 班学生的所有信息

C. 查询 s 表中学生的学号、姓名

D. 查询 s 表中计算机系学生的记录

21. 在 T-SQL 聚合函数中，以下（　　）用于返回表达式中所有值的总和。

A. SUM()　　B. COUNT()　　C. AVG()　　D. MAX()

22. 在 T-SQL 中，聚合函数能够基于列进行计算，以下关于聚合函数描述错误的是（　　）。

A. COUNT(*) 返回组中项目的数量，这些项目不包括 NULL 值和重复项

B. MAX() 忽略任何空值，对于字符列，MAX() 查找排序序列的最高值

C. MIN() 忽略任何空值，对于字符列，MIN() 查找排序序列的最高值

D. SUM() 返回表达式中所有值的和，空值将被忽略

23. 假设 Sales 表用于存储销售信息，SName 列为销售人员姓名，SMoney 列为销售额度，现在需要查询最大一笔销售额度是多少，则正确的查询语句是（　　）。

A. SELECT MAX(SMoney) FROM Sales WHERE MAX(SMoney)>0

B. SELECT SName,MAX(SMoney) FROM Sales WHERE COUNT(SName)>0

C. SELECT SName,MAX(SMoney) FROM Sales ORDER BY SName,SMONEY

D. SELECT MAX(SMoney) FROM Sales

24. 假设 Users 表中的 TelNumber 列存储电话号码信息，则查询不是以 7 开头的所有电话号码的查询语句是（　　）。

A. SELECT TelNumber FROM Users WHERE TelNumber IS NOT '%7'

B. SELECT TelNumber FROM Users WHERE TelNumber LIKE '%7'

C. SELECT TelNumber FROM Users WHERE TelNumber NOT LIKE '7%'

D. SELECT TelNumber FROM Users WHERE TelNumber LIKE '[1-6]%'

25. 要查询一个班级中低于平均成绩的学生，需要使用（　　）。

A. TOP 子句　　B. ORDER BY 子句

C. HAVING 子句　　D. 聚合函数 AVG()

二、操作题

1. 使用前面章节作业中的 NetBar 数据库，编写查询语句分别满足以下需求。

（1）由于最近屡次发生卡密码丢失事件，因此机房规定：要求密码与姓名或者卡号不能一样。请编写 SQL 语句，查出密码与姓名或者卡号一样的人的姓名，以方便通知。

（2）编号为 B01 的计算机坏了，请通过查询得到这台计算机最近一次上机的卡号。

（3）为了提高上门率，上个月举行了优惠活动：周六和周日每小时上机的费用为半价。请统一更新数据库表中的上机费用信息。

（4）编写查询显示本月上机时间最长的前三名用户的卡号。

2. 已知一张银行开户表 cardInfo 包含卡号 (cardID)、开户日期（openDate）等列，如何使用 T-SQL 语句和日期函数获得本周开卡的信息。

提示：DATEPART（weekday，openDate）表示开户日期一星期中的第几天（周日为第一天，周一为第二天…）。

3. 在 SQL Server 数据库中，房屋信息表结构见表 4-8，现在需要查询如下信息，请编写 T-SQL 语句实现。

（1）房屋类型包含“一厅”的房屋信息。

（2）房主姓名为“于＊玲”的房屋信息，其中＊代表一个字。

（3）地理位置为“解放区”的出租屋信息。

（4）所有“一室一厅”出售房的平均面积。

表 4-8　房屋信息表 HouseInfo 结构

序号	字段名称	字段说明	类型	位数	备注
1	HouseID	序号	int		标识列，主键
2	HouseType	房屋类型	nvarchar	30	如一室一厅等
3	Area	面积	float		房屋建筑面积
4	Landlord	房主姓名	nvarchar	20	
5	LandlordID	身份证号	nvarchar	18	房主证件号码
6	ExchangeType	交易类型	nvarchar	2	只输入“出租”或“出售”
7	LandlordTel	联系电话	varchar	20	
8	Address	地理位置	nvarchar	50	

4. 在 SQL Server 数据库中，雇员信息表的结构如表 4-9 所示，现在需要查询如下信息，请编写 T-SQL 语句来实现。

（1）所有男员工的平均年龄。

（2）学历本科的员工信息。

（3）年龄超过 25 岁的员工平均工资。

（4）男、女员工最高工资和最低工资。

表 4-9　雇员信息表 Employee 结构

序号	字段名称	字段说明	类型	位数	备注
1	EmployeeID	员工号	int		自动编号，主键
2	Name	姓名	nvarchar	50	不允许为空
3	Age	年龄	int		默认为 0，不允许空
4	Sex	性别	char	2	默认为男，不允许空
5	Educatiion	学历	nvarchar	20	
6	Job	职位	nvarchar	50	不允许空
7	Salary	薪水	money	8	默认为 0，不允许空

第 5 章 分组查询和多表联合查询

工作任务

- 统计学生成绩信息
- 通过多表连接获得学生成绩单

知识技能目标

- 掌握分组查询的机制
- 理解连接查询的机制
- 使用 GROUP BY 进行分组查询
- 使用 HAVING 对分组进行筛选
- 掌握多表连接查询

重点难点

- 使用 GROUP BY 进行分组
- 外连接和内连接的区别及应用场景
- 使用多表连接查询解决实际问题

在实际的信息处理中，经常需要进行分类统计，如：统计每个人的平均成绩，也就是说，首先需要对成绩表的记录按照学号来分组，然后再对每组计算平均成绩。

分类统计的情况很多，例如有网上书店销售系统，销售种类的图书，就需要分类统计不同种类图书的总数、平均价格等。这时就必须首先按照图书种类进行分类，这样就分成很多组，然后在每组的基础上分别进行汇总和统计。分组后的统计计算要利用前面学习的聚合函数，COUNT()、AVG() 等。

5.1 分组查询

5.1.1 使用 GROUP BY 进行分组查询

微 课

分组查询

1. 单列分组查询

成绩表中存储了学生参加考试的成绩。现在需要统计不同科目的平均成绩，也就是说，首先需要对成绩表中的记录按照科目来分组，分组以后再针对每个组进行平均成绩计算。

【演示示例 5-1】在数据库 SchoolDB 的 Result 表中，统计每门课课程的平均分，Result 表中的数据见表 5-1。

表 5-1 成绩表部分数据

StudentNo	SubjectId	StudentResult	StudentNo	SubjectId	StudentResult
G1263201	1	76	G1363303	5	87
G1263201	2	88	G1363303	9	81
G1263201	5	90	G1463337	1	82
G1263382	1	79	G1463337	1	90
G1263382	2	56	G1463337	2	92
G1263382	7	61	G1463337	3	56
G1263458	2	92	G1463342	1	86
G1263458	3	82	G1463342	2	68
G1263458	5	82	G1463354	1	52
G1363278	1	55	G1463354	1	67
G1363278	3	78	G1463354	1	78
G1363278	8	76	G1463354	2	68
G1363300	1	83	G1463354	3	75
G1363300	5	49	G1463358	1	65
G1363300	9	64	G1463358	2	92
G1363301	1	65	G1463383	1	88
G1363301	4	87	G1463383	1	87
G1363301	9	85	G1463383	2	92
G1363301	10	90	G1463383	3	89
G1363302	1	80	G1463388	1	80

续表

StudentNo	SubjectId	StudentResult	StudentNo	SubjectId	StudentResult
G1363302	4	56	G1463388	1	78
G1363302	9	87	G1463388	2	92
G1363303	1	61	G1463388	3	83

问题分析

（1）从表中的数据可以看出，该成绩记录了 9 门课程的学生成绩，科目号（SubjectId）分别是 1、2、3、4、5、7、8、9、10，要统计不同科目的平均成绩。

（2）把相同的 SubjectId 都分为一组，这样就将数据分成了 9 组，见表 5-2。

（3）针对每一组使用前面的聚合函数取平均分，这样就得到了每门科目的平均分数。

表 5-2　分组后的成绩表

StudentNo	SubjectId	StudentResult	StudentNo	SubjectId	StudentResult
G1263201	1	76	G1463354	2	68
G1263382	1	79	G1463358	2	92
G1363278	1	55	G1463383	2	92
G1363300	1	83	G1463388	2	92
G1363301	1	65	G1263458	3	82
G1363302	1	80	G1363278	3	78
G1363303	1	61	G1463337	3	56
G1463337	1	82	G1463354	3	75
G1463337	1	90	G1463383	3	89
G1463342	1	86	G1463388	3	83
G1463354	1	52	G1363301	4	87
G1463354	1	67	G1363302	4	56
G1463354	1	78	G1263201	5	90
G1463358	1	65	G1263458	5	82
G1463383	1	88	G1363300	5	49
G1463383	1	87	G1363303	5	87
G1463388	1	80	G1263382	7	61
G1463388	1	78	G1363278	8	76
G1263201	2	88	G1363300	9	64
G1263382	2	56	G1363301	9	85
G1263458	2	92	G1363302	9	87
G1463337	2	92	G1363303	9	81
G1463342	2	68	G1363301	10	90

代码如下

```
USE SchoolDB
SELECT SubjectId AS 课程编号 ,AVG(StudentResult) AS 课程平均成绩
  FROM Result
```

```
GROUP BY SubjectId
```

执行结果如图 5-1 所示。

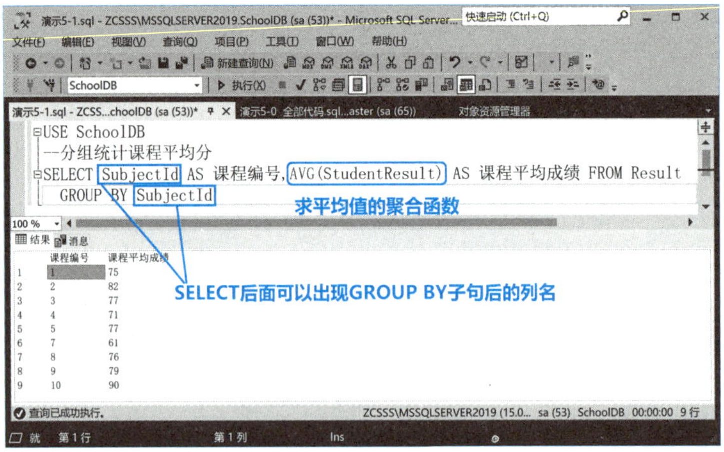

图 5-1　分组查询的输出结果

补充说明

（1）在编写代码之前，需要设计好输出结果，本需求的输出结果应该首先是不同的科目，其次是每门科目的平均分。

（2）能否在查询中输出显示这张表中所有的学号信息？实际上是不行的。因为，学生的学号与课程不是一对一的关系，因为科目已经被“分组”了，分组后的数量减少为 9 组，而学生没有被“分组”，依然保持原来的个数。

如果写成以下代码，提示错误，无法正常执行，因为 SELECT 后面只能出现“聚合函数”或者“GTOUP BY”子句后面的列名，如图 5-2 所示。

```
SELECT StudentNo AS '学号',SubjectId AS '课程编号',
  AVG(StudentResult) AS'课程平均成绩'
  FROM Result
  GROUP BY SubjectId
```

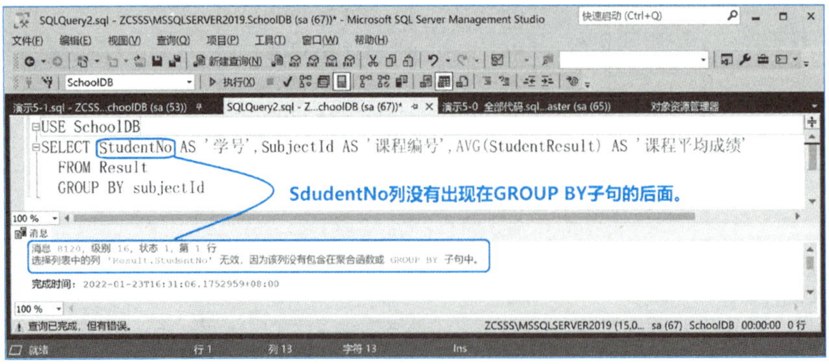

图 5-2　错误提示信息界面

【演示示例 5-2】在 Student 表中统计男女生人数，再统计每个学期年龄最小的学生信息。

问题分析

（1）需求 1 中，统计男女生的人数，先按照性别列 Sex 进行分组，使用“GROUP BY Sex”子句，再对每个组进行数量的统计，使用聚合函数 COUNT()。

（2）需求 2 中，统计每个学期的总人数，先按照学期分组，再使用 MAX() 函数进行分组统计。

代码如下

```
USE SchoolDB
SELECT Sex AS 性别,COUNT(*) AS 人数 FROM Student GROUP BY Sex
SELECT GradeId AS 学期,MAX(BornDate) AS 出生日期
  FROM Student
  GROUP BY GradeId
```

执行结果如图 5-3 所示。

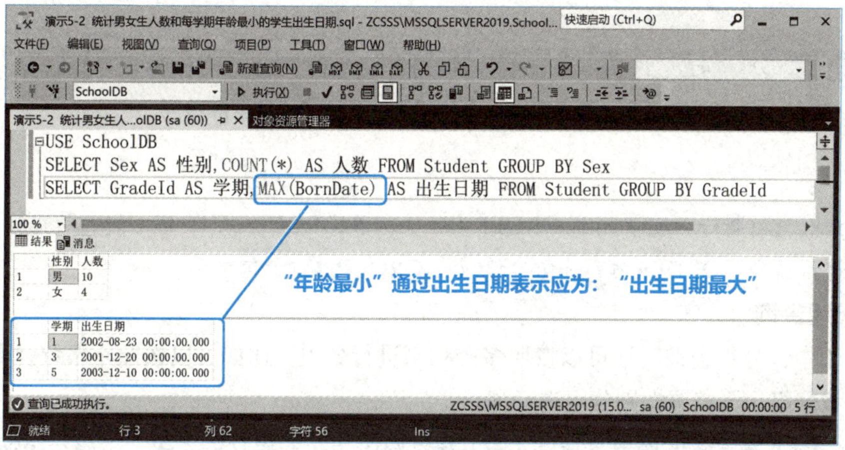

图 5-3　统计男女生人数和每学期年龄最小学生的出生日期

【演示示例 5-3】在 Result 表中，统计每位学生的平均分，并按照由高到低的顺序排列显示。

问题分析

（1）求每位学生的平均分，需要先按照学号分组，在使用聚合函数 AVG()。

（2）对显示结果排序，由于排序的结果是平均分，需要利用聚合函数 AVG() 作为排序的依据。

代码如下

```
USE SchoolDB
SELECT StudentNo AS 学号,AVG(StudentResult) AS 课程平均成绩
  FROM Result
  GROUP BY StudentNo
  ORDER BY AVG(StudentResult) DESC
```

执行结果如图 5-4 所示。

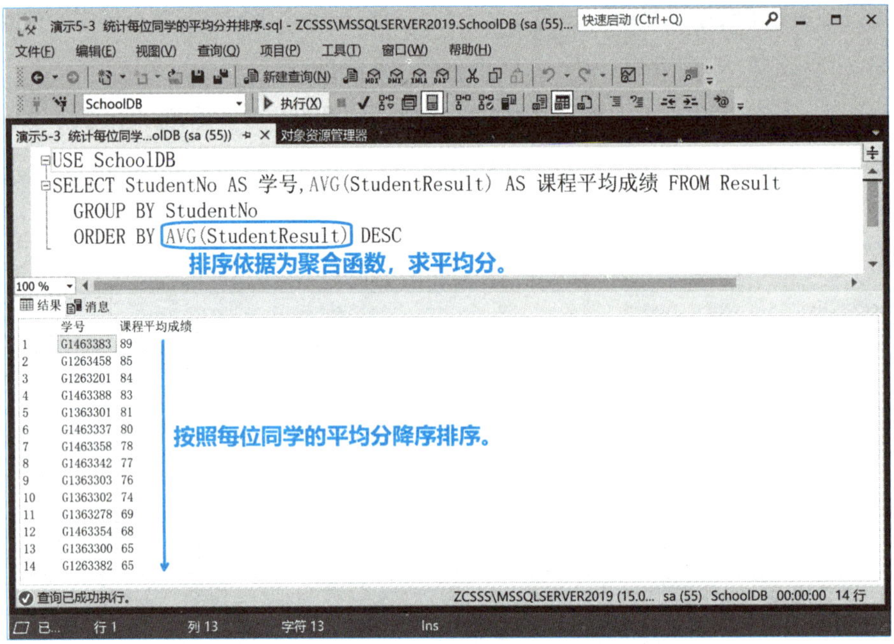

图 5-4 统计每位学生的平均分并按照成绩降序排序

补充说明

分数由高到低进行排序，需要用到 ORDER BY 子句和 GROUP BY 子句，进行排序时，应该是对分组后的平均分进行排序，ORDER BY 子句应该放在 GROUP BY 子句之后。

2. 多列分组查询

在实际应用中，分组查询时还可以按照多个列来进行分组，比如可以按照年级统计男女生的人数，需要先按照年级分组，再按照性别分组进行统计。

【演示示例 5-4】在学生信息表 Student 中，统计每个年级的男女生人数，按照年级编号显示。

问题分析

（1）需要使用多列分组查询，GROUP BY 后面需要 2 列，分别是年级编号和性别，年级编号在前面，使用逗号分隔。

（2）排序使用 ORDER BY 子句，写在 GROUP BY 子句的后面，排序依据为年级编号。

代码如下

```
USE SchoolDB
SELECT GradeId AS 学期,Sex AS 性别,COUNT(*) AS 人数
  FROM Student
  GROUP BY GradeId,Sex
  ORDER BY GradeId
```

执行结果如图 5-5 所示。

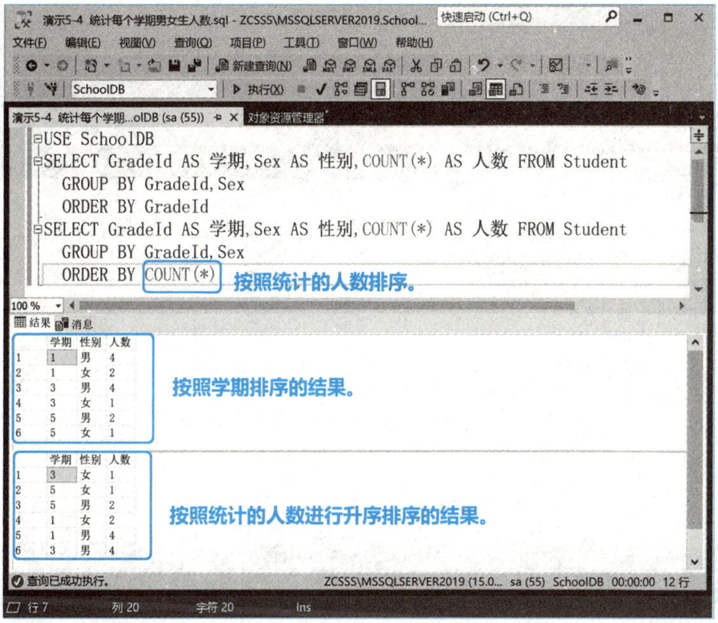

图 5-5　统计每个学期男女生人数

【技能训练 5-1】使用 GROUP BY 对数据库 SchoolDB 的数据表进行分组查询

技能要点

（1）使用 GROUP BY 进行分组查询。

（2）灵活应用 ORDER BY 和 GROUP BY 等子句解决实际问题。

需求说明

（1）查询每个学期的总学时数，并按照学期编号升序排列。参考结果如图 5-6 所示。

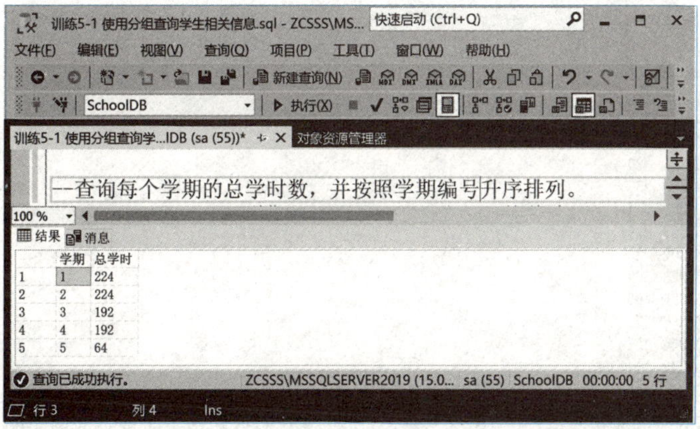

图 5-6　需求 1 的参考结果

（2）查询每个年级的总人数。

（3）统计参加每门课考试的人数，并按照考试人数降序排列。参考结果如图 5-7 所示。

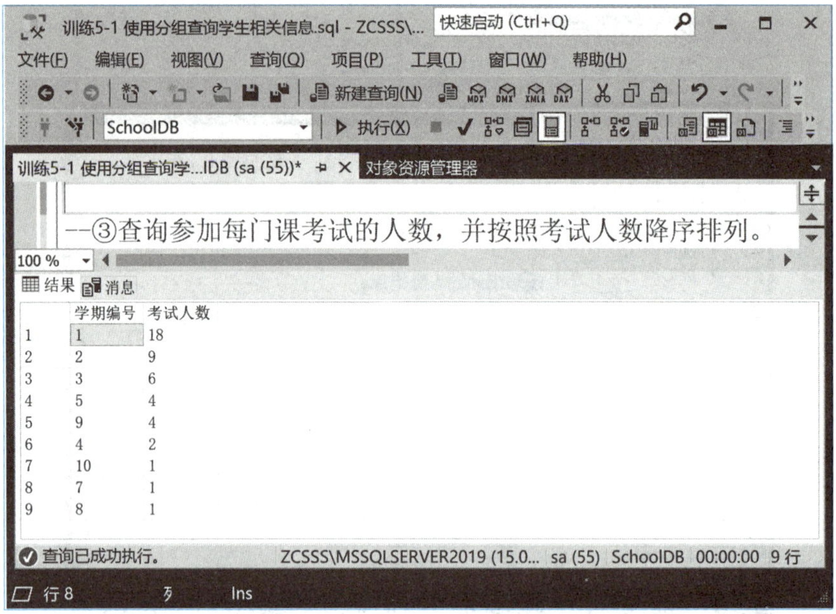

图 5-7　需求 3 的参考结果

（4）统计每个学生参加的所有考试的总分，并按照总分降序排列。参考结果如图 5-8 所示。

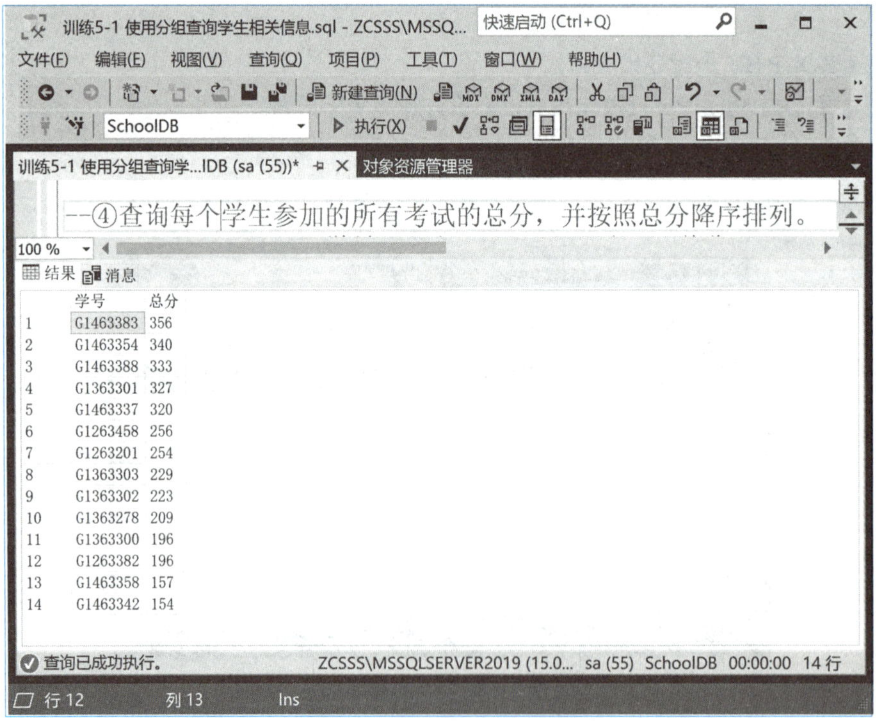

图 5-8　需求 4 的参考结果

（5）统计每门课的最高分和最低分，并按照课程编号升序排列。参考结果如图 5-9 所示。

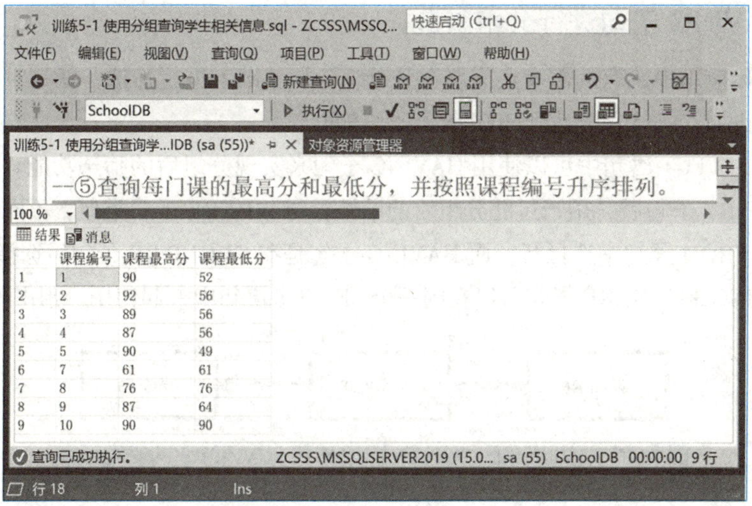

图 5-9　需求 5 的参考结果

（6）统计每位同学所参加考试的平均分、最高分和最低分，并按照平均分升序排列。参考结果如图 5-9 所示。

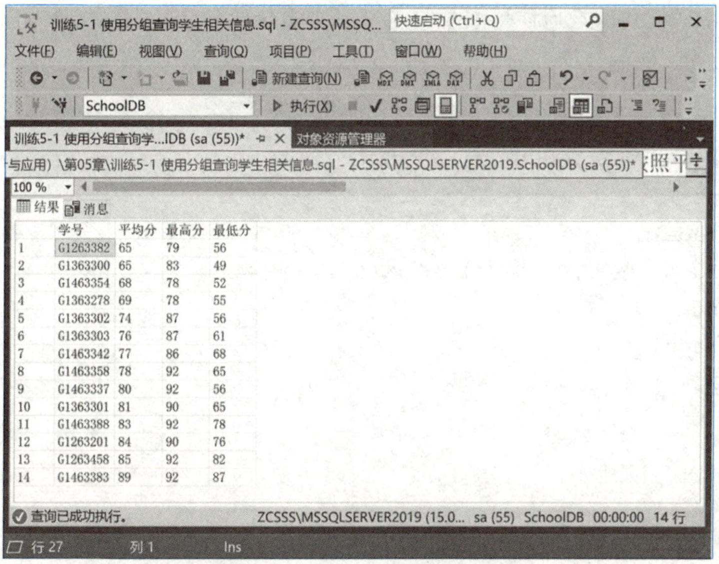

图 5-10　需求 6 的参考结果

（7）保存 T-SQL 代码为“训练 5-1 分组查询 .sql”。

关键点分析

（1）SUM()、AVG()、COUNT()、MAX() 和 MIN() 函数与分组结合要设计合理。

（2）需求 5 中，要求每门课的最高分和最低分，依然是单列分组，即按照课程编号分组，需要统计中有 2 项，最高分和最低分，即：“MAX(studentResult) AS ' 最高分 ',MIN(studentResult) AS ' 最低分 '”。

（3）需求 6 的求解思路与需求 5 相似，按照学号分组即可。

5.1.2 使用 HAVING 子句进行分组筛选

微 课

HAVING 分组筛选

在实际应用中，有的需求还需要在分组统计的基础上进行筛选，就是对分组统计的结果进行过滤。比如，统计总分达到 300 分的学生信息。

查询 SELECT 语句中可以使用 HAVING 子句来实现分组后的筛选功能。HAVING 子句要用在 GROUP BY 子句后，用于过滤分组后的结果。与 WHERE 子句类似，不同的是 WHERE 子句是用于在 FROM 子句中选择行，而 HAVING 子句是在 GROUP BY 子句后选择行。

HAVING 和 WHERE 子句可以在同一个 SELECT 语句中一起使用，使用顺序如图 5-11 所示。

图 5-11 WHERE、GROUP BY 和 HAVING 的使用顺序

【演示示例 5-5】在学生信息表 Student 中，统计每个学期总人数超过 4 的年级编号。

问题分析

（1）首先可以通过分组查询获取每个学期的总人数，使用 GROUP BY 子句，按照学期编号分组，使用 COUNT() 函数统计。

（2）在 GROUP BY 子句的后面使用 HAVING 子句，条件为“COUNT(*)>4”。

代码如下

```
USE SchoolDB
SELECT GradeId AS 学期,COUNT(*) AS 人数
  FROM Student
  GROUP BY GradeId
SELECT GradeId AS 学期,COUNT(*) AS 人数
  FROM Student
  GROUP BY GradeId
  HAVING COUNT(*)>4
USE SchoolDB
```

代码执行结果如图 5-12 所示。

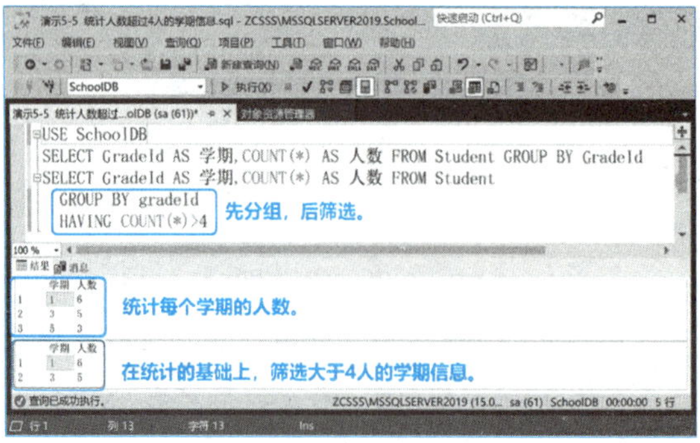

图 5-12 统计大于 4 人的学期信息

补充说明

（1）使用 WHERE 子句是不能满足查询要求的。因为 WHERE 子句只能对没有分组统计前的数据进行筛选。

（2）用 HAVING 子句来指定筛选的条件，该子句中的条件通常是统计函数，如：条件为“COUNT(*)>4”等。

【演示示例 5-6】在成绩表 Result 中，查询平均分达到 80 分的科目信息。

问题分析

在查询每个科目平均分的基础上，增加了一个条件：平均分及格的科目。这样按照科目进行分组后，使用 AVG(StudentResult)>=80 筛选及格信息即可。

代码如下

```
USE SchoolDB
SELECT SubjectId AS 课程编号，AVG(StudentResult) AS 课程平均成绩
  FROM Result
  GROUP BY SubjectId
  HAVING AVG(StudentResult)>=80
```

执行结果如图 5-13 所示。

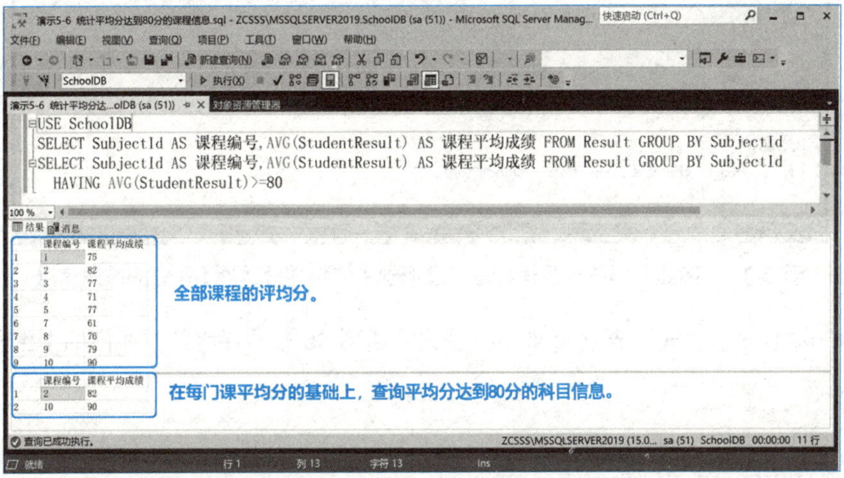

图 5-13 查询平均分达到 80 分的科目信息

【演示示例 5-7】在成绩表 Result 中，先统计每门科目及格总人数和平均分，再统计及格学生的平均分达到 80 分的科目信息。

问题分析

（1）通过需求了解到所查询的信息，都是要求及格的统计，这样就首先从数据源中将不及格的学生信息进行滤除，使用 WHERE 子句实现。

（2）对符合及格要求的数据再进行分组处理，使用 GROUP BY 子句实现。

（3）在分组统计平均分的基础上，使用筛选 HAVING 子句实现。

代码如下

```
USE SchoolDB
SELECT SubjectId AS 课程编号,COUNT(*) AS 人数,AVG(StudentResult) AS 平均分
  FROM Result
  WHERE StudentResult>=60
  GROUP BY SubjectId
SELECT SubjectId AS 课程编号,COUNT(*) AS 人数,AVG(StudentResult) AS 平均分
  FROM Result
  WHERE StudentResult>=60
  GROUP BY SubjectId
  HAVING AVG(StudentResult)>=80
```

执行结果如图 5-14 所示。

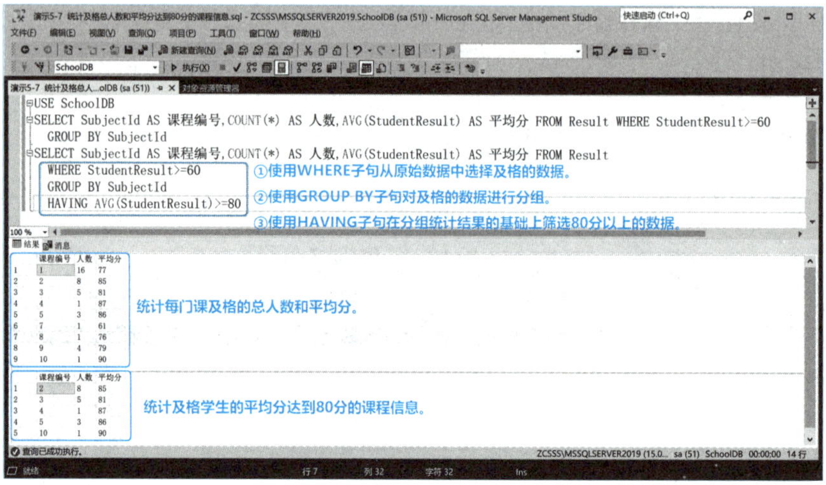

图 5-14 按照课程统计及格数据和及格学生的平均分达到 80 分的课程信息

【演示示例 5-8】在学生成绩表 Result 中，查询“达到 85 分的课程超过 1 门的学生学号”，按照次数降序排序。

问题分析

（1）使用 WHERE 子句滤除分数低于 85 的记录。

（2）使用 GROUP BY 子句按照学号进行分组。

（3）使用 HAVING 子句对分组后的记录进行筛选。

（4）使用 ORDER BY 子句对最后输出结果进行排序。

代码如下

```
USE SchoolDB
SELECT StudentNo AS 学号,COUNT(*) AS 次数 FROM Result
  WHERE StudentResult>=85
  GROUP BY StudentNo
```

```
HAVING COUNT(*)>1
ORDER BY COUNT(*) DESC
```

执行结果如图 5-15 所示。

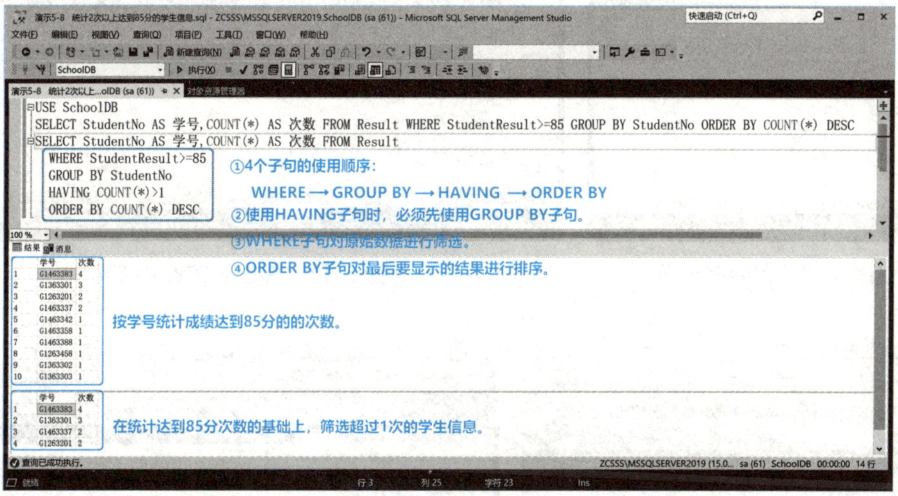

图 5-15　2 次及以上分数不低于 85 的学生信息

补充说明

在 SELECT 语句中，WHERE、GROUP BY、HAVING 和 ORDER BY 子句和聚合函数的执行次序和功能如下：

（1）WHERE 子句从数据源中去掉不符合其搜索条件的数据。

（2）GROUP BY 子句搜集数据行到各个组中。

（3）统计函数为各个组计算统计值。

（4）HAVING 子句去掉不符合其组搜索条件的各组数据行。

（5）ORDER BY 子句对最后的结果进行显示排序。

【技能训练 5-2】使用 HAVING 子句对 SchoolDB 的数据表进行分组筛选统计

技能要点

（1）灵活使用 GROUP BY 进行分组查询。

（2）应用 HAVING 子句对分组统计后的结果进行筛选。

（3）灵活应用 WHERE、GROUP BY、HAVING 和 ORDER BY 子句解决实际问题。

需求说明

（1）统计每学期中，学时超过 50 的课程数。参考结果如图 5-16 所示。

（2）统计每学期学生的平均年龄，并按照平均年龄升序排序。参考结果如图 5-17 所示。

（3）统计安徽地区的每学期学生人数。参考结果如图 5-18 所示。

（4）统计参加考试的学生中，平均分达到 70 分的学生记录，并按照平均分降序排列。参考结果如图 5-19 所示。

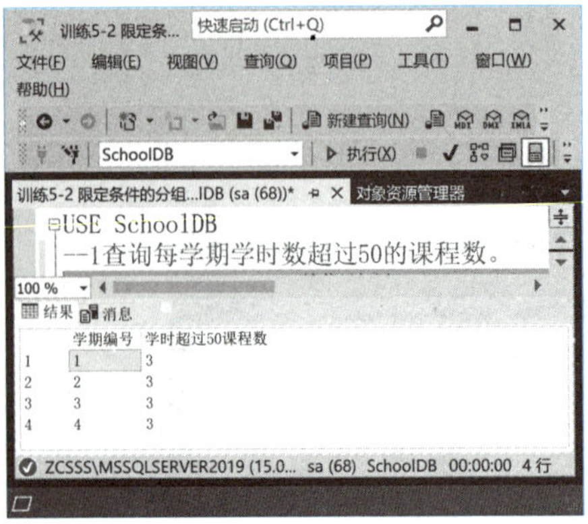

图 5-16　需求 1 的参考结果

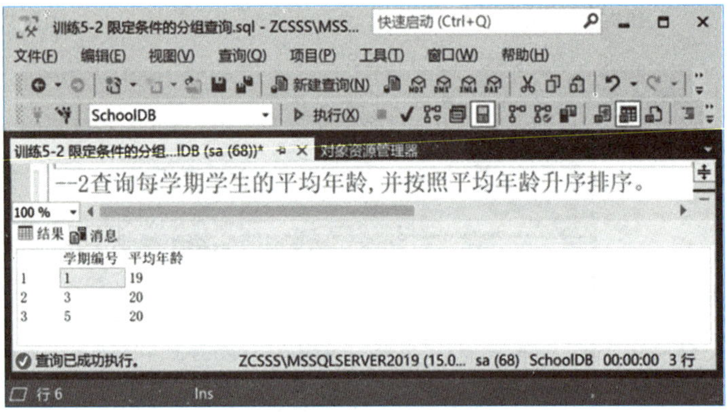

图 5-17　需求 2 的参考结果

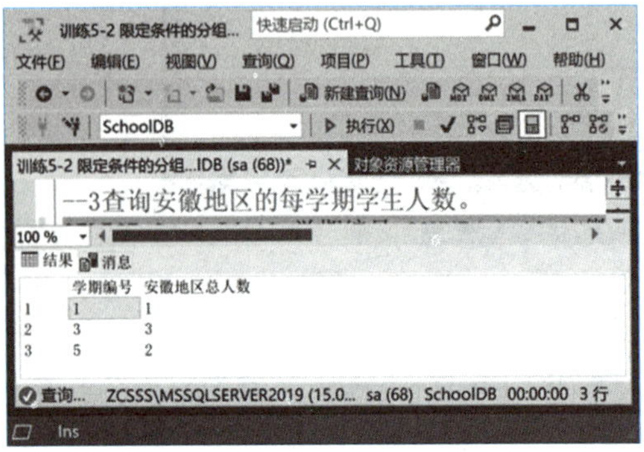

图 5-18　需求 3 的查询结果

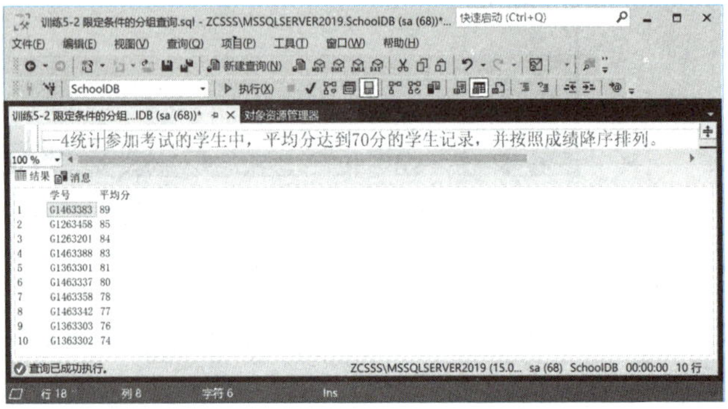

图 5-19　需求 4 的参考结果

（5）统计 2023 年 6 月 29 日考试的课程及格学生的平均分（排除不及格学生的成绩后求平均分）。参考结果如图 5-20 所示。

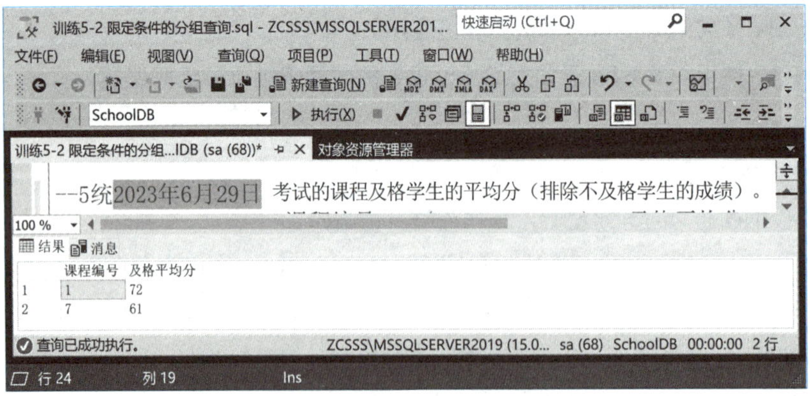

图 5-20　需求 5 的参考结果

（6）统计至少有一次考试不及格的学生学号和不及格次数。参考结果如图 5-21 所示。

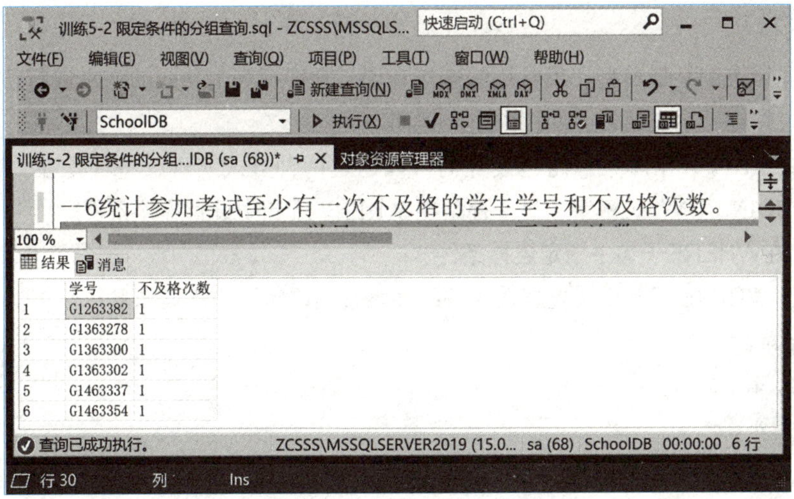

图 5-21　需求 6 的参考结果

（7）保存 T-SQL 代码为“训练 5-2 HAVING 分组查询 .sql”。

关键点分析

（1）需求 2 中计算学生的年龄。在表 Student 中存储的是学生的出生日期，由出生日期计算年龄，需要用到日期函数 DATEDIFF()，与当前的日期比较，计算出天数差，然后天数差除以 365（一般 1 年按照 365 天计算），即可得学生的年龄。参考表达式如下：

```
DATEDIFF(dd,BornDate,GETDATE())/365
```

（2）需求 3 中要统计安徽地区。由于 Student 表中未单独存储“地区”，只能从地址中查询是否包含有“安徽”字符串的学生信息。

（3）需求 6 中至少一次不及格的信息，首先 WHEERE 进行不及格的条件限定，然后再根据学号分组获取所需信息。

补充说明

在 SELECT 语句中，WHERE、GROUP BY、HAVING、ODER BY 子句和聚合函数的执行次序如下：WHERE 子句从数据源中去掉不符合其搜索条件的数据；GROUP BY 子句搜集数据行到各个组中，统计函数为各个组计算统计值；HAVING 子句去掉不符合其组搜索条件的各组数据行；ODER BY 子句只是对最后的输出结果进行排序，不影响原始数据和查询的结果。

5.2　多表联合查询

在实际应用中，很多查询需的数据来源于多张表，比如查询学生成绩可以通过学生表 Result 实现，但如果需要在查询成绩的结果中显示学生姓名和课程名称时，就涉及学生信息表 Student 和课程表 Subject。

在 SQL Server 数据库中，查询命令 SELECT 支持多表连接查询，分为内连接查询和外连接查询。

5.2.1 内连接查询

微课

内连接查询

内连接查询是最典型、最常用的连接查询，它根据表中共同的列来进行匹配。特别是两张表存在主外键关系时通常会使用内连接查询。

SQL Server 数据库中，内连接查询可以通过两种方式实现，一种是在 FROM 子句中使用"INNER JOIN…ON"关键字，另一种是在 WHERE 子句中设置连接条件。

1. 在WHERE子句中指定连接条件

通过 WHERE 子句中设置连接条件的多表查询语句语法格式如下：

```
SELECT 显示列表
  FROM 表 1, 表 2[,…]
  WHERE 连接条件；
```

（1）将查询需要数据所在的数据表分别列在 FROM 子句后面，表名之间用逗号分隔。

（2）将表与表之间连接的条件作为 WHERE 子句的条件表达式。

【演示示例 5-9】在 SchoolDB 数据库中，查询学生的成绩，要求显示学号、姓名、课程编号和成绩等信息，按照学号排列。

问题分析

（1）成绩表 Result 中有学号、课程编号和成绩，学生姓名在学生信息 Student 中，因此该查询需要用到的数据来源于 2 张表，需要连接查询。

（2）学生信息 Student 和成绩表 Result 之间存在主外键约束，即成绩表中的学号列引用了学生信息表的学号列，因此连接条件为 2 张表的学号相等。

（3）由于 Student 和 Result 中学号列的名称都是"studentNo"，为了区别，必须在列名的前面加上表的名称，并使用点"."作为连接符，否则无法执行。如："Student.studentNo"和"Result.studentNo"。

代码如下

```
USE SchoolDB
SELECT Student.StudentNo AS '学号',Student.StudentName AS '姓名',
  Result.SubjectId AS '课程编号',Result.StudentResult AS '成绩'
  FROM Student,Result
  WHERE Student.StudentNo=Result.StudentNo
  ORDER BY Student.StudentNo
```

执行结果如图 5-22 所示。

补充说明

只有当多表中存在相同名称的列时，需要使用"表名 . 列名"来区别，如果列名不相同是可以向单表查询一样，直接使用列名，如上面的代码中，姓名、课程编号和成绩列都是唯一的，可以不需要加上表名。代码可以修改如下：

```
SELECT Student.StudentNo AS '学号',StudentName AS '姓名',
  SubjectId AS '课程编号',StudentResult AS '成绩'
  FROM Student,Result
```

```
WHERE Student.StudentNo=Result.StudentNo
ORDER BY Student.StudentNo
```

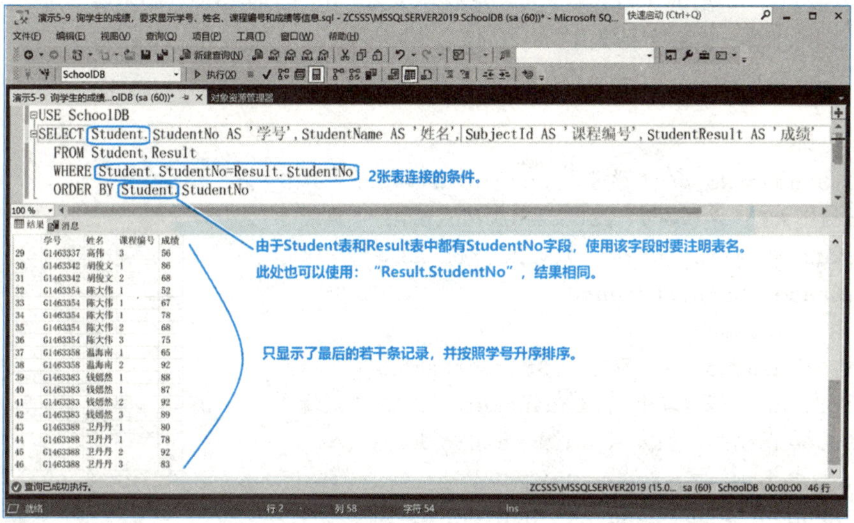

图 5-22　多表联合查询学生姓名和成绩等信息

执行结果如图 5-22 所示。

2．在FROM子句中使用INNER JOIN…ON关键字

通过 FROM 子句中使用 INNER JOIN…ON 关键字的多表查询语句语法格式如下：

```
SELECT 显示列表
  FROM 表 1 INNER JOIN 表 2
  ON (连接条件);
```

“演示示例 5-9”可以通过以下的 INNER JOIN…ON 关键字来实现。

```
SELECT S.StudentNo AS '学号',StudentName AS '姓名',
  SubjectId AS '课程编号',StudentResult AS '成绩'
  FROM Student AS S INNER JOIN Result AS R
  ON (S.StudentNo=R.StudentNo)
  ORDER BY S.StudentNo
```

在上面的内连接查询代码中：

（1）INNER JOIN 用于连接两个表。

（2）INNER 可以省略。

（3）ON 用于设置条件。

（4）AS 指定表的“别名”。为了简化表名，可以为表名设置一个简单的别名，即表的名称可以用简单的别名表示，如“Student AS S”中，S 表示 Student 表的别名，在当前的语句中使用“Student”和使用“S”是等价的，如“S.StudentNo”等同于“Student.StudentNo”。

【演示示例 5-10】在 SchoolDB 数据库中，查询课程编号为 3 的及格学生的姓名和分数。

问题分析

（1）程序结果需要的数据来源于成绩表 Result 和学生信息表 Student，需要连接查询。

（2）统计及格的学生使用 WHERE 子句，课程编号为“3”也是使用 WHERE 子句，采用组合条件，使用逻辑运算符“AND”连接 2 个条件。

代码如下

```
USE SchoolDB
SELECT S.StudentNo AS '学号',StudentName AS '姓名',
  SubjectId AS '课程编号',StudentResult AS '成绩'
  FROM Student AS S INNER JOIN Result AS R
  ON (S.StudentNo=R.StudentNo)
  WHERE SubjectId=3
SELECT S.StudentNo AS '学号',StudentName AS '姓名',
  SubjectId AS '课程编号',StudentResult AS '成绩'
  FROM Student AS S INNER JOIN Result AS R
  ON (S.StudentNo=R.StudentNo)
  WHERE StudentResult>=60 AND SubjectId=3
```

执行结果如图 5-23 所示。

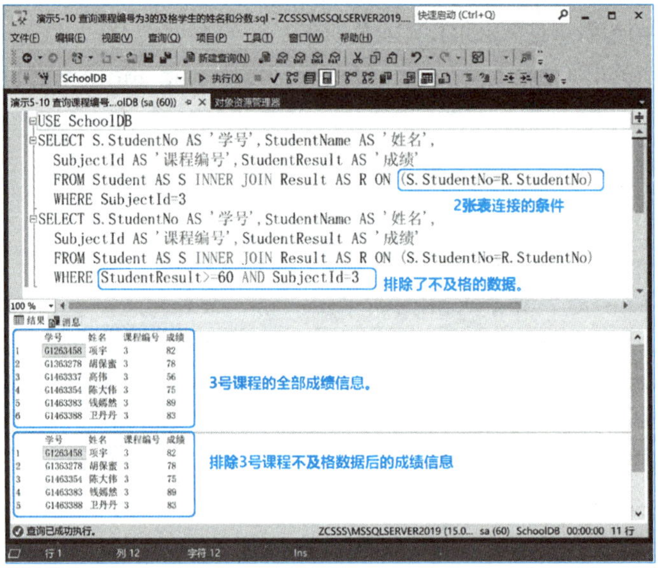

图 5-23　多表查询某门课的成绩信息

补充说明

当查询的条件比较多时，建议先使用一个条件，查看一个条件的结果，再增加一个条件，和之前的结果作对比，更容易理解查询条件的含义和应用。如本示例先查看“3”号课程所有的成绩信息，再增加一个条件“StudentResult>=60”查看“3”号课程及格学生的信息，降低调试代码的难度。

3. 3张表及更多表的联合查询

内连接查询不仅仅可以连接 2 张表，还可以实现涉及 3 张表或者更多表，查询更多需要的信息。

实现的方式和 2 张表连接查询的方式相同，在 FROM 子句增加需要的表名，或者在 WHERE 中增加需要的连接条件。

【演示示例 5-11】在 SchoolDB 数据库中，查询“胡保蜜”同学的成绩，显示学号、姓名、课程名称和考试成绩，按照课程编号升序排序。

问题分析

（1）程序结果需要的数据不仅仅来源于成绩表 Result 和学生信息表 Student，需要连接查询，还需要课程名称，因此还需要课程表 Subject。

（2）涉及 3 张表的查询，连接条件至少需要 2 个，先将 Result 表和 Student 表连接，连接条件是学号相等，再继续和 Subject 表连接，连接条件是课程编号相等。

（3）排序通过 ORDER BY 子句实现。

代码如下

```
USE SchoolDB
SELECT S.StudentNo AS '学号',StudentName AS '姓名',
  SubjectName AS '课程名',StudentResult AS '成绩'
  FROM Student AS S
  JOIN Result AS R ON (S.StudentNo=R.StudentNo)
  JOIN Subject AS SJ ON (SJ.SubjectId=R.SubjectId)
  WHERE StudentName='胡保蜜'
  ORDER BY R.SubjectId
```

执行结果如图 5-24 所示。

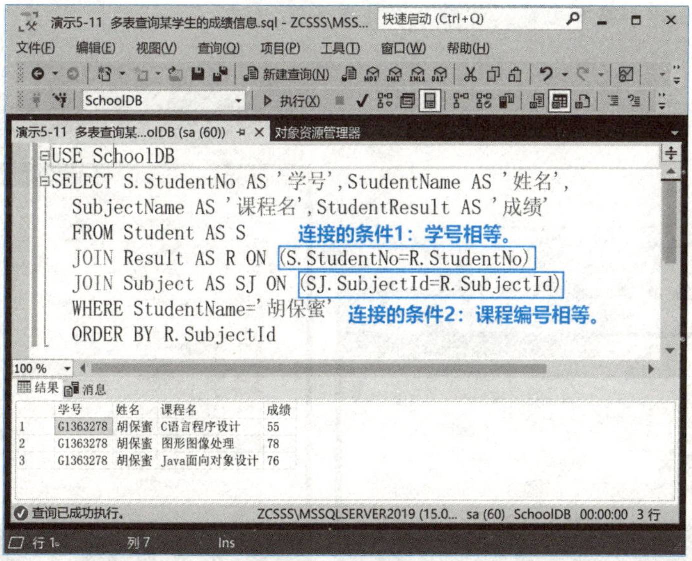

图 5-24　多表查询某学生的成绩信息

补充说明

（1）本示例中的 3 张表的连接顺序上有要求，不可以将 Student 表和 Subject 表先连接，因为这之间没有含义相同的字段，找不到连接的条件。

（2）在 WHERE 子句中通过设置连接条件同样可以实现。

代码如下

```
SELECT S.StudentNo AS '学号',StudentName AS '姓名',
  SubjectName AS '课程名',StudentResult AS ‘成绩'
  FROM Student AS S,Result AS R ,Subject AS SJ
  WHERE S.StudentNo=R.StudentNo AND SJ.SubjectId=R.SubjectId
  AND StudentName='胡保蜜'
  ORDER BY R.SubjectId
```

代码中，WHERE 子句后有 3 个条件，一个用于指定学生姓名的，2 个用于 3 张表连接的，使用逻辑运算符“AND”连接。

【技能训练 5-3】使用内连接对 SchoolDB 的数据表进行多表查询

技能目标

（1）掌握 2 张表和 3 张表的内连接查询的机制和实现方式。

（2）灵活应用 INNER JOIN…ON 实现多表查询。

（3）灵活应用 WHERE 子句设置连接条件，实现多表查询，并能实现数据筛选条件与表间连接条件的合理搭配。

需求说明

（1）以下所有查询均需要使用 INNER JOIN…ON 和 WHERE 两种方式实现。

（2）查询“S1”学期开设课程的科目名称和学时。参考结果如图 5-25 所示。

（3）查询学生姓名、学期和电话。参考结果如图 5-26 所示。

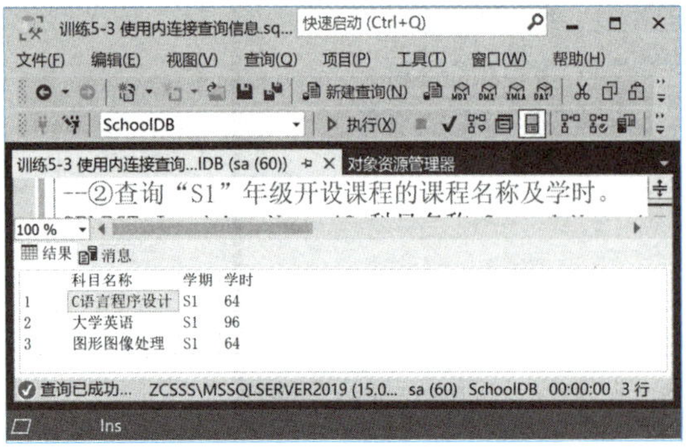

图 5-25 需求 2 查询参考结果

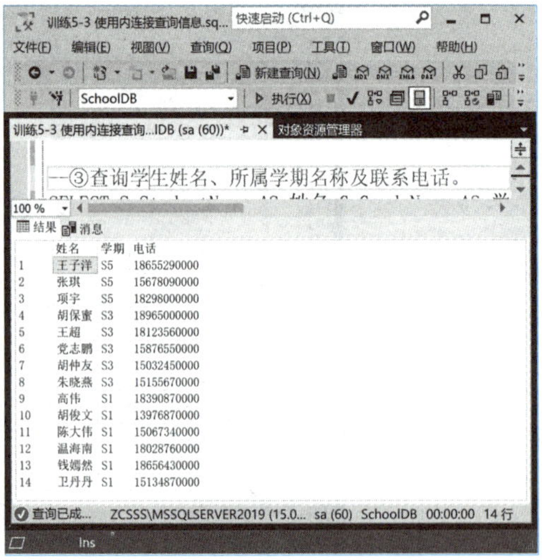

图 5-26 需求 3 查询参考结果

（4）查询参加课程编号为 1 的课程考试的姓名、分数和考试日期。参考结果如图 5-27 所示。

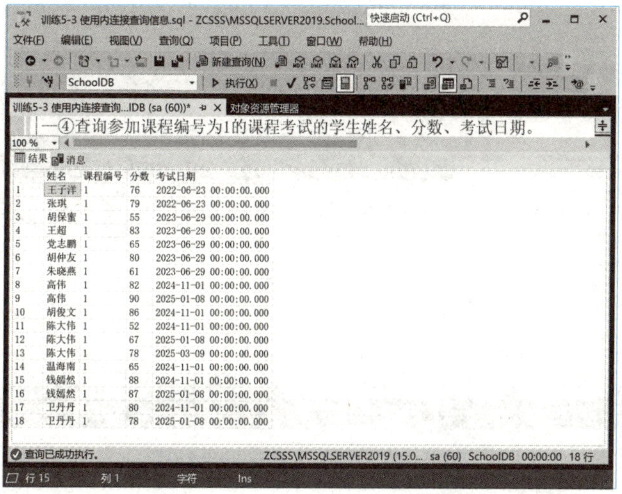

图 5-27　需求 4 查询参考结果

（5）查询“G1263458”同学参加的考试科目名称、分数和考试日期。参考结果如图 5-28 所示。

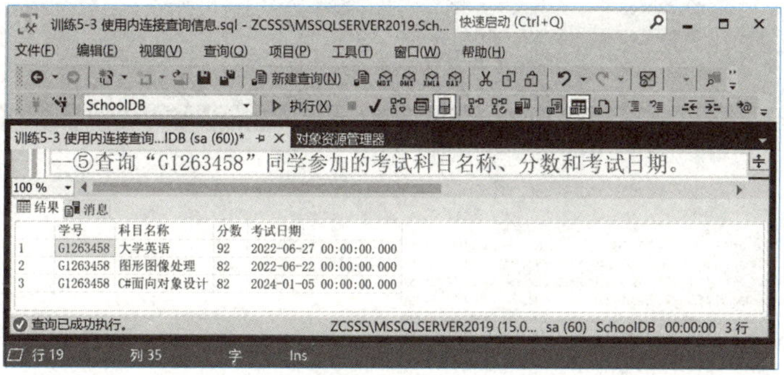

图 5-28　需求 5 查询参考结果

（6）查询所有考试成绩达到 90 分的成绩信息，显示学生学号、科目名称、分数和考试日期。参考结果如图 5-29 所示。

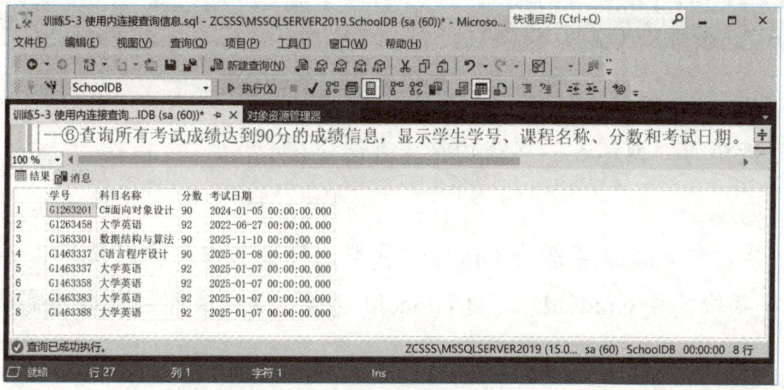

图 5-29　需求 6 查询参考结果

（7）查询所有考试成绩不及格学生的信息，显示学号、姓名、科目名称和成绩。参考结果如图 5-30 所示。

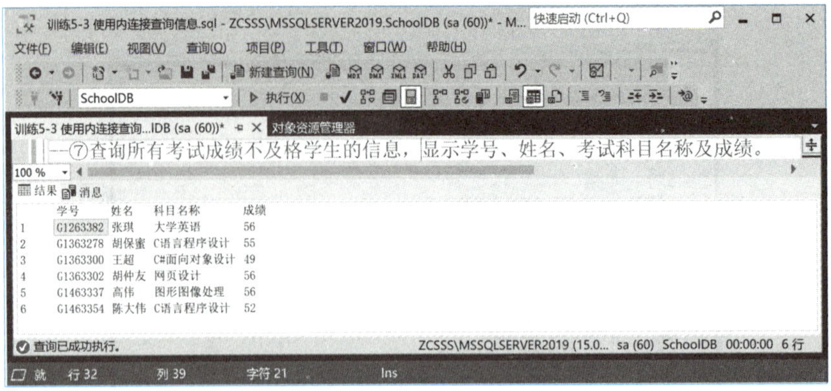

图 5-30　需求 7 查询参考结果

（8）查询参加“C 语言程序设计”考试的学生信息，显示学号、姓名、科目名称、成绩和考试日期。参考结果如图 5-31 所示。

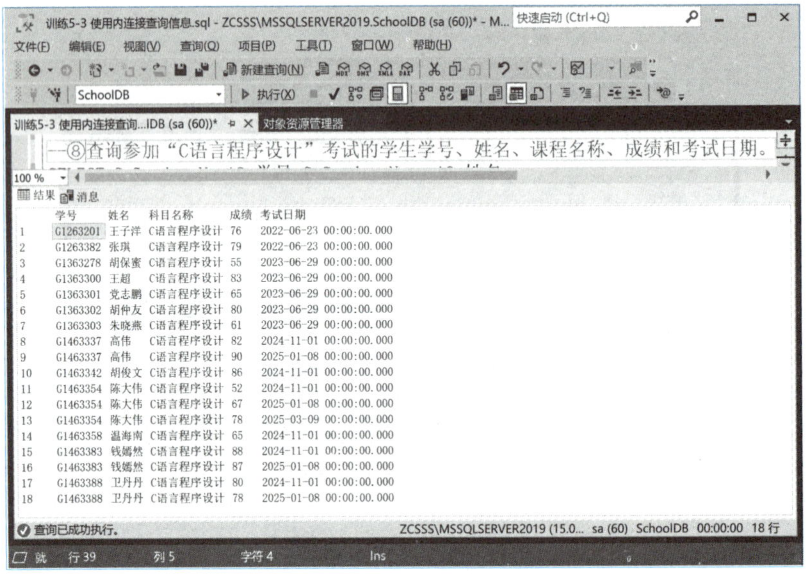

图 5-31　需求 8 查询参考结果

（9）保存 T-SQL 代码为“训练 5-3 多表内连接查询 .sql”。

关键点分析

（1）需求 2 的年级名称可以从年级表 Grade 中获取，科目名称及学时从科目表 Subject 中获取，而科目表 Subject 中存在年级编号 GradeId，通过 GradeId 连接这两张表即可获取所需信息，核心代码如下：

```
SELECT…FROM Subject AS J
  INNER JOIN Grade AS G ON J.GradeId=G.GradeId…
```

（2）需求 2 中还有一个限定条件：学期为“S1”，使用 WHERE 子句进行限定即可。

（3）需求 2 到需求 6 是 2 张表的连接查询。

（4）需求 7 和需求 8 涉及 3 张表的连接查询，注意连接条件的设计与组合。

5.2.2　外连接查询

在实际应用中，使用内连接查询会出现查询信息不完整情况。比如，查询所有课程的考试成绩情况时，如果某门课没有被学生选修，则该门课程不会出现在查询结果中，如果需要查询未被选修的课程信息，通过内连接查询很难实现。针对类似的需求，通过外连接查询可以实现。

微　课

外连接查询

外连接查询与内连接查询最大的不同点在于，外连接查询中参与连接的表有主从之分，以主表的每行数据匹配从表的数据列，将符合连接条件的数据直接返回结果集中，对于那些不符合连接条件的列，将被填上 NULL 值（空值）后再返回结果集中。

外连接包括左外连接（LEFT OUTER JOIN）和右外连接 (RIGHT OUTER JOIN)。其中 OUTER 关键字可以省略。

（1）左外连接。

结果表中除了匹配行外(即与内连接查询结果相同的部分),还包括左表中有的但右表中不匹配的行，对于这样的行，从右表选择列的列值将设置为 NULL。

（2）右外连接。

结果表中除了匹配行外(即与内连接查询结果相同的部分),还包括右表中有的但左表中不匹配的行，对于这样的行，从左表中选择列的列值将设置为 NULL。

1. 左外连接查询

查询结果包括第一个命名表（“左”表，出现在 JOIN 子句的最左边）中的所有行。不包括右表中的不匹配行。

代表的连接条件和方式与内连接相同，主要体现在查询的结果集不同上。

【演示示例 5-12】在 SchoolDB 数据库中，要统计所有课程的选修及成绩信息。如果在成绩表 Result 中有成绩，则表示该同学选修了该门课，如果某门课在成绩表 Result 中一条记录都没有，则表示无人选修该课程，对应课程的学号和成绩显示为 NULL。

问题分析

（1）由于要统计所有课程的信息，包括没有学生选修的课程，必须使用外连接查询才能实现。

（2）使用左外连接，左表为主表，即课程表 Subject，成绩表 Result 在右表。

代码如下

```
USE SchoolDB
SELECT J.SubjectId AS '课程编号',SubjectName AS '课程名称',
  StudentNo AS '学号',StudentResult AS '分数'
  FROM Subject AS J
  LEFT JOIN Result AS R ON J.SubjectId=R.SubjectId
```

执行结果如图 5-32 所示。

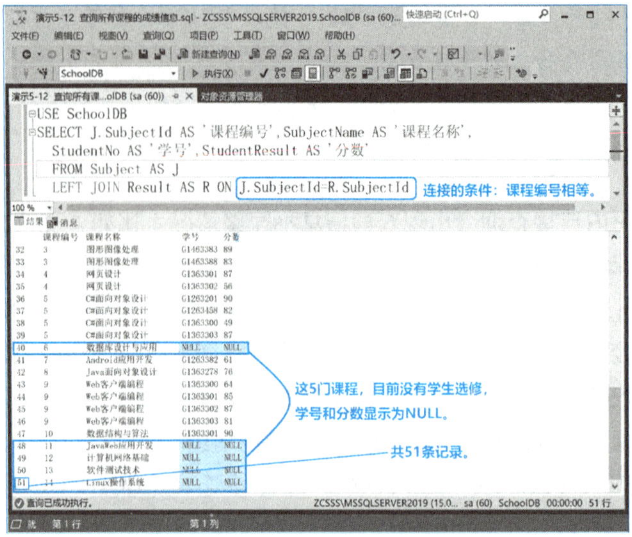

图 5-32　查询所有课程的成绩信息

补充说明

（1）查询结果共 51 条，包括了有匹配值的 46 行，还包含了成绩表中无匹配的行，即表示成绩表中没有该课程的成绩信息，学号和成绩都显示为“NULL”。

（2）如果使用内连接查询，则只有匹配的 46 行，参考代码如下，执行结果如图 5-33 所示。

```
SELECT J.SubjectId AS '课程编号',SubjectName AS '课程名称',
StudentNo AS '学号',StudentResult AS '分数'
FROM Subject AS J
INNER JOIN Result AS R ON J.SubjectId=R.SubjectId
ORDER BY J.SubjectId
```

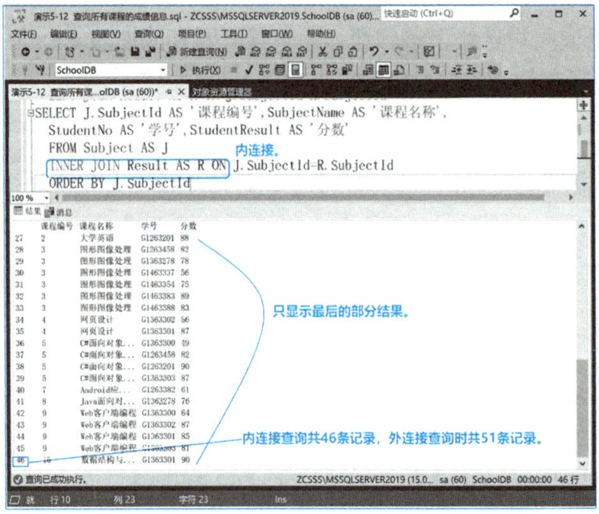

图 5-33　内连接查询显示的结果

2. 右外连接查询

右外连接查询结果中包括第二个命名表（“右”表，出现在 JOIN 子句的最右边）中的所有行。不包括左表中的不匹配行。

右外连接查询使用 RIGHT JOIN…ON 或 RIGHT OUTER JOIN…ON 关键字来进行表之间的关联。

右外连接查询可以通过左外连接来实现，只要将左外连接中的 2 张表位置互换就实现了右外连接的效果。

【技能训练 5-4】使用外连接对 SchoolDB 的数据表进行多表查询

技能目标

（1）掌握 2 张表和 3 张表的外连接查询的机制和实现方式。

（2）灵活应用 LEFT OUTER JOIN…ON 实现多表外连接查询。

（3）掌握内连接查询和外连接查询的区别与应用。

需求说明

（1）查询所有没有被学生选修的课程信息（即成绩表没有该课程的成绩信息），显示课程编号、课程名称、学时、学期和学号等信息。参考结果如图 5-34 所示。

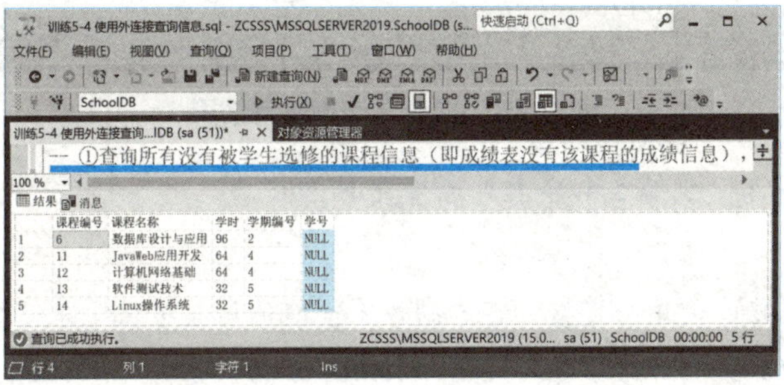

图 5-34　需求 1 查询参考结果

（2）查询每学期开设课程的信息，包括未开设课程的学期信息，显示学期编号、学期名称、课程编号、课程名称和学时。参考结果如图 5-35 所示。

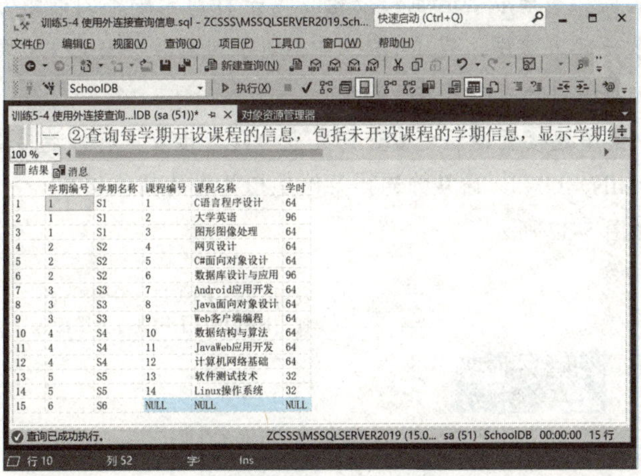

图 5-35　需求 2 查询参考结果

（3）查询每个学期对应的学生信息（某些学期可能还没有学生就读），显示学期、学号和姓名等信息。参考结果如图 5-36 所示。

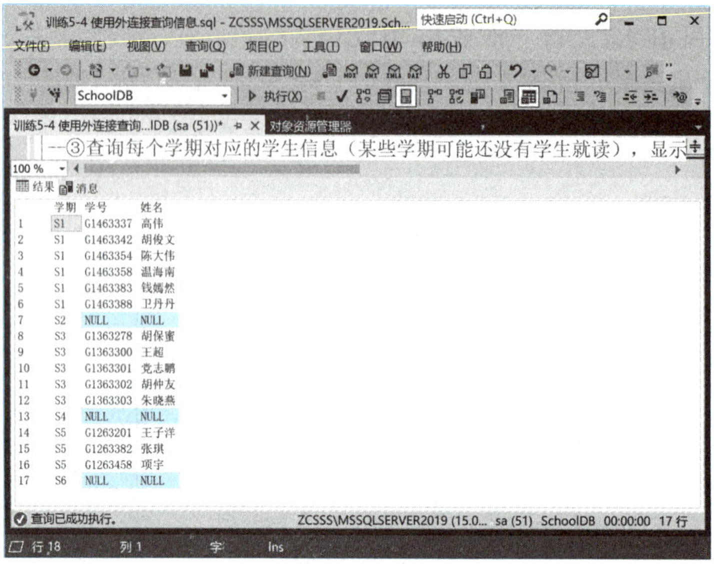

	学期	学号	姓名
1	S1	G1463337	高伟
2	S1	G1463342	胡俊文
3	S1	G1463354	陈大伟
4	S1	G1463358	温海南
5	S1	G1463383	钱嫣然
6	S1	G1463388	卫丹丹
7	S2	NULL	NULL
8	S3	G1363278	胡保蜜
9	S3	G1363300	王超
10	S3	G1363301	党志鹏
11	S3	G1363302	胡仲友
12	S3	G1363303	朱晓燕
13	S4	NULL	NULL
14	S5	G1263201	王子洋
15	S5	G1263382	张琪
16	S5	G1263458	项宇
17	S6	NULL	NULL

图 5-36 需求 3 查询参考结果

（4）保存 T-SQL 代码为“训练 5-4 多表外连接查询 .sql”。

关键点分析

（1）根据需求 1 的思路，使用外连接，在成绩表中没有的课程考试记录信息，即表示没有学生选修该课程。只需要显示未被选修的课程信息，使用 WHERE 子句，条件为“StudentNo IS NULL”。

（2）根据数据库 SchoolDB 各表之间的关系和具体需求，建议都使用左外连接实现。

本章总结

本章主要介绍分组查询和多表联合查询。分组查询是针对表中不同的组分类统计的，GROUP BY 子句通常会结合聚合函数一起来使用。有了 GROUP BY 子句之后，SELECT 之后只能有分组依据列及聚合函数。HAVING 子句能够对分组结果进行筛选。

多表之间的查询可以使用连接查询，连接查询又分为内连接查询和外连接查询。最常见的连接查询是内连接查询（INNER JOIN…ON），通常的连接条件是相关表的列值相等。

本章知识技能结构如图 5-37 所示。

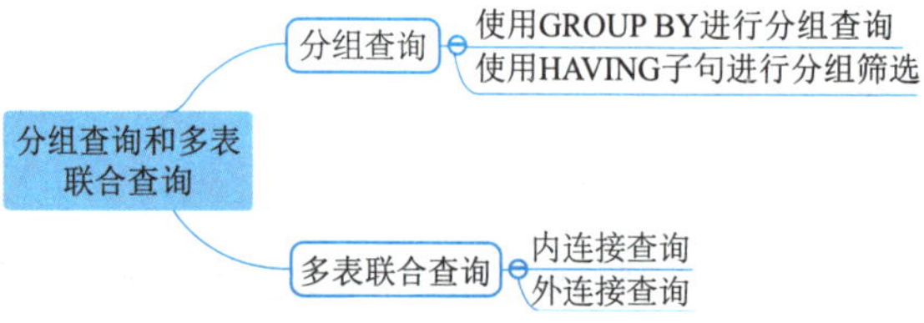

图 5-37 知识技能结构图

习题

一、选择题

1. 设 Students 表有三列 Number1、Number2、Number3，并且都是整数类型，则以下（　　）查询语句能按照 Number2 列进行分组，并在每一组中取 Number3 的平均值。

A. SELECT AVG(Number3) FROM Students

B. SELECT AVG(Number3) FROM Students ORDER BY Number2

C. SELECT AVG(Number3) FROM Students GROUP BY Number2

D. SELECT AVG(Number3) FROM Students GROUP BY Number3, Number2

2. 假设 Sales 表用于存储销售信息，SName 列为销售人员姓名，SMoney 列为销售额度，现在要查询每个销售人员的销售次数、销售总金额，则以下（　　）查询语句的执行结果能得到这些信息。

A. SELECT SName,SUM(SMoney)，COUNT(SName) FROM Sales GROUP BY SName

B. SELECT SName,SUM(SMoney) FROM Sales

C. SELECT SName,SUM(SMoney) FROM Sales GROUP BY SName ORDER BY SName

D. SELECT SUM(SMoney) FROM Sales GROUP BY SName ORDER BY SName

3. 在 SQL Server 数据库中已经建立关系的学生表（子表，包含“班级编号”和“学号”字段）和班级表(主表,包含“班级编号”字段),要查询每个班级的学生人数,则以下查询语句中正确的是(　　)。

A. SELECT 班级编号 ,COUNT(学号) FROM 学生表 GROUP BY 班级编号

B. SELECT 班级编号 ,MAX(学号) FROM 学生表 GROUP BY 班级编号

C. SELECT 班级编号 ,COUNT(学号) FROM 学生表 ORDER BY 班级编号

D. SELECT 班级编号 , 学号 FROM 学生表 GROUP BY 班级编号

4. 在 SQL Server 数据库中，执行如下 SQL 语句将返回（　　）。

```
SELECT * FROM Item AS A LEFT JOIN OrderDetails AS B ON A.Icode=B.ItemCode
```

A. Item 表和 OrderDetails 表中的相关记录，以及 Item 表中其余的不相关记录

B. Item 表和 OrderDetails 表中的相关记录

C. Item 表和 OrderDetails 表中的相关记录，以及 OrderDetails 表中其余的不相关记录

D. 提示语法错误

5. 在 SQL Server 2019 数据库系统中，可以得到和以下语句相同结果的查询语句是（　　）。

```
SELECT Students.SName,Score.CourseID,Score.Score
  FROM Students,Score
  WHERE Students.Scode=Score.StudentID
```

A. SELECT S.SName,C.CourseID,C.Score
   FROM Students AS S JOIN Score AS C ON (S.SCode=C.StudentID)

B. SELECT S.SName,C.CourseID,C.Score
   FROM Score AS C JOIN Students AS S ON (C.SCode=S.StudentID)

C. SELECT S.SName,C.CourseID,C.Score

FROM Score AS C RIGHT JOIN Students AS S ON (S.SCode=C.StudentID)

D. SELECT S.SName,C.CourseID,C.Score

FROM Students AS S LEFT JOIN Score AS C ON (S.SCode=C.StudentID)

6. SQL 的聚集函数 COUNT()、SUM()、AVG()、MAX()、MIN() 不允许出现在查询语句的(　　)子句之中。

A. SELECT　　　　B. HAVING

C. GROUP BY HAVING　　　　D. WHERE

7. 设 ABC 表有三列（A、B、C 列），并且列值都是整数数据类型，则以下哪行查询语句能按照 B 进行分组，在每一组中取 C 的平均值？（　　）

A. SELECT AVG(C) FROM ABC

B. SELECT AVG(C) FROM ABC ORDER BY B

C. SELECT AVG(C) FROM ABC GROUP BY B

D. SELECT AVG(C) FROM ABC GROUP BY C,B

8. 假设 ABC 表中存储学员的考试成绩，A 列为学员姓名，B 列为学员的考试成绩，现在需要查询及格线以上的学员的平均成绩、最高分，则下列哪一行查询 T-SQL 能得到这些信息？（　　）

A. SELECT AVG(B),MAX(B)FROM ABC WHERE B>=60

B. SELECT COUNT(A),MIN(B)FROM ABC WHERE B>=60

C. SELECT AVG(B),MAX(B)FROM ABC GROUP BY B WHERE B>=60

D. SELECT A,AVG(B),MAX(B) FROM ABC GROUP BY B WHERE B>=60

9. 已知关系：员工（员工号，姓名，部门号，薪水）主键为“员工号”，外键为“部门号”；部门（部门号，部门名称，部门经理员工号）主键为“部门号”。现在要查询部门员工的平均薪水，需要显示部门名称及平均薪水，下面哪查询正确的是（　　）。

A. SELECT 部门名称，AVG(薪水)

FROM 部门 AS P, 员工 AS E

WHERE P. 部门号 =E. 部门号

B. SELECT 部门名称 ,AVG(薪水)

FROM 部门 AS P JOIN 员工 AS E ON P. 部门号 =E. 部门号

GROUP BY P. 部门名称

C. SELECT 部门名称 ,AVG(薪水)

FROM 部门 AS P JOIN 员工 AS E ON P. 部门 号 =E. 部门号

GROUP BY 部门号

D. SELECT 部门名称，AVG(薪水)

FROM 部门 AS P, 员工 AS E

WHERE P. 部门号 =E. 部门号

ORDER BY 部门名称

10. 假设 ABC 表用于存储销售信息，A 列为销售人员信息，B 列用于存储销售时间，C 列用于存储销售额度，现在需要查询八月份的销售情况，正确设计 T_SQL 进行查询的思路是（　　）。

A．使用 GROUP BY 进行分组查询　　B．使用 TOP 子句限制查询返回的行数

C．使用 LIKE 进行模糊查询　　D．使用 WHERE 和 BETWEEN 进行条件查询

11．SELECT 语句中与 HAVING 子句通常同时使用的是（　　）子句。

A．ORDER BY　　B．WHERE　　C．GROUP BY　　D．无须配合

12．下面有关 HAVING 子句描述错误的是（　　）。

A．HAVING 子句必须与 GROUPBY 子句同时使用，不能单独使用

B．使用 HAVING 子句的同时不能使用 WHERE 子句

C．使用 HAVING 子句的同时可以使用 WHERE 子句

D．使用 HAVING 子句的作用是限定分组的条件

13．在 T-SQL 语法中，SELECT 语句内连接使用关键字（　　）。

A．JOIN INTO　　B．INNER JOIN

C．FULL JOIN　　D．CROSS JOIN

14．关于表的连接说法错误的是（　　）。

A．当两个表进行内连接时，可以通过 INNER JOIN ON 或 = 实现

B．当两个表进行内连接时，交换两个表的位置，结果不会改变

C．当两个表进行左外连接时，交换两个表的位置，结果可能不会改变

D．两个表进行内连接的结果行数大于两个表进行外连接的结果行数

15．下列语句表示（　　）。

```
SELECT sno,AVG(score) AS '平均成绩'
  FROM sc GROUP BY sno HAVING AVG(score)>=85
```

A．查找 sc 中平均成绩在 85 分及以上的学生的学号和平均成绩

B．查找平均成绩在 85 分及以上的学生

C．查找 sc 表中各科成绩在 85 分及以上的学生

D．查找 sc 表中各科成绩在 85 分及以上的学生的学号和平均成绩

二、操作题

1．在前面的 NetBar 数据库中，编写查询语句分别满足以下要求。

（1）一位家长想看看他儿子这个月的上机次数，已知他儿子的卡号为 0023_ABC。

（2）查询 24 小时之内上机的人员姓名列表。

（3）查询本周上机人员的姓名、计算机名、总费用、并按姓名进行分组。

（4）查询卡号第 6 位和第 7 位是“AB”的人员消费情况，并显示其姓名及费用汇总。

2．在 SQL Server 数据库中，某宾馆数据库的客户表 CustomerInfo 和国籍表 NationalityInfo 的结构如表 5-3 和表 5-4 所示，两表通过 NationalityID 建立了主外键关系，现在需要查询如下信息，设计编写 T-SQL 语句实现。

（1）每个国家的住店总人数。

（2）住店男女人数。

（3）不同证件类别的人数。

（4）“新加坡”籍的客人都使用哪几种证件入住。

（5）“中国”籍住店的男女人数。

表 5-3　客户表 CustomerInfo 的结构

序号	字段名称	字段说明	类型	位数	备注
1	ID	序号	int	4	自动编号，主键
2	Name	姓名	varchar	50	非空
3	Sex	性别	Bit	1	非空，1：男，0：女 默认：1
4	NationalityID	国籍	int	4	非空，外键
5	Certificate	证件类别	varchar	50	非空
6	CertificateNum	证件号	varchar	20	非空
7	Address	地址	varchar	50	非空
8	Company	单位	varchar	50	非空
9	matter	事由	varchar	200	默认：出差

表 5-4　国籍表 NationalityInfo 的结构

序号	字段名称	字段说明	类型	位数	备注
1	NationalityID	序号	int	4	自动编号，主键
2	Nationality	国籍	varchar	50	非空

3. 在 SQL Server 数据库中，某公司员工数据库的员工信息表 EmpInfo 和部门信息表 DeptInfo 的结构如表 5-5 和表 5-6 所示，两表通过 DepID 建立了主外键关系，现在需要查询如下信息，请设计编写 T-SQL 语句实现。

（1）每个部门的总人数并且按照由高到低的次序显示。

（2）每个部门的男女人数。

（3）“产品研发部”的男女人数。

表 5-5　员工信息表 EmpInfo 的结果

序号	字段名称	字段说明	类型	位数	备注
1	EmpID	员工编号	int		主键
2	EmpName	员工姓名	varchar	10	非空
3	EmpBirth	出生日期	datetime		非空
4	DepID	所属部门	int		外键
5	EmpSex	性别	Bit	1	1：男；0：女；默认：1
6	EmpEvaluate	任职评价	text		默认：表现良好

表 5-6　部门信息表 DeptInfo 的结构

序号	字段名称	字段说明	类型	位数	备注
1	DepID	部门编号	int		主键
2	DeptName	部门名称	varchar	50	

第 6 章

阶段项目——QQ 数据库管理

工作任务

- 建立并完善 QQ 数据库及表
- 完成数据的增加、删除、修改和查询

知识技能目标

- 理解完整性及约束的概念
- 掌握建库、建表及为表添加约束
- 掌握数据表之间关系的创建方法
- 使用 T-SQL 语句进行数据管理
- 掌握增加、删除、修改和查询的应用
- 掌握数据查询和处理

重点难点

- 建表及添加约束
- 数据库关系图的创建和应用
- 数据综合查询的应用

通过前面章节的学习，掌握了从建库、建表、使用 T-SQL 操纵表中数据到查询表中数据等相关技能。本章利用这些技能，开发一个完整的数据库项目“QQ 系统数据库”，这个项目模拟 QQ 后台数据库的基本功能，创建数据库，并且能够使用 T-SQL 语言对数据库实现增、删、改、查等操作。

6.1 项目分析

6.1.1 项目概述

模拟 QQ 聊天系统，设计该系统的数据库，并模拟基本业务流程，主要包括两大功能模块。

（1）后台数据库的设计开发。

（2）模拟业务流程，实现对数据库的增、删、改、查等操作。

本次项目实战使用 SQL Server 管理工具开发后台数据库的部分功能，设计一个数据库及用到的基本数据库表，并且使用 T-SQL 对数据库进行常见的增、删、改、查等操作。

6.1.2 开发环境

开发工具：SQL Server 2019 企业版 / 开发版。

6.1.3 项目覆盖的技能要点

该项目的技能要点有如下几个方面。

（1）在 SQL Server Management Studio 中创建数据库。

（2）在 SQL Server Management Studio 中创建登录名和数据库用户。

（3）在 SQL Server Management Studio 中创建表并添加约束。

（4）使用 T-SQL 语句操作数据。

① 数据插入：INSERT 语句。

② 数据修改：UPDATE 语句。

③ 条件查询：SELECT...FROM 表名 WHERE...。

④ 查询排序：SELECT...FROM 表名 ORDER BY...。

⑤ 模糊查询：SELECT...FROM 表名 WHERE...LIKE...。

⑥ 内部函数：SELECT AVG(...) AS...。

⑦ 分组查询：SELECT...GROUP BY。

⑧ 连接查询：SELECT...FROM 表 1 INNER JOIN 表 2。

6.1.4 项目需求分析

1. 用户表QQUser

在聊天前，首先需要一个 QQ 号码，也就是需要进行用户注册，填写必要的信息，注册成功后可以登录聊天，这就需要一个数据表存储用户的必要信息。

本系统中把这个数据表命名为用户表 QQUser，其表结构见表 6-1。

表 6-1　用户表 QQUser

列名	数据类型	说明
QQID	bigint	主键
PassWord	varchar	密码
LastLogTime	datetime	最后一次登录时间
Online	int	在线状态，0 表示在线，1 表示离线，2 表示隐身
Level	int	用户等级

2. 基本信息表BaseInfo

在进行用户注册时，一般只需填写必要的信息，如用户密码。当注册成功后，为保证用户信息的安全性，会要求注册用户进一步填写完整的个人信息，如昵称、性别、年龄、联系方式、详细地址等信息。

为了提高数据的查询速度，在设计数据表时通常把这部分信息存储在另外一个数据表中，这个数据表称为用户基本信息表 BaseInfo，见表 6-2。

表 6-2　基本信息表 BaseInfo

列名	数据类型	说明
QQID	bigint	主键
NickName	varchar	昵称
Sex	int	性别，0 表示男，1 表示女
Age	int	年龄
Province	varchar	省份
City	varchar	城市
Address	varchar	详细地址
Phone	char	联系方式

3. 关系表Relation

关系表，顾名思义就是存储用户之间的关系，那么就要包括用户 QQ 号码、与该用户有关系的用户 QQ 号码及表示两个用户关系的列。

本系统中用两种用户关系，即好友、黑名单人物，把表示两个用户关系的字段用整数表示，0 表示两个用户是好友关系，1 表示用户 B 是用户 A 的黑名单人物，见表 6-3。

表 6-3　关系表 Relation

列名	数据类型	说明
QQID	bigint	用户 A 的 QQ 号码
RelationQQID	bigint	关系用户 B 的 QQ 号码
RelationStatus	int	用户关系：0 表示两个用户是好友关系 1 表示用户 B 是用户 A 的黑名单人物

6.2 项目需求实现

6.2.1　创建 QQ 数据库及登录名

使用管理器 SSMS 创建 QQ 数据库，名称为“QQDB”，并为其创建登录名 QQMaster，具体参数要求如下：

微 课
创建数据库

（1）数据文件初始大小为 10 MB，文件按 15% 自动增长，最大文件大小不受限制。

（2）日志文件初始大小为 8 MB，文件按 1 MB 自动增长，最大文件大小为 500 MB。

（3）QQMaster 权限等同管理员限制，自动创建关联数据库用户 QQMaster。

（4）数据库物理位置自己选择。

6.2.2 创建表结构

微 课
创建表结构

在管理器 SSMS 中根据以上分析的 QQ 数据库的表结构创建用户表 QQUser、用户基本信息表 BaseInfo 和用户关系表 Relation。

注意：在创建结构时，参照表 6-1、表 6-2 和表 6-3 中关于主键、不允许为空的列等数据表的基本结构，确保表结构的完整性。

6.2.3 添加约束

微 课
添加约束

根据问题分析和表 6-1、表 6-2 和表 6-3 的描述，可以归纳总结三个表主要的约束条件如下：

（1）QQ 密码不得少于 6 位。

（2）在线状态的值必须为 0、1、2，0 表示在线，1 表示离线，2 表示隐身。

（3）用户等级默认为 0。

（4）性别允许为空值，但如果输入值就必须为 0 或 1，0 表示男，1 表示女。

（5）年龄必须是 1–100 之间的整数。

（6）用户关系只能是数字 0、1，0 表示好友，1 表示黑名单人物。

6.2.4 建立表间关系

微 课
建立表间关系

（1）用户表和基本信息表是一一对应的关系，一个 QQ 号码对应一个用户记录和一个基本信息记录。

（2）关系表中存在的 QQ 用户必然是在用户表中存在的 QQ 用户，并且一个 QQ 用户可以有多个好友、多个黑名单人物，也可以是别人的好友、黑名单人物。

（3）3 张表之间的主表—从表关系比较明确。

根据以上信息，建立各表之间的关系。数据库表间关系图如图 6-1 所示。

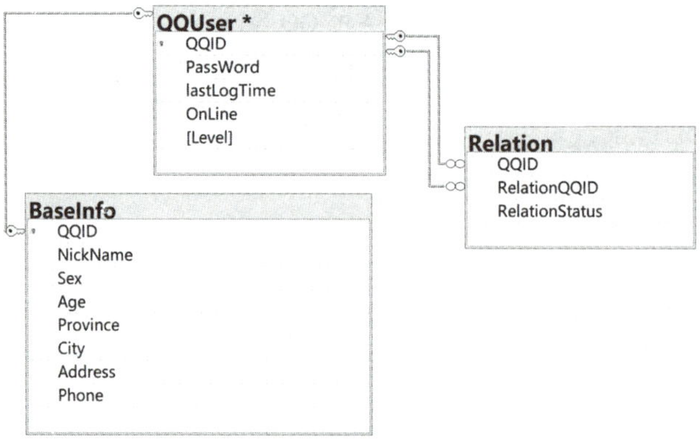

图 6-1 QQ 数据库关系图

6.2.5　插入模拟数据

请根据表 6-4、表 6-5 和表 6-6 提供的信息要求，在查询窗口中使用 T-SQL 语句把表中的数据插入对应的数据表中。

表 6-4　用户表 QQUser

（部分数据，详细数据见资源库）

QQ 号码	密码	最后一次登录时间	在线状态	用户等级
286207	modifyt	2021-02-21 15:49:00	0	2
286212	waraint	2021-02-21 15:44:00	1	6
286214	foodfor	2021-02-13 13:37:00	0	7
286215	*#1111#	2021-02-14 23:14:00	0	3
286216	*#1234#	2021-02-15 17:44:00	0	9
286217	*#2222#	2021-02-20 09:08:00	0	10
286219	*#83774	2021-02-20 09:11:00	0	11
286224	*#8999*	2021-02-20 11:20:00	0	15
286230	*#8999*	2021-02-20 17:19:00	2	14
286233	*#4777*	2021-02-20 17:22:00	2	13
…				

表 6-5　基本信息表 BaseInfo

（部分数据，详细数据见资源库）

QQ 号码	昵称	性别	年龄	省份	城市	详细地址	联系方式
598621	佳期如梦	0	29	北京市	北京市	青云中学	792476205650000
598622	闹闹不闹	0	22	上海市	上海市	方城博望	517343676810000
598623	叶落	1	24	安徽省	合肥市	安徽财贸	118442157710000
598624	司空马关	1	12	重庆市	重庆市	锦城四中	196627254420000
598643	想后果	1	13	黑龙江省	哈尔滨市	板桥初中	772716715870000
598645	魅影	1	31	安徽省	安庆市	野寨中学	478464757110000
598650	绿茶	1	1	辽宁省	沈阳市	锦城四中	555468084040000
598655	一眼万年	0	31	内蒙古自治区	呼和浩特市	锦城三中	944078818740000
…							

表 6-6　关系表 Relation

（部分数据，详细数据见资源库）

QQ 号码	关系 QQ 号码	用户关系
598621	598623	1
598622	598624	1
598623	598643	1
598624	598645	0
598643	598650	0
598645	598655	1
…		

补充说明

（1）表 6-4、表 6-5 和表 6-6 中只给出了部分数据，详细的数据参见本章教学资源中“提供给学生的资源”部分。

（2）在熟练使用 T-SQL 语句插入数据的基础上，通过导入 / 导出向导将提供的文本文件中的用户信息、用户基本信息、用户关系信息的数据导入相对应的数据表中。

（3）导入用户关系数据时，注意表间关系，主表导入成功后才能导入从表数据，要注意 QQ 用户已经使用 T-SQL 语句插入成功后才能导入用户信息表和关系表。

6.2.6 查询数据

编写 T-SQL 语句按以下需求查询数据。

（1）查询 QQ 号码为 88662753 的用户的所有好友信息，包括 QQ 号码（QQID）、昵称（NickName）、年龄（Age）。参考结果如图 6-2 所示。

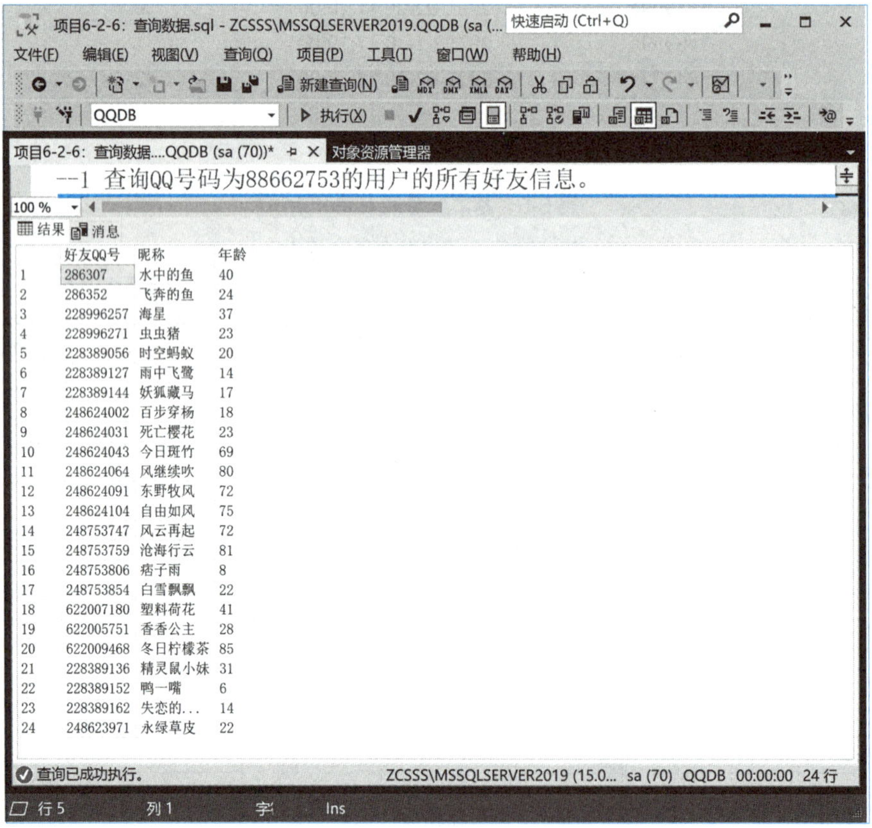

图 6-2 查询某 QQ 号的所有好友基本信息

（2）查询当前在线用户的信息。参考结果如图 6-3 所示。

（3）查询北京的、年龄在 18~45 岁之间的在线用户的信息。参考结果如图 6-4 所示。

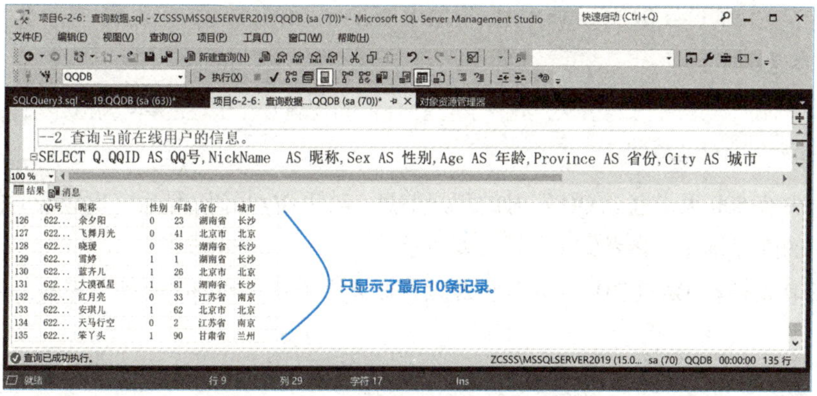

图 6-3 查询当前在线用户信息

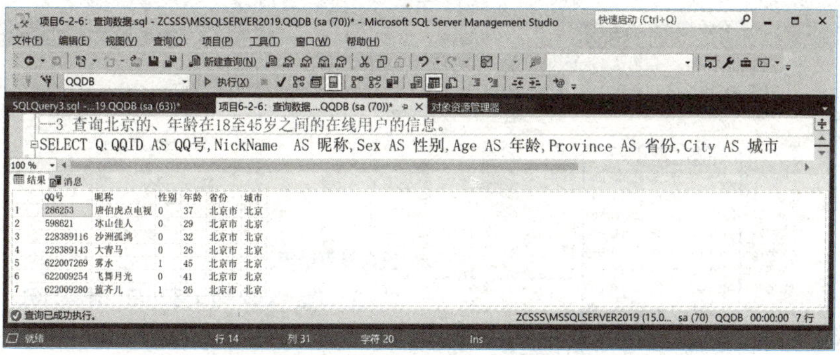

图 6-4 查询北京的、年龄在 18~45 岁之间的在线用户信息

（4）查询昵称为“小笨猪”的用户信息。

（5）查询 QQ 号码为 54789625 的用户的好友中每个省份的总人数，并且总人数按由大到小排序。参考结果如图 6-5 所示。

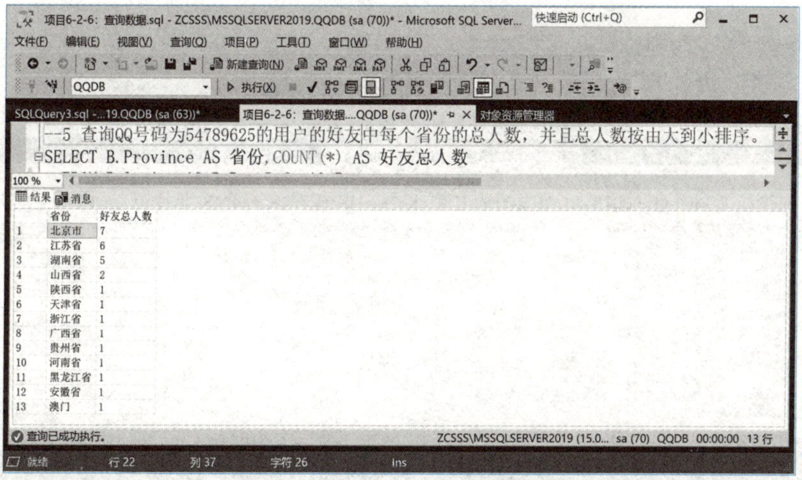

图 6-5 查询好友中每个省份的总人数

提示：利用 SELECT…FROM…WHERE…GROUP BY…ORDER BY…来实现，其中内连接条件 WHERE 子句可参考如下：

```
WHERE Relation.QQID=54789625 AND Relation.RelationStatus=0 AND Relation.
RelationQQID=BaseInfo.QQID
```

（6）查询至少有 500 天未登录 QQ 账号的用户信息，包括 QQ 号码、最后一次登录时间、等级、昵称、年龄，并按时间的降序排序。参考结果如图 6-6 所示。

提示：利用日期函数 DATEDIFF() 计算出超过 500 天未登录过的 QQ 号码，再利用连接查询获取相应信息。

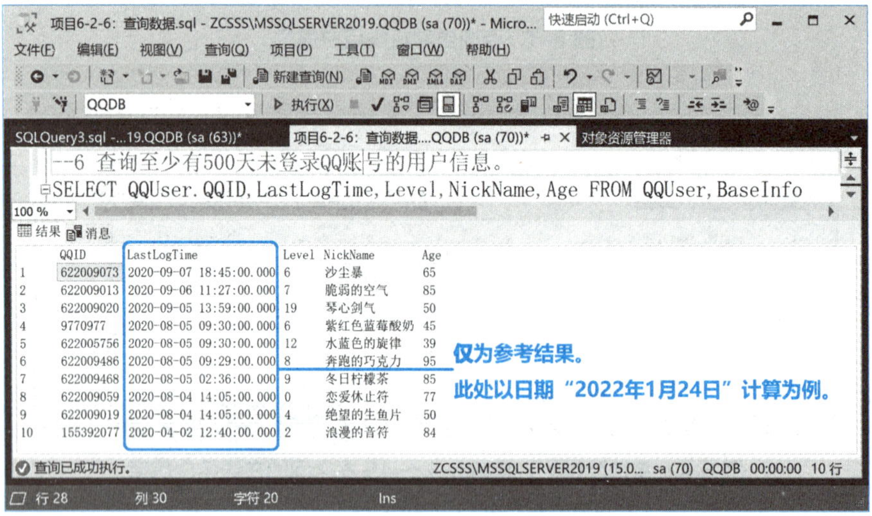

	QQID	LastLogTime	Level	NickName	Age
1	622009073	2020-09-07 18:45:00.000	6	沙尘暴	65
2	622009013	2020-09-06 11:27:00.000	7	脆弱的空气	85
3	622009020	2020-09-05 13:59:00.000	19	琴心剑气	50
4	9770977	2020-08-05 09:30:00.000	6	紫红色蓝莓酸奶	45
5	622005756	2020-08-05 09:30:00.000	12	水蓝色的旋律	39
6	622009486	2020-08-05 09:29:00.000	8	奔跑的巧克力	95
7	622009468	2020-08-05 02:36:00.000	9	冬日柠檬茶	85
8	622009059	2020-08-04 14:05:00.000	0	恋爱休止符	77
9	622009019	2020-08-04 14:05:00.000	4	绝望的生鱼片	50
10	155392077	2020-04-02 12:40:00.000	2	浪漫的音符	84

图 6-6　500 天未登录 QQ 用户信息

（7）查询 QQ 号码为 54789625 的好友中等级为 10 级以上的“月亮”级用户信息。参考结果如图 6-7 所示。

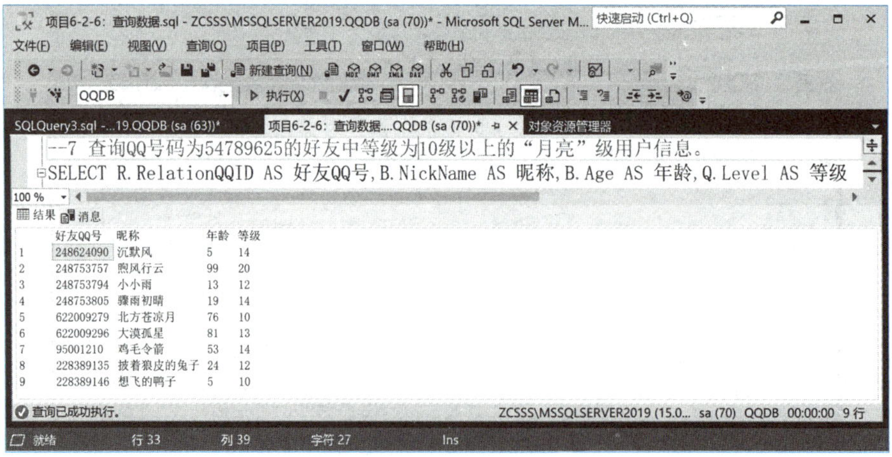

	好友QQ号	昵称	年龄	等级
1	248624090	沉默风	5	14
2	248753757	煦风行云	99	20
3	248753794	小小雨	13	12
4	248753805	骤雨初晴	19	14
5	622009279	北方苍凉月	76	10
6	622009296	大漠孤星	81	13
7	95001210	鸡毛令箭	53	14
8	228389135	披着狼皮的兔子	24	12
9	228389146	想飞的鸭子	5	10

图 6-7　查询好友中“月亮”级用户

（8）查询 QQ 号码为 54789625 的好友中隐身的用户信息。参考结果如图 6-8 所示。

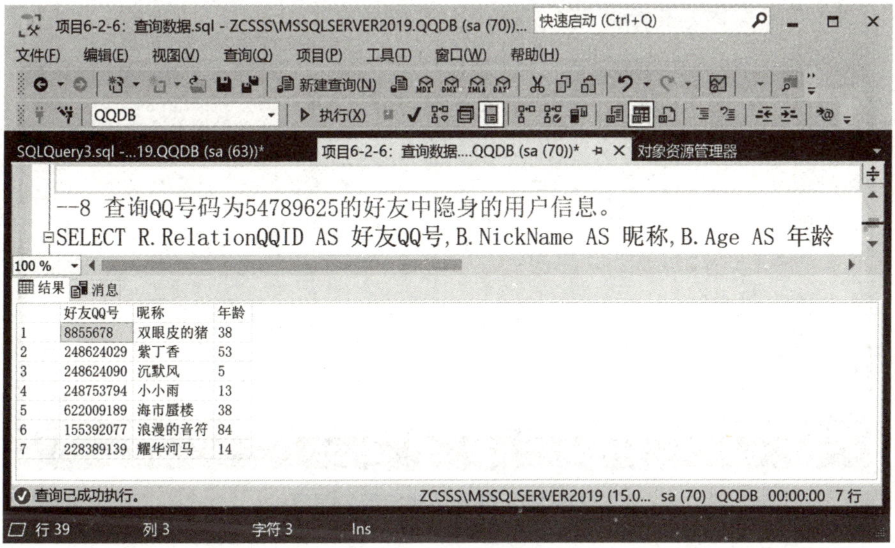

图 6-8　查询隐身好友

（9）查询好友超过 20 个的用户 QQ 号码及其好友总数。参考结果如图 6-9 所示。

提示：利用分组查询，并且增加分组条件 HAVING COUNT(*)>=20。

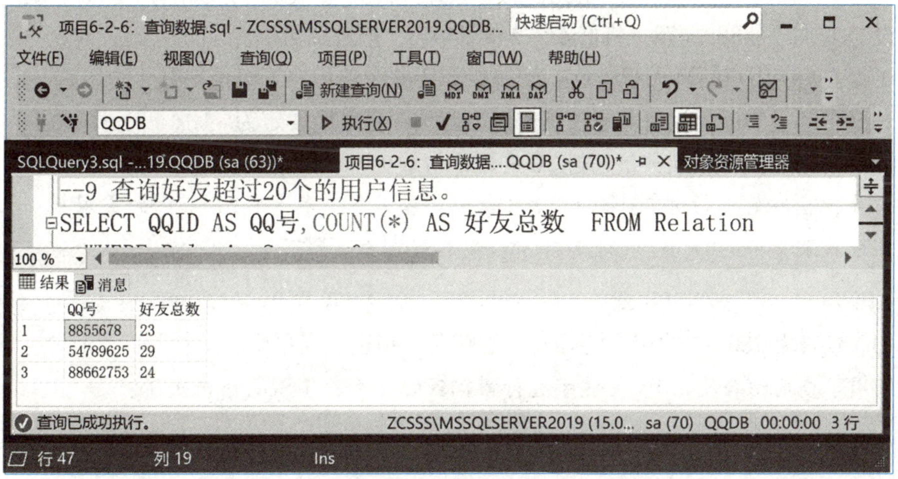

图 6-9　统计好友总数

（10）为了查看信誉度，管理员需要查询被当作黑名单人物次数排名前 10 的用户。参考结果如图 6-10 所示。

提示：利用分组查询，按照关系用户 QQ 号码 RelationQQID 进行分组。

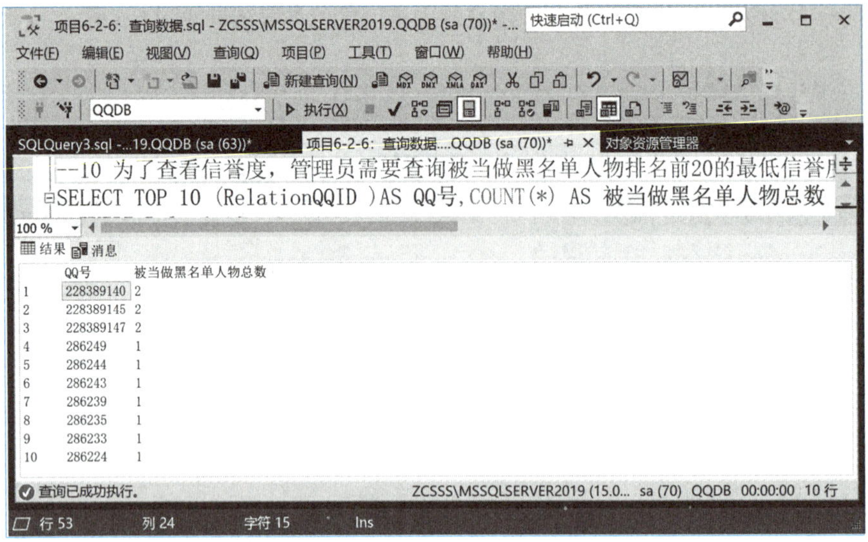

图 6-10 统计黑名单用户信息

6.2.7 修改数据

编写 T-SQL 语句按以下要求修改数据。

（1）假设 QQ 号码为 8855678，今天隐身登录。

（2）假设 QQ 号码为 8855678，修改昵称为“被淹死的鱼”，地址为“解放中路 6 号院 106 室”。

（3）假设 QQ 号码为 8855678，将好友“248624066”拖进黑名单。

（4）为了提高 QQ 用户的聊天积极性，把等级小于 6 级的用户等级都提升 1 个级别。

（5）管理员将超过 365 天没有登录过的 QQ 锁定（即将等级设定为 –1）。

（6）为了奖励用户，将好友数量超过 20 的用户等级提升 1 个级别。

提示：首先，获取好友超过 20 个的用户 QQ 号码结果集，参考 6.2.6 节中的需求 9。其次，利用 IN 关键字模糊匹配结果集中的 QQID 进行更新。参考 T-SQL 语句如下：

```
UPDATE QQUser SET…WHERE QQID IN(SELECT QQID FROM Relation…)
```

（7）把 QQ 号码为 286314 的用户的好友“嘟嘟鱼”拖进黑名单中。

提示：采用子查询结合使用 IN 关键字进行模糊匹配，参考 T-SQL 语句如下：

```
RelationQQID IN(SELECT QQID FROM BaseInfo WHERE NickName='嘟嘟鱼')
```

6.2.8 删除数据

编写 T-SQL 语句按以下要求删除数据。

（1）把 QQ 号码为 54789625 的用户的黑名单中的用户删除。

（2）QQ 号码为 622009019 的用户多次在 QQ 中发布违法信息，造成了很坏的影响，因此管理员决定将其删除。

提示：此需求需要从三张表中删除相关信息，注意从各表删除的先后顺序。

（3）管理员将超过 1 000 天没有登录过的 QQ 删除。

提示：实现此需求，需要分四步进行。

第一步：查询超过 1 000 天没有登录过的 QQID 集。

第二步：删除 Relation 表中的数据，利用 IN 关键字模糊匹配 QQID 集。参考 T-SQL 语句如下：

```
DELETE FROM Relation
  WHERE QQID IN(…)OR RelationQQID IN(…)
```

第三步：删除 BaseInfo 表中的数据，同理利用 IN 关键字模糊匹配 QQID 集。

第四步：删除 QQUser 表中的数据。

6.2.9 分离数据库

需求如下：

（1）在 SQL Server Management Studio 中分离数据库 QQDB。

（2）复制文件到指定的提交位置。

6.3 进度记录

表 6-7 所示为开发进度记录表。

表 6-7 开发进度记录表

用 例	开发完成时间	测试通过时间	备 注
需求 1：创建 QQ 数据库及登录名			
需求 2：创建表结构			
需求 3：添加约束			
需求 4：建立关系			
需求 5：插入数据			
需求 6：查询数据			
需求 7：修改数据			
需求 8：删除数据			
需求 9：分离数据库			

本章总结

本章为课程的阶段性项目，通过对 QQ 数据库的设计和管理，掌握一个完整数据库的设计、数据表的设计、测试数据的插入、数据的维护和使用的全过程，提升综合设计能力，为应用系统的开发打好数据基础。

本阶段项目的知识技能体系结构如图 6-10 所示。

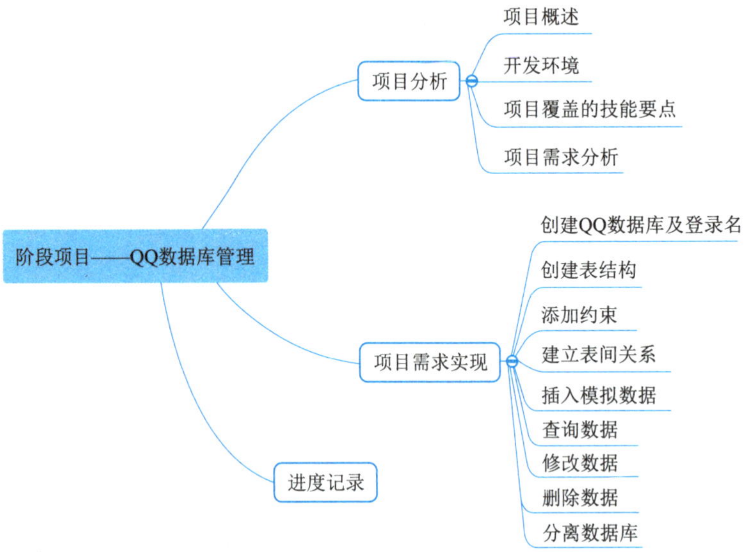

图 6-11　阶段技能项目知识技能体系结构图

习题

一、选择题

1. 以下（　　）不属于聚合函数。

   A. MAX()　　B. COUNT()　　C. CONVERT()　　D. MIN()

2. 在 SELECT 语句的 WHERE 子句的表达式中，可以匹配 0 个到多个字符的通配符是（　　）。

   A. *　　B. %　　C. –　　D. ?

3. 下列哪些选项在 T-SQL 语言中使用时不用括在单引号中（　　）。

   A. 单个字符　　B. 字符串　　C. 通配符　　D. 数字

4. 函数 Sum() 的意思是求所在字段内所有的值的（　　）。

   A. 和　　B. 平均值　　C. 最小值　　D. 第一个值

5. 可以使用 BETWEEN 运算符的数据类型是（　　）。

   A. 字符　　B. 日期　　C. 二进制　　D. 时间戳

6. 在条件子句中可用于限定日期范围的运算符是（　　）。

   A. BETWEEN　　B. IN　　C. LIKE　　D. EXISTS

7. 下列聚合函数中不忽略空值 (null) 的是（　　）。

   A. SUM(列名)　　B. MAX(列名)　　C. COUNT(*)　　D. AVG(列名)

8. SQL 中，聚合函数 COUNT（列名）用于（　　）

   A. 计算元组个数　　B. 计算属性的个数

   C. 对一列中的非空值计算个数　　D. 对一列中的非空值和空值计算个数

9. 在数据库表 employee 中查找字段 empid 中以两个数字开头第三个字符是下画线“_”的所有记录。请选择以下正确的语句（　　）。

A. SELECT * FROM employee WHERE empid LIKE '[0–9][0–9]_%'

B. SELECT * FROM employee WHERE empid LIKE '[0–9][0–9]_[%]'

C. SELECT * FROM employee WHERE empid LIKE '[0–9]9[_]%'

D. SELECT * FROM employee WHERE empid LIKE '[0–9][0–9][_]%'

10. SQL 语言中，条件年龄 BETWEEN 15 AND 35 表示年龄在 15 至 35 之间，且（　　）。

A. 包括 15 岁和 35 岁　　B. 不包括 15 岁和 35 岁

C. 包括 15 岁但不包括 35 岁　　D. 包括 35 岁但不包括 15 岁

二、综合题

1. 根据项目需求和设计要求，检查并完成本项目的各项功能。

2. 总结项目完成情况，记录项目开发过程中的得失、编写项目总结感想，500 字以上。

第 7 章
T-SQL 创建数据库和编程

工作任务

- 使用 T-SQL 语句创建 SchoolDB02 数据库和 4 张工作表
- 使用 T-SQL 语句添加约束
- 使用变量查询学生基本信息和成绩信息
- 使用控制语句操作学生成绩信息

知识技能目标

- 掌握创建、删除数据库和数据表的 T-SQL 语句
- 掌握添加约束的 T-SQL 语句
- 理解全局变量和局部变量的概念
- 理解输出数据的不同方式
- 理解控制语句的语法结构
- 掌握变量的定义和赋值
- 掌握逻辑控制语句的应用
- 掌握批处理的使用的应用

重点难点

- 使用 T-SQL 语句创建 SchoolDB02 数据库
- 使用 T-SQL 语句创建 4 张数据表、并添加约束
- 局部变量使用
- 灵活应用逻辑控制语句解决实际问题
- CASE 多分支语句的应用

在项目开发阶段通常使用 SSMS 建库、建表，当项目经测试基本满足客户的需求时，需要部署在客户的实际环境中运行和测试，然后投入实际运行。由于客户计算机中数据库版本不一定和项目开发时的数据库版本兼容，这就会给数据库部署时带来一些问题，行之有效的方法就是编写比较通用的 SQL 语句，包括建库、建表、添加约束和插入测试数据等。编写完成后，存入 *.sql 文件中，最后复制到客户的计算机中，并执行 *.sql 文件中的 SQL 语句，从而实现后台数据库的移植。

7.1 用 T-SQL 语句创建和删除数据库

7.1.1 用 T-SQL 语句创建数据库

微 课

T-SQL创建数据库

1. 使用T-SQL创建数据库的语法

```
CREATE DATABASE 数据库名
  ON [PRIMARY]
  (
    <数据文件参数>[,…n][<文件组参数>]
  )
  [LOG ON]
  (
    {<日志文件参数>[,…n]}
  )
```

2. 各部分参数及功能

（1）数据文件和文件组的参数。

数据文件的具体参数如下：

```
([NAME=逻辑文件名,]
  FILENAME=物理文件名
  [,SIZE=大小]
  [,MAXSIZE={最大容量|UNLIMITED}]
  [,FILEGROWTH=增长量])[,…n]
```

文件组的具体参数如下：

```
FILEGROUP 文件组名<文件参数>[,…n]
```

其中，“[]”表示可选的部分，“{}”表示必需的部分。

（2）数据库名。数据库的名称，最长不超过 128 个字符，如：之前创建过的数据库“SchoolDB”和“QQDB”。

（3）PRIMARY。该选项是一个关键字，指定主文件组中的文件。

（4）LOG ON。指明事务日志文件的明确定义。

（5）NAME。指定数据库的逻辑名称，这是在 SQL Server 中使用的名称，是数据库在 SQL Server 中的标识符。

（6）FILENAME。指定数据库所在文件的操作系统文件名称和路径，该操作系统文件名和 NAME 的逻辑名称一一对应。

（7）SIZE。指定数据库的初始容量大小。

（8）MAXSIZE。指定操作系统文件可以增长到的最大值。

（9）FILEGROWTH。指定文件每次增加容量的大小，当指定数据为 0 时，表示文件不增长。

【演示示例 7-1】使用 T-SQL 语句创建数据库 SchoolDB02。

需求说明

微课

演示7-1 T-SQL创建数据库

（1）在 D 盘创建目录 project。

（2）在 SSMS 的新建查询中，编写数据库 SchoolDB02 的 T-SQL 代码。数据库的主数据文件逻辑名称为 SchoolDB02，物理文件名称为 SchoolDB02.mdf，初始大小为 10MB，增长速度为 10%。数据库的日志文件逻辑名称为 SchoolDB02_log，物理文件名称为 SchoolDB02_log.ldf，初始大小为 8MB，增长速度为 1MB，最大值为 500MB。

（3）数据库存放在“D:\DB”目录下。

代码如下

```
USE master
CREATE DATABASE SchoolDB02
  ON PRIMARY
  (
    -- 数据文件的具体描述
    NAME='SchoolDB02',                          -- 文件的逻辑名称
    FILENAME='D:\DB\SchoolDB02.mdf',            -- 文件的物理名称
    SIZE=10MB,                                  -- 文件的初始大小
    FILEGROWTH=10%                              -- 文件的增长率
  )
  LOG ON
  (
    -- 日志文件的具体描述，各参数含义同上
    NAME='SchoolDB02_log',
    FILENAME='D:\DB\SchoolDB02_log.ldf',
    SIZE=8MB,
    MAXSIZE=500MB,                              -- 文件增长的最大值
    FILEGROWTH=1MB
  )
GO                                              -- 和后续的 SQL 语句分割开
```

单击“执行”按钮后就成功创建了 SchoolDB02 数据库，如图 7-1 所示。

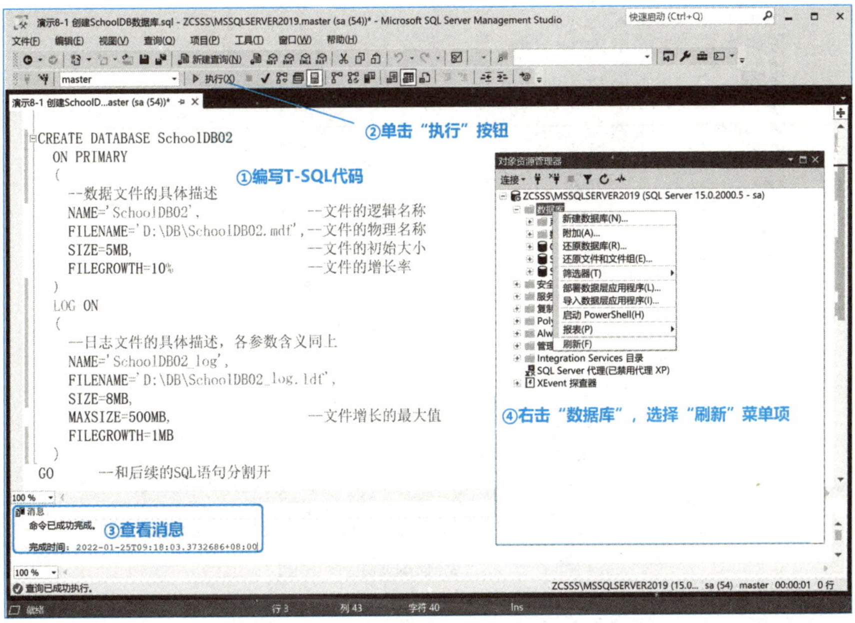

图 7-1　T-SQL 语句创建数据库界面

补充说明

（1）如果执行查询后，没有提示错误，则表示创建数据库成功，此时在“数据库”节点下如果看不见 SchoolDB02 数据库，可以右击“数据库”，选择“刷新”选项，即可显示出刚刚创建的数据库 SchoolDB02，如图 7-1 所示。

（2）第一次执行成功后，如果再执行会提示错误信息“数据库 'SchoolDB02' 已存在”，如图 7-2 所示。此时需要先分离且删除文件或者换一个物理位置才可以成功执行。

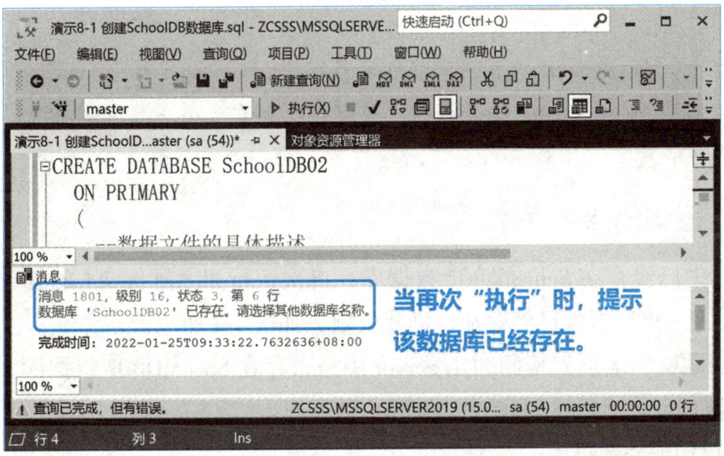

图 7-2　错误提示信息

成功创建后，可以在数据库 SchoolDB02 上右击，在弹出的快捷菜单中选择“属性”选项，查看数据库的属性，如图 7-3 所示。

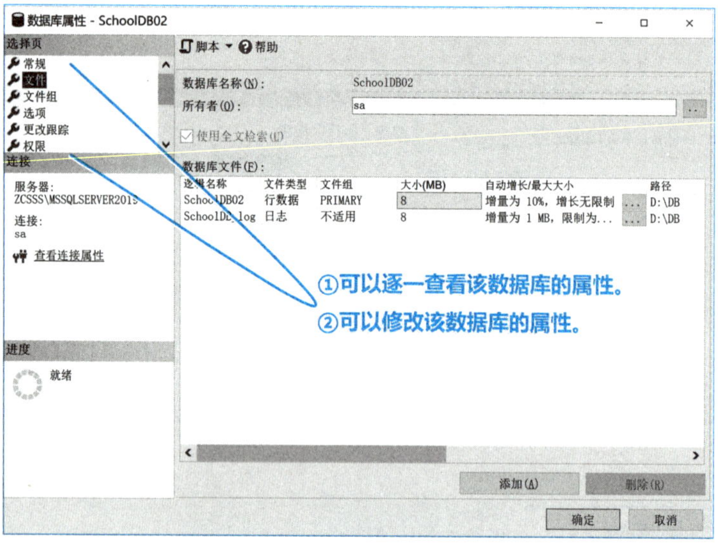

图 7-3　“数据库属性”界面

【技能训练 7-1】用 T-SQL 语句创建 SchoolDB02 数据库

技能要点

使用 T-SQL 语句创建数据库。

需求说明

（1）数据库取名 SchoolDB02，文件保存在“D:\project”下。

（2）数据文件的初始大小为 20 MB，允许自动增长，文件增长率是 20%，文件最大 10 GB。

（3）日志文件初始大小为 10 MB，每次自动增长量是 1 MB，文件最大为 1000 MB。

（4）保存 T-SQL 为“训练 7-1 使用 T-SQL 语句创建数据库 .sql”。

关键点分析

（1）先创建文件夹：“D:\project”，否则无法创建数据库。

（2）检查判断数据库 SchoolDB02 是否存在。若存在，则需要先分离该数据库，再删除。

（3）在“对象资源管理器”中查看新创建的数据库，并查看其属性。

7.1.2　用 T-SQL 语句删除数据库

如果 SQL Server 中已经存在 SchoolDB02 数据库，再次运行演示示例 7-1 的创建数据库语句，就会发现系统提示错误信息：该数据库已经存在，创建失败，如图 7-2 所示。

如何解决这个问题呢？应预先检测 SQL Server 中是否存在 SchoolDB02 数据库。如果已经存在，就先删除 SchoolDB02 数据库，然后再创建 SchoolDB02 数据库。

1. 使用T-SQL语句删除数据库

```
DROP DATABASE 数据库名
```

例如：

```
DROP DATABASE SchoolDB02
```

2. 检测要创建的数据库是否已经存在

SQL Server 将数据库的清单存放在 master 系统数据库的 sysdatabases 表中，只需要借助 SELECT 语句查 sysdatabases 表中是否存在数据库 SchoolDB02 的记录即可，代码如下：

```
USE master
SELECT * FROM sysdatabases
```

执行结果如图 7-4 所示。

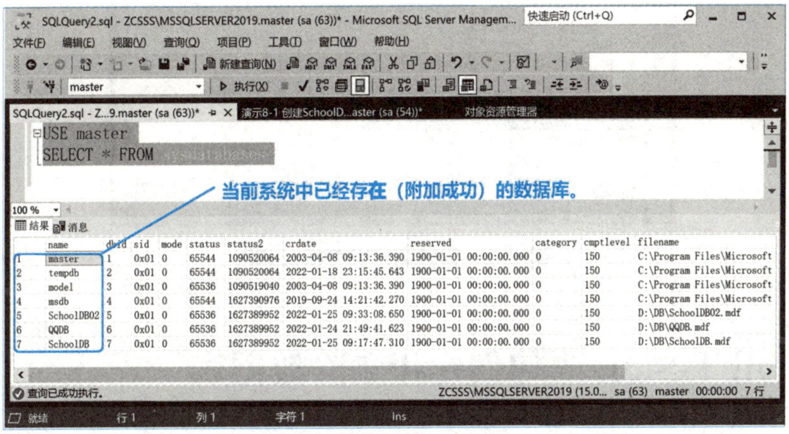

图 7-4　查询数据库列表界面

3. 检测并删除已经存在的数据库

在创建数据库前，可以借助 IF 语句和 EXISTS（检测某个查询是否存在，如果查询语句返回的记录结果不为空，则表示存在，否则表示不存在）来实现检测并删除已经存在的数据库。参考代码如下：

```
IF EXISTS(SELECT * FROM sysdatabases WHERE name='SchoolDB02')
  DROP DATABASE SchoolDB02
```

在“演示示例 7-1”中，可以在创建数据库之前，加上检查并删除数据库的代码后，再次执行时，不再提示错误，且可以反复执行，因为在创建数据库之前，已经把存在的同名数据库删除了。执行结果如图 7-5 所示。

【技能训练 7-2】用 T-SQL 语句删除 SchoolDB02 数据库

技能要点

使用 T-SQL 语句删除数据库。

需求说明

（1）使用 T-SQL 语句删除数据库。

（2）检测并删除需要创建的同名的数据库。

关键点分析

（1）删除数据库之前应该先检测该数据库是否存在。

（2）在删除数据库之前建议备份数据库，一旦误删了数据库，可以恢复或者添加手工备份的数据库。

（3）编译、执行 SQL 语句，并保存为“训练 7-2 使用 SQL 语句删除数据库 .sql”。

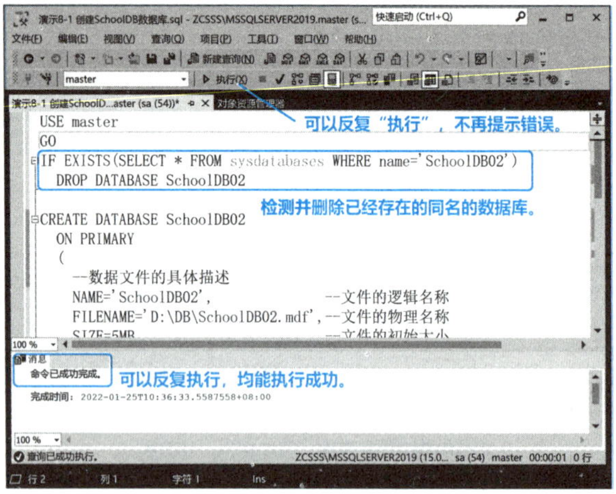

图 7-5　完善后创建数据库界面

7.2 用 T-SQL 语句创建和删除数据表

7.2.1 用 T-SQL 语句创建表

微课 T-SQL 创建表

创建数据库表的步骤如下：

（1）确定表中有哪些列。

（2）确定每列的数据类型。

（3）给表添加各种约束。

（4）创建各表之间的关系。

SQL Server 中的常见数据类型见表 7-1。

表 7-1　SQL Server 中的数据类型

类型	数据类型	描述	用途
整型	int	占用 4 个字节的整数	存储到数据库的几乎所有数值类型的数据都可以使用这种数据类型
	smallint	占用 2 个字节的整数	对存储一些常限定在特定范围内的数值型数据非常有用
	tinyint	占用 1 个字节的整数	在只打算存储有限数目的数值时用
浮点型	real	近似数值类型	一种近似数值类型，供浮点数使用
	float	近似数值类型	一种近似数值类型，供浮点数使用
	decimal	固定精度和范围的数值型数据。使用这种数据类型时，必须指定范围和精度。范围是小数点左右所能存储的数字的总位数，精度是小数点右边存储的数字的位数	通常存储要求精度较高的数据，如货币金额
	numeric	numeric 数据类型与 decimal 型相同	

续表

类型	数据类型	描述	用途
字符型	char	固定长度非 Unicode 字符数据，最大 8 000 个字节	常用于存储固定长度的少量文本，如身份证号
	varchar	可变长度非 Unicode 字符数据，有两种形式：varchar(n) 或 varchar(max)	常用于存储可变长度的少量文本，如学校的英文名称
	text	非 Unicode 字符数据	常用于存储文章等大文本，如个人的英文简历
Unicode 型	nchar	固定长度 Unicode 字符数据，最大 4 000 个字节	常用于存储固定长度的少量文本
	nvarchar	可变长度 Unicode 字符数据，有两种形式：nvarchar(n) 或 nvarchar(max)	常用于存储可变长度的少量文本，如学校的中文名称
	ntext	Unicode 字符数据	常用于存储文章等大文本，如个人的中文简历
是 / 否型	bit	只能是 0、1 或空值	表示是 / 否值
二进制型	binary	定长的二进制数据	当输入表的内容接近相同的长度时，应该使用这种数据类型
	varbinary	变长的二进制数据	当输入表的内容大小可变时，应该使用这种数据类型
	image	变长的二进制数据	如图片、声音等
货币型	money	固定精度和范围的数值型数据	常用于存储金额
	smallmoney	同 money，但小于 money 的取值范围	
日期时间型	datetime	表示日期和时间	如 '2022-1-1 01:01:01'
	smalldatetime	同 datetime，精确到一分钟	

使用 T-SQL 创建表的语法如下：

```
CREATE TABLE 表名
(
    列 1 数据类型 列的特征
    列 2 数据类型 列的特征
    …
)
```

其中，“列的特征”包括该列是否为空（NULL）、是否为标识列（自动编号）、是否有默认值及是否为主键等。

使用“NULL”表示允许为空，使用“NOT NULL”表示不允许为空。

【演示示例 7-2】在数据库 SchoolDB02 中创建学生信息表 Student。

需求说明

（1）使用 T-SQL 语句创建学生信息表 Student。

（2）学生信息表 Student 的表结构见表 7-2。

（3）主键和默认值等其他属性暂不设置，将在后面章节中学习。

表 7-2　学生信息表的数据结构

列名称	列说明	数据类型	长度	属性	备注
StudentNo	学号	nvarchar	50	非空	主键
StudentName	姓名	nvarchar	50	非空	
Sex	性别	char	2	非空	
BornDate	出生日期	datetime			
GradeId	所在学期	int		非空	
Phone	联系电话	nvarchar	50	非空	
Address	家庭地址	nvarchar	255		
Email	电子邮件	nvarchar	50		
IdentityCard	身份证号	nvarchar	18		

代码如下

```
USE SchoolDB02
GO
CREATE TABLE Student
 (
   StudentNo nvarchar(50) NOT NULL,                    --学号，非空
   StudentName nvarchar(20) NOT NULL,                  --姓名，非空
   Sex char(2) NOT NULL,                               --性别，非空
   BornDate datetime NULL,                             --出生日期，允许为空
   GradeId int NOT NULL,                               --学期编号，非空
   Phone nvarchar(50) NOT NULL,                        --联系电话，非空
   Address nvarchar(255) NULL,                         --住址，允许为空
   Email nvarchar(50) NULL,                            --电子邮箱，允许为空
   IdentityCard nvarchar(18) NULL                      --身份证号，允许为空
 )
```

执行结果如图 7-6 所示。

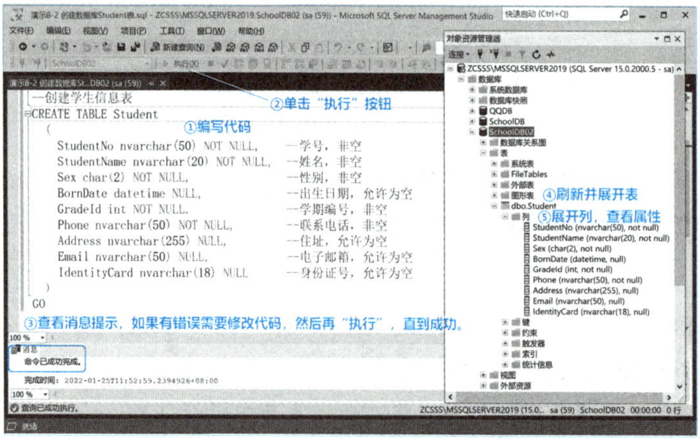

图 7-6　在 SchoolDB 数据库中创建 Student 表界面

【技能训练 7-3】用 T-SQL 语句创建学期表 Grade、课程表 Subject 和成绩表 Result

技能要点

使用 T-SQL 语句创建表。

需求说明

（1）使用 T-SQL 语句创建学期表 Grade。Grade 表的结构见表 7-3。

表 7-3　学期表的数据结构

列名称	列说明	数据类型	长度	属性	备注
GradeId	学期编号	int		非空	主键
GradeName	学期名称	nvarchar	50	非空	

（2）使用 T-SQL 语句创建课程表 Subject。Subject 表的结构见表 7-4。

表 7-4　课程表的数据结构

列名称	列说明	数据类型	长度	属性	备注
SubjectId	课程编号	int		非空	主键
SubjectName	课程名称	nvarchar	20		
ClassHour	学时	int			
GradeId	所属学期	int			

（3）使用 T-SQL 语句创建成绩表 Result。Result 表的结构见表 7-5。

表 7-5　成绩表的数据结构

列名称	列说明	数据类型	长度	属性	备注
Id	自动标识列	int		非空	主键
StudentNo	学号	nvarchar	50	非空	
SubjectId	所考课程编号	int		非空	
StudentResult	考试成绩	int			
ExamDate	考试日期	datetime		非空	

关键点分析

（1）在创建各个表之前应先检查、判断各个表是否已经存在。若存在，需要先删除该表。

（2）如果某个列为标识列且自增 1，则在这列（如成绩表 Id 列）的表示如下：

```
Id int  IDENTITY(1,1) NOT NULL
```

其中 IDENTITY(1,1) 表示为自动标识列，第一个参数 1 表示编号从 1 开始，第二个参数表示每次自增 1。

（3）创建成功后，在“对象资源管理器”中查阅表的属性，参考图 7-7 所示。

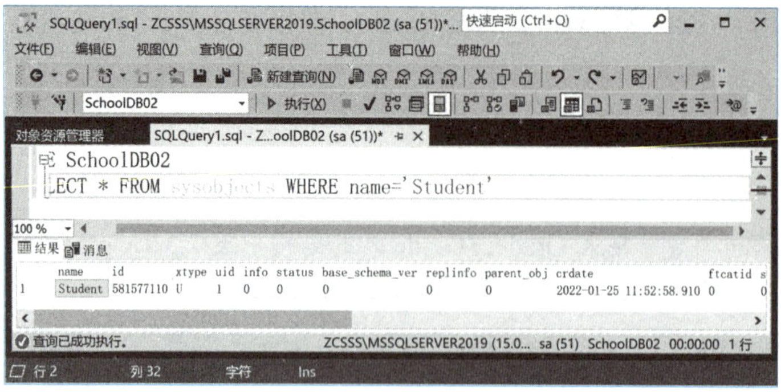

图 7-7　在 SchoolDB02 数据库中查询已经存在的表记录

（4）编译、执行 SQL 语句，并保存为“训练 7-3 使用 SQL 语句创建数据表 .sql”。

7.2.2　用 T-SQL 语句删除表

同创建数据库一样，如果当前数据库中已经存在 Student 表，则再次创建时系统将提示出错。需要预先检测当前数据库中是否存在该表，如果存在，则先删除，然后再创建。

使用 T-SQL 语句删除表的语法：

```
DROP TABLE 表名
```

例如：DROP TABLE Student

数据库中的表的清单存放在该数据库的系统表 sysobjects 中。可以使用 SELECT 语句查询当前数据库中已经创建的表的信息，如图 7-7 所示。

类似于创建数据库，在创建数据表之前可以借助 IF 语句和 EXISTS 语句检测创建的数据表是否已经存在，如果已经存在，可以删除该同名的数据表。

在“演示示例 7-2”中，创建表结之前，加上以下语句，即可实现检测并删除已经存在的数据表。

```
IF EXISTS(SELECT * FROM  sysobjects  WHERE  name='Student')
  DROP  TABLE  Student
```

执行结果如图 7-8 所示。

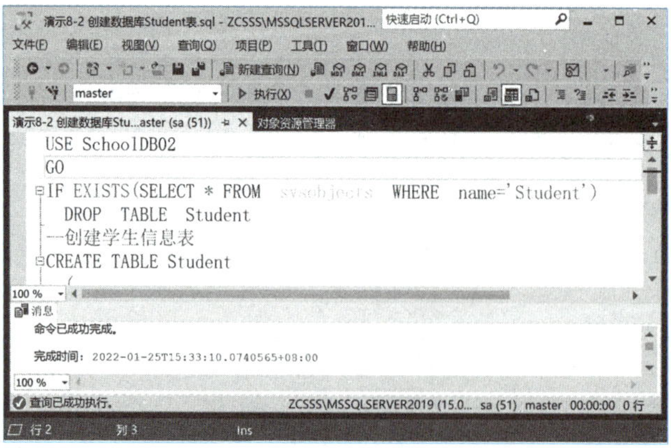

图 7-8　完善创建数据表的界面

【技能训练 7-4】用 T-SQL 语句删除数据库 SchoolDB02 中的数据表

技能要点

使用 T-SQL 语句删除表。

需求说明

将数据库中的学生信息表 Student、学期表 Grade、科目表 Subject 和成绩表 Result 删除。

关键点分析

（1）注意删除各表的顺序，先删除从表，再删除主表。

（2）如果被删除的表被其他表所引用，例如先删除 Grade 表时，会出现如图 7-9 所示的错误提示。

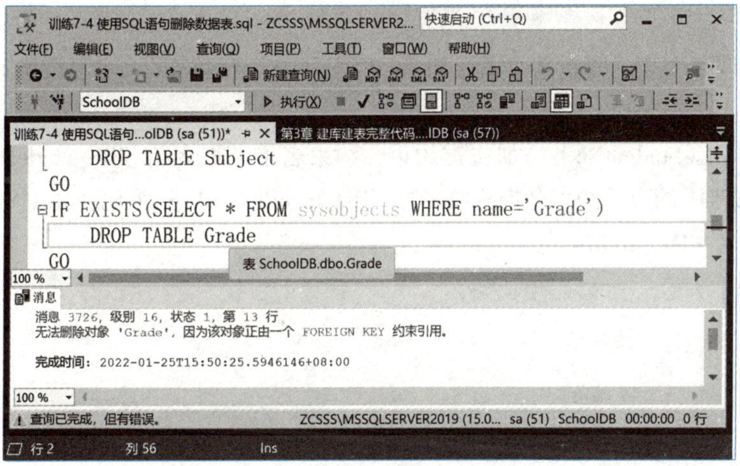

图 7-9 删除被引用表时的错误提示

（3）编译、执行 SQL 语句，并保存为“训练 7-4 使用 SQL 语句删除数据表 .sql”。

7.3 用 T-SQL 语句创建和删除数据表的约束

7.3.1 用 T-SQL 语句添加约束

常用的约束类型如下：

（1）主键约束（Primary Key Constraint）

主键约束要求主键列数据唯一，并且不允许为空，如学号能唯一确定一名学生。

（2）非空约束（Not Null）

非空约束要求不能存在空值，如学生的姓名不能为空。

（3）唯一约束（Unique Constraint）

唯一约束要求该列的值必须唯一，允许为空，但只能出现一个空值。

（4）检查约束（Check Constraint）

某列的取值范围限制、格式限制等，如有关年龄的约束。

（5）默认约束（Default Constraint）

某列的默认值，如男性学生较多，性别默认为“男”。

（6）外键约束（Foreign Key Constraint）

用于在两表之间建立关系，需要指定引用主表的哪一列。

在发生插入数据或更新表中数据时，数据库将自动检查更新的列值是否符合约束限制。如果不符合约束要求，则更新操作失败。

1. 使用T-SQL语句添加约束的语法

添加约束的语法如下：

```
ALTER TABLE 表名
  ADD CONSTRAINT 约束名 约束类型 具体的约束说明
```

功能上实现修改某个表，并在其中添加某个约束。其中，约束名的命名规则推荐采用“约束类型_约束列”的形式。

例如，为学号列（StudentNo）添加主键约束，约束名推荐取名为“PK_StudentNo”；为身份证列（IdentityCard）添加唯一约束，约束名推荐取名为“UQ_IdentityCard”；为地址列（Address）添加默认约束，约束名推荐取名“DF_Address”。

【演示示例 7-3】为 Grade 表添加约束。

需求说明

（1）为 Grade 表添加主键约束。

（2）将 GradeId 作为主键，约束名称: PK_GradeId。

代码如下

```
USE SchoolDB02
ALTER TABLE Grade
  ADD CONSTRAINT PK_GradeId PRIMARY KEY (GradeId)
```

【演示示例 7-4】为 Student 表添加约束。

需求说明

（1）主键约束：学号。

（2）唯一约束：身份证号。

（3）默认约束：地址列的默认值是“北京”。

（4）检查约束：性别的值只能是“男”或“女”，电子邮件中必须包含“@”字符，出生日期在 1980 年 1 月 1 日以后。

（5）外键约束：设置 GradeID 列为主键，建立 Grade 表与 Student 表的引用关系。

（6）约束的名称要规范。

代码如下

```
USE SchoolDB02
-- 添加主键约束（将 StudentNo 作为主键）
```

```
ALTER TABLE Student
  ADD CONSTRAINT PK_StudentNo PRIMARY KEY (StudentNo)
-- 唯一约束（身份证号唯一）
ALTER TABLE Student
  ADD CONSTRAINT UQ_IdentityCard UNIQUE (IdentityCard)
-- 默认约束（北京）
ALTER TABLE Student
  ADD CONSTRAINT DF_Address DEFAULT ('北京') FOR Address
-- 检查约束（出生日期在 1980 年 1 月 1 日以后）
ALTER TABLE Student
  ADD CONSTRAINT CK_BornDate CHECK(BornDate>='1980-1-1')
-- 检查约束（电子邮箱中必须包含“@”）
ALTER TABLE Student
  ADD CONSTRAINT CK_Email CHECK (Email like '%@%')
-- 添加外键约束（主表 Student 和从表 Grade 建立关系，关联列为 GradeId）
ALTER TABLE Student
  ADD CONSTRAINT FK_Grade
    FOREIGN KEY(GradeId) REFERENCES Grade(GradeId)
```

执行结果如图 7-10 所示。

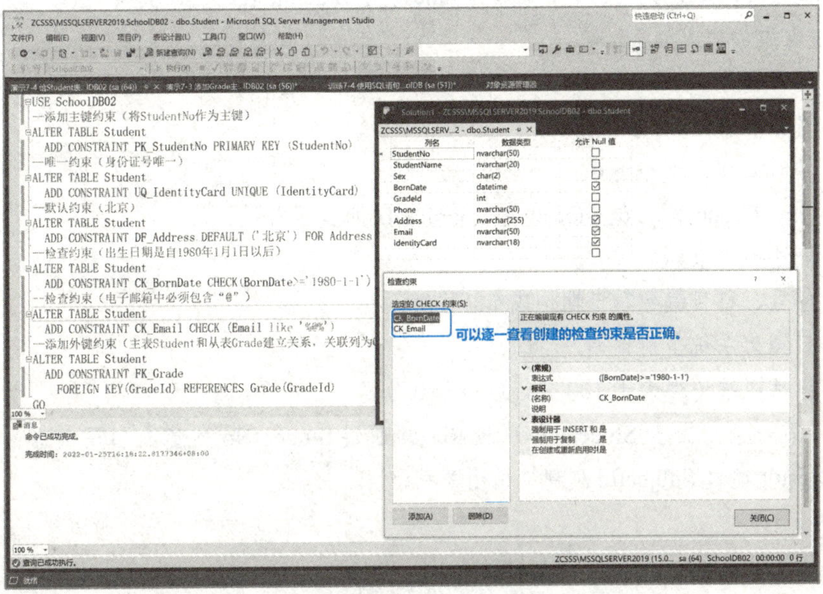

图 7-10　为表 Student 添加约束的界面

可以在 SSMS 的“CHECK 约束”对话框中查看已经创建的约束，如图 7-9 所示。

一个外键约束并不一定要与另一个表中的主键约束相关联，也可以是表中的唯一约束的引用。通过外键不仅可以控制存储在子表中的数据，还可以限制对主表中数据的修改。例如，如果在 Grade 表中删除了一个年级，而在 Student 表中还保存着该年级的学生记录，那么这两个表之间关联的完整性被破坏，在 Student 表中该年级的学生因为与 Grade 表中的数据没有连接而变得孤立。使用外键可以防止这种情况的发生。

使用 T-SQL 语句为指定的表添加约束方法有两种：第 1 种是使用 CREATE TABLE 语句在创建表结构的同时添加相关约束，第 2 种是使用 ALTER TABLE 语句在已经创建的表中添加约束。

【技能训练 7-5】使用 T-SQL 语句为 Grade、Student、Subject、Result 表添加约束

技能要点

使用 T-SQL 语句添加约束。

需求说明

（1）Grade 表添加约束如下：

主键约束：学期编号。

（2）Student 表添加约束如下：

主键约束：学号。

唯一约束：身份证号。

默认约束：地址列的默认值是“北京”。

检查约束：性别的值只能是“男”或“女”，电子邮件中必须包含“@”字符，出生日期在 1980 年 1 月 1 日以后。

外键约束：设置 GradeID 列为主键，建立 Grade 表与 Student 表的引用关系。

（3）Subject 表添加约束如下：

主键约束：科目编号。

非空约束：科目名称。

检查约束：学时必须大于等于 0。

外键约束：主表 Grade 和从表 Subject 通过 GradeID 列建立引用关系。

（4）Result 表添加约束如下：

主键约束：学号、科目编号和日期构成组合主键。

默认约束：日期为系统当前日期。

检查约束：考试成绩不得大于 100 分，或小于 0 分。

外键约束：第一个，主表 Student 和从表 Result 通过 StudentNo 列建立引用关系。第二个，主表 Subject 和从表 Result 通过 SubjectId 列建立引用关系。

关键点分析

（1）使用 ADD CONSTRAINT…语句创建约束。

（2）对于需求 4，ALTER TABLE 语句中在“PRIMARY KEY”后面以逗号作为分隔符罗列出构成组合主键的多个列的列名。

（3）约束名称的命名要规范。

（4）编译、执行 SQL 语句，并保存为“训练 7-5 添加数据表约束 .sql”。

补充说明

（1）添加约束之前，确认各表为空，没有记录。如果表中已经存在记录，则建议删除或将表中记录导出，待添加约束之后，重新导入这些数据。

（2）设置主外键约束要确保主键设置成功。

7.3.2　用 T-SQL 语句删除约束

如果错误地添加了约束，则可以删除约束。

使用 T-SQL 语句删除约束的语法如下：

```
ALTER TABLE 表名
  DROP CONSTRAINT 约束名
```

约束的名称为创建时给的命名。

例如：删除 Student 表中地址默认约束的 T-SQL 语句如下：

```
ALTER TABLE Student
  DROP CONSTRAINT DF_Address
```

【技能训练 7-6】用 T-SQL 语句删除数据库 SchoolDB02 中数据表的约束

技能要点

使用 T-SQL 删除约束。

需求说明

（1）将 Grade、Subject、Result 和 Student 表中的约束删除。

（2）各表中约束的名称参考“技能训练 7-5”。

关键点分析

（1）在删除约束的时候，也要注意删除的顺序。先删除从表的约束，再删除主表的约束，即如果删除的约束被其他约束所引用，则会出错。例如，先删除 Grade 表中的约束 PK_GradeID 时，会出现如图 7-11 所示的错误提示信息。

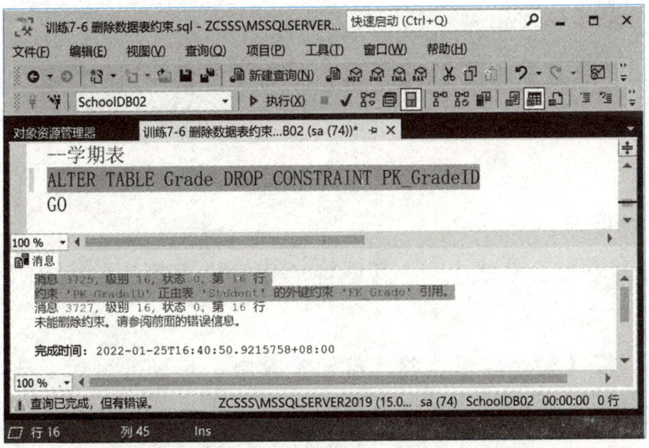

图 7-11　删除被引用的约束时的错误提示

（2）编译、执行 SQL 语句，并保存为“训练 7-6 删除数据表约束 .sql”。

7.4 T-SQL 的变量和输出语句

T-SQL 不但有强大的结构化查询功能，和其他高级语言类似，它本身也具有变量、运算和控制等功能，也可以利用 T-SQL 语言进行编程，从而可以完成比较复杂的功能。

SQL Server 中的变量分为局部变量和全局变量。局部变量是用户自己定义并使用的变量。

7.4.1 局部变量

微 课

局部变量的使用

1. 局部变量的声明

声明局部变量的语法如下：

```
DECLARE @variable_name DataType
```

其中，variable_name 为局部变量的名称，DataType 为数据类型。

例如：

```
DECLARE @name varchar(8)
DECLARE @number int
```

声明变量 name，类型为字符型，长度为 8，变量 number，类型为整型，由于 int 类型的长度是固定的，所以不需要指定其长度。

2. 局部变量的赋值

局部变量的赋值有两种方法：使用 SET 语句和 SELECT 语句。

（1）使用 SET 语句

语法如下：

```
SET @variable_name=value
```

（2）使用 SELECT 语句

语法如下：

```
SELECT @variable_name=value
```

【演示示例 7-5】Student 表数据如图 7-12 所示，根据学号查找“胡仲友”的信息及与“胡仲友”的学号相邻的学生信息。

需求说明

（1）查找“胡仲友”的学号。

（2）对“胡仲友”的学号加 1 或减 1。注意要将学号转换为整型后才可以进行加 1 或者减 1，否则执行失败。

（3）根据学号的规则，第 1 位是字母字符，后面是数字，可以采用如下函数对学号进行转换。

```
CONVERT(int,SUBSTRING(StudentNo,2,7))
```

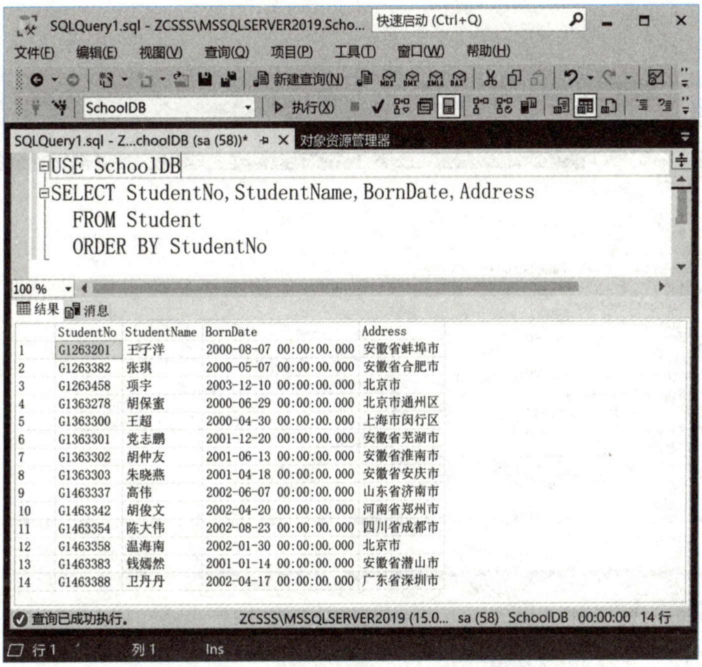

图 7-12　Student 表中的测试数据

代码如下

```
USE SchoolDB
GO
-- 查找胡仲友的信息
DECLARE @name varchar(8)
SET @name=' 胡仲友 '
SELECT StudentNo,StudentName,BornDate,Address
  FROM Student
  WHERE StudentName=@name
-- 查找与胡仲友学号相邻的学生信息
DECLARE @StudentNo nvarchar(50)
-- 使用 SELECT 赋值
SELECT @StudentNo=StudentNo FROM Student
  WHERE StudentName=@name
-- 定义变量用于保存学号后面的数字
DECLARE @StuNo int
-- 使用 SET 赋值
SET @StuNo=CONVERT(int,SUBSTRING(@StudentNo,2,7))
SELECT StudentNo,StudentName,BornDate,Address
  FROM Student
  WHERE (CONVERT(int,SUBSTRING(StudentNo,2,7))=@StuNo+1) OR (CONVERT(int,SUBSTRI
NG(StudentNo,2,7))=@StuNo-1)
```

执行结果如图 7-13 所示。

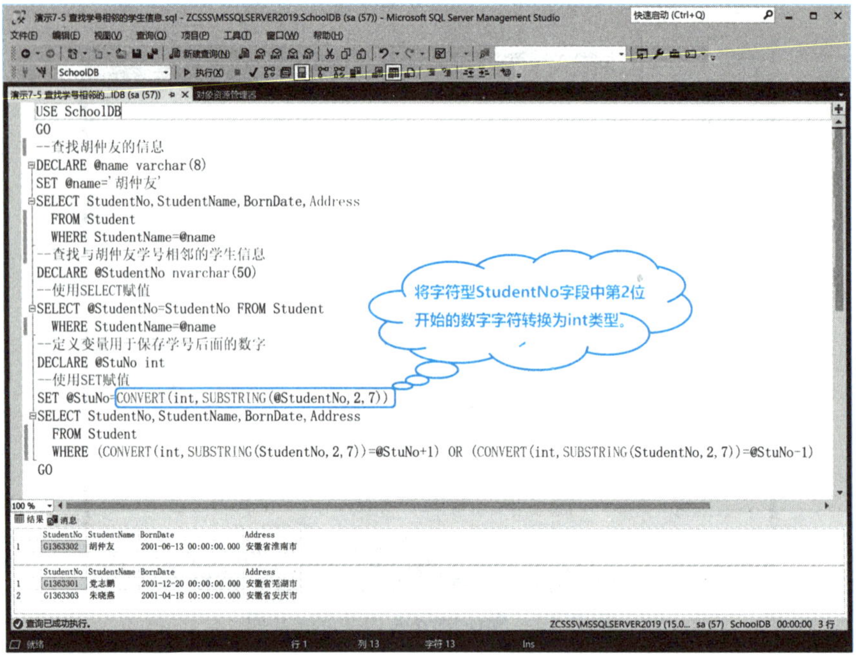

图 7-13 “胡仲友”本人信息及学号相邻的学生信息

补充说明

（1）局部变量可用于在上下语句中传递数据，如学号 @StudentNo。

（2）在 T-SQL 语言中，为局部变量赋值的语句有 SET 语句和 SELECT 语句。其中，SET 赋值语句一般用于赋给变量指定的数据常量，如本例中的“胡仲友”。SELECT 赋值语句一般用于从表中查询数据，再赋给变量，例如：

```
SELECT @StudentNo=StudentNo FROM Student
  WHERE StudentName=@name
```

（3）SELECT 语句需要确保筛选的记录不多于一条。

3. SET语句与SELECT语句对变量进行赋值时的区别

使用 SET 语句与 SELECT 语句在对变量进行赋值时需要注意两者之间的差别，见表 7-6。

表 7-6 SET 语句和 SELECT 语句的区别

功能	SET	SELECT
同时对多个变量赋值	不支持	支持
表达式未返回值时	变量被赋值为 NULL	变量保持原值

【演示示例 7-6】SET 语句与 SELECT 语句在使用上的不同。

需求说明

（1）设计代码，验证 SET 语句与 SELECT 语句的区别。

（2）逐条执行以下参考代码，分析错误的原因和修改办法。

代码如下

```
USE SchoolDB
GO
DECLARE @addr nvarchar(100),@name nvarchar(100)
SET @addr='',@name='张三'
SELECT @addr='北京',@name='张三'
SET @addr=(SELECT Address FROM Student)
SELECT @addr='北京市'
SELECT @addr=Address FROM Student WHERE 1<0
-- 查询无果时，@addr 保持原值
PRINT @addr
```

执行的参考结果如图 7-14、图 7-15 和图 7-16 所示。

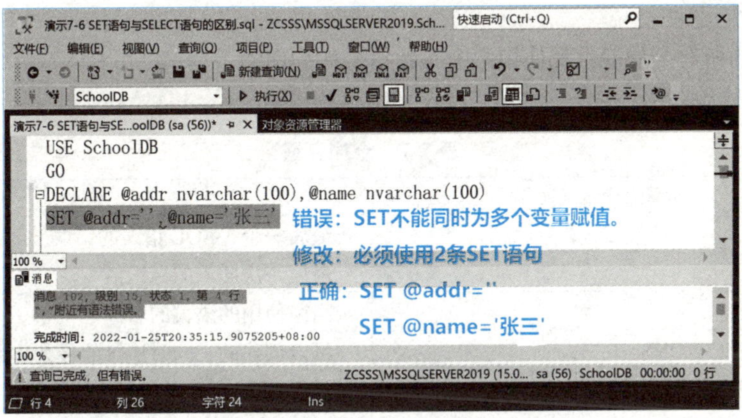

图 7-14　使用 set 同时对多个变量赋值时的错误提示

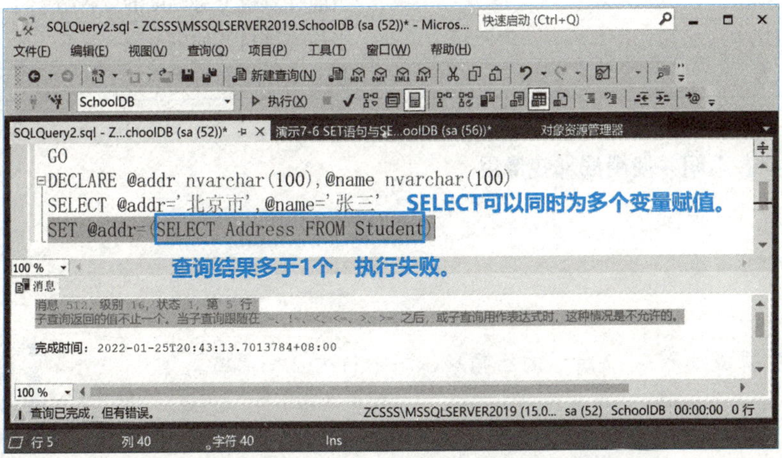

图 7-15　使用 set 从表中查询数据赋给变量时的错误提示

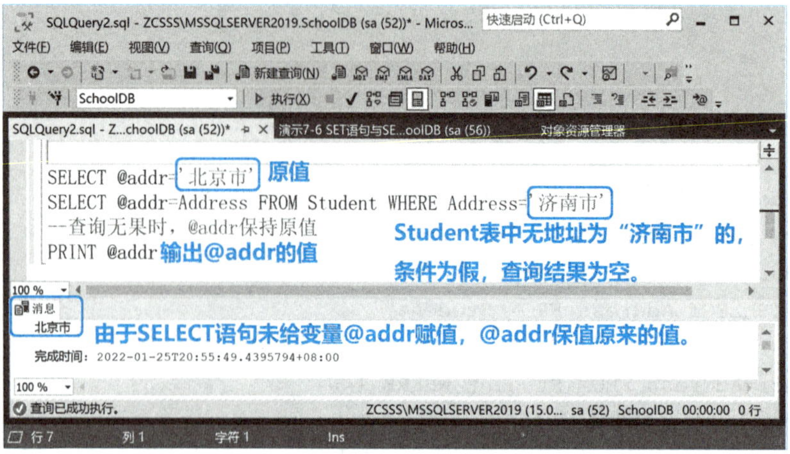

图 7-16　使用 select 语句查询无果时变量保持原值

7.4.2　全局变量

SQL Server 中的所有全局变量都使用两个 @@ 符号作为前缀。

常用的全局变量如表 7-7 所示，将在后续章节中举例说明。

表 7-7　全局变量

变量	含义
@@ERROR	最后一个 T-SQL 错误的错误号
@@IDENTITY	最后一次插入的标识值
@@LANGUAGE	当前使用的语言的名称
@@MAX_CONNECTIONS	可以创建的、同时连接的最大数目
@@ROWCOUNT	受上一个 SQL 语句影响的行数
@@SERVERNAME	本地服务器的名称
@@SERVICENAME	该计算机上的 SQL 服务的名称
@@TIMETICKS	当前计算机上每刻度的微秒数
@@TRANSCOUNT	当前连接打开的事务数
@@VERSION	SQL Server 的版本信息

【技能训练 7-7】声明并使用局部变量用

技能要点

局部变量的声明和使用。

需求说明

用字符“★”拼成如图 7-17 所示的三角形，同一行的 2 个星号之间没有空格等字符。

图 7-17　三角图形

关键点分析

（1）声明 T-SQL 局部变量，初始化变量值为★，并用 PRINT 语句显示三角形图形。

（2）编译、执行 SQL 语句，并保存为“训练 7-7 使用布局变量 .sql”。

7.4.3　输出语句

T-SQL 支持输出语句，用于显示处理的数据结果。常用的输出语句有两种，即 PRINT 语句和 SELECT 语句。

1．PRINT输出语句

PRINT 语句的语法如下：

```
PRINT 局部变量或字符串
```

2．SELECT输出语句

SELECT 语句的语法如下：

```
SELECT 局部变量 AS 自定义列名
```

其中，SELECT 语句输出数据时查询语句的特殊应用。

【演示示例 7-7】PRINT 语句和 SELECT 语句的应用。

需求说明

（1）使用 PRINT 语句和全局变量输出服务器名称和 SQL Server 的版本。

（2）使用 SELECT 语句和全局变量输出服务器名称和 SQL Server 的版本。

代码如下

```
PRINT '服务器的名称:'+@@SERVERNAME
PRINT 'SQL Server 的版本 '+@@VERSION
SELECT @@SERVERNAME AS '服务器名称'
SELECT @@VERSION AS 'SQL Server 的版本'
```

用 PRINT 语句输出的结果将在“消息”窗口中以文本方式显示，如图 7-18 所示。

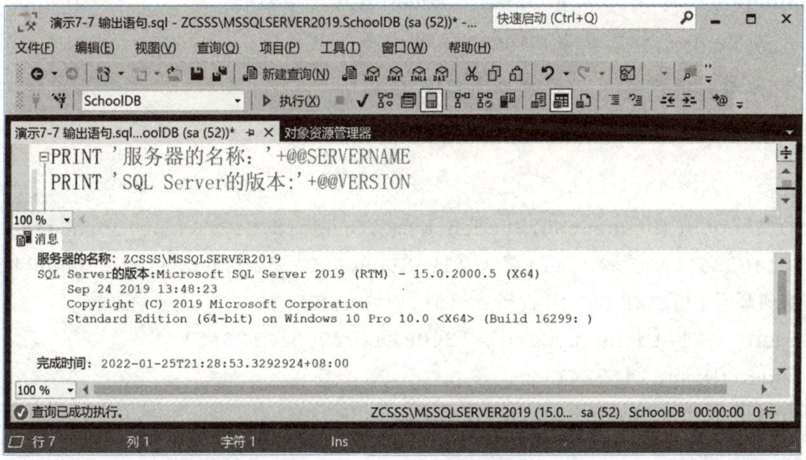

图 7-18　使用 PRINT 语句显示

用 SELECT 语句输出的结果将在结果窗口中以表格方式显示，如图 7-19 所示。

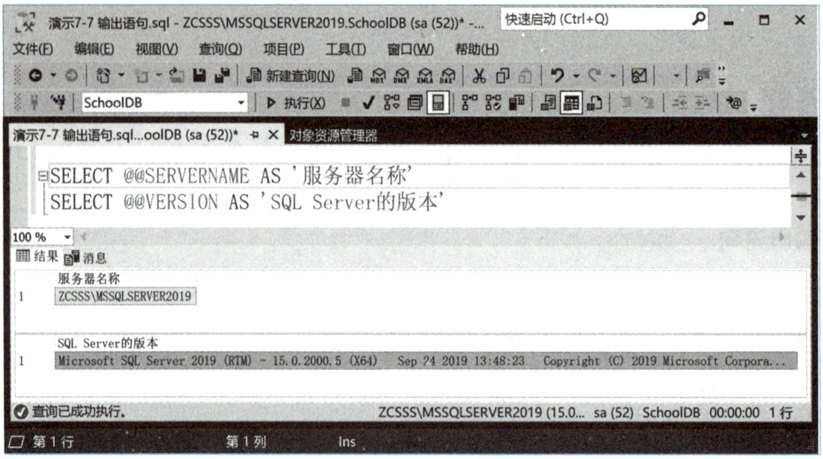

图 7-19 使用 SELECT 语句显示的表格结果

3. 全局变量的应用

使用 PRINT 语句要求以单个变量或字符串表达式作为参数，而“+”运算符作为连接两个字符串的连接符，要求“+”运算符两侧的操作的数据类型必须是一致。如果用下面的 SQL 语句输出错误信息将会出错。因为在下面的语句中，利用“+”运算符不能将字符串常量“‘当前错误号’”和全局变量 @@ERROR 返回的整型数值拼接成一个完整的字符串。

```
PRINT '当前错误号'+@@ERROR
```

如何解决这个问题呢？可以通过转换函数，把数值转换为字符串，代码如下：

```
PRINT '当前错误号'+CONVERT(VARCHAR(5),@@ERROR)
```

【演示示例 7-8】全局变量的综合应用。

需求说明

（1）为 SchoolDB 数据库中的学生信息表 Student 插入一条数据。

（2）更新学生表 Student 中学号为 G1463341 的学生信息。

（3）查看 2 条语句的执行结果，理解提示信息。

代码如下

```
USE SchoolDB
INSERT INTO Student(StudentNo,StudentName,GradeId,Sex,Phone,BornDate,IdentityCard)
  VALUES('G1463341','武松',1,'男','18659890000','2020-05-12','340824199605120000')
PRINT '当前错误号：'+CONVERT(varchar(5),@@ERROR)
UPDATE Student SET IdentityCard ='340824202005121234 5'
  WHERE StudentNo='G1463341'
PRINT '当前错误号：'+CONVERT(varchar(5),@@ERROR)
```

执行结果如图 7-20 所示。

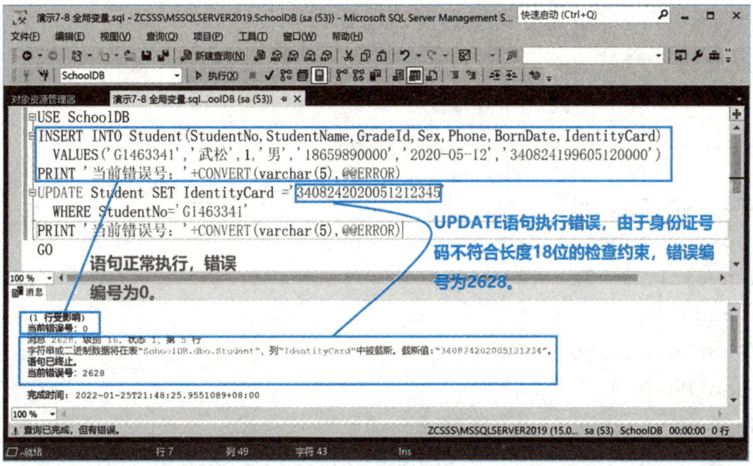

图 7-20　全局变量的综合应用

补充说明：

（1）@@ERROR 用于表示最近一条 SQL 语句是否有错误。如果有错误，则返回非零的值。

（2）第一条 INSERT 语句没错，所以 @@ERROR 的值为 0。

（3）第二次 UPDATE 语句违反了身份证号码为 18 位的检查约束错误，所以 @@ERROR 的值为 2628。

7.4.4　类型转换函数

在 T-SQL 语言中，数据类型的转换也分为隐式转换和显式转换。在 T-SQL 语言中除了在前面章节中学习的 CONVERT() 函数能够实现数据类型显式转换功能之外，T-SQL 还提供了 CAST() 函数。

CAST() 函数和 CONVERT() 函数用于将某种数据类型的表达式转换为另一种数据类型的表达式，两者在功能和使用有一定的区别。

CAST() 函数的语法如下：

```
CAST(表达式 AS 数据类型)
```

CONVERT() 函数的语法如下：

```
CONVERT(数据类型[(长度)],表达式[,样式])
```

CONVERT() 函数与 CAST() 函数不同之处是，在将日期时间类型 / 浮点类型的数据转换为字符串数据时，CONVERT() 函数可以通过第 3 个参数指定转换后的字符样式，不同的样式使转换后字符数据的显示格式不同。CONVERT() 函数的第 3 个参数可以省略。

【演示示例 7-9】CAST() 函数的应用及与 CONVERT() 函数的区别。

需求说明

查询学号是 G1263201 的学生参加 2022 年 6 月 23 日举办的“C 语言程序设计”科目考试的成绩，要求输出学生姓名和考试成绩。

关键点分析

（1）根据学号查出学生姓名。

（2）按照指定日期、学号和科目查询得到考试成绩。

（3）输出学生的姓名和考试成绩。

代码如下

```
USE SchoolDB
DECLARE @NAME varchar(50)                          --姓名
DECLARE @Result decimal(5,2)                       --考试成绩
DECLARE @NO nvarchar(50)
SET @NO='G1263201'
SELECT @NAME=StudentName FROM Student
  WHERE StudentNo=@NO
SELECT @Result=StudentResult FROM Result
  INNER JOIN Student ON Student.StudentNo=Result.StudentNo
  INNER JOIN Subject ON Result.SubjectId=Subject.SubjectId
  WHERE SubjectName='C 语言程序设计'
    AND Student.StudentNo='G1263201' AND ExamDate='2022-6-23'
PRINT '姓名:'+@NAME
PRINT '成绩:'+CAST(@Result as varchar(10))
```

执行结果如图 7-21 所示。

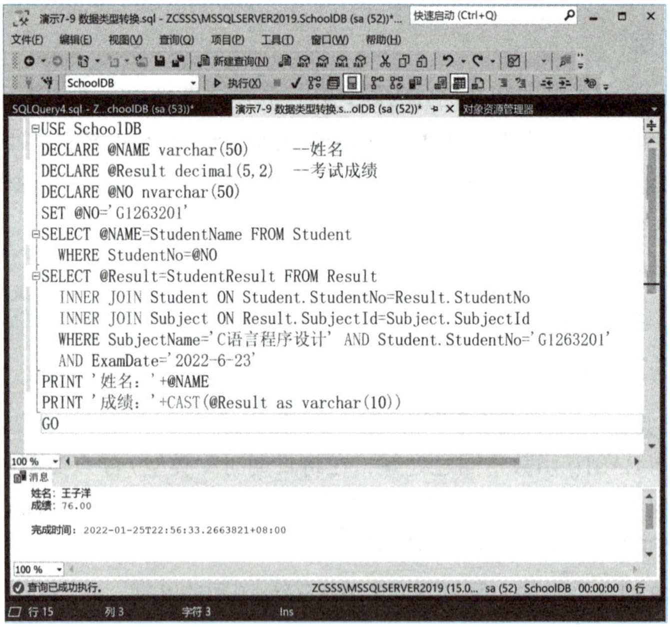

图 7-21　CAST() 函数的应用

【技能训练 7-8】类型转换函数的综合应用

技能要点

使用变量保存查询数据和数据类型的转换。

需求说明

查询学号是 G1363302 的学生姓名和年龄，并输出比他大 1 岁或小 1 岁的学生信息。部分代码和运行参考结果如图 7-22 所示。

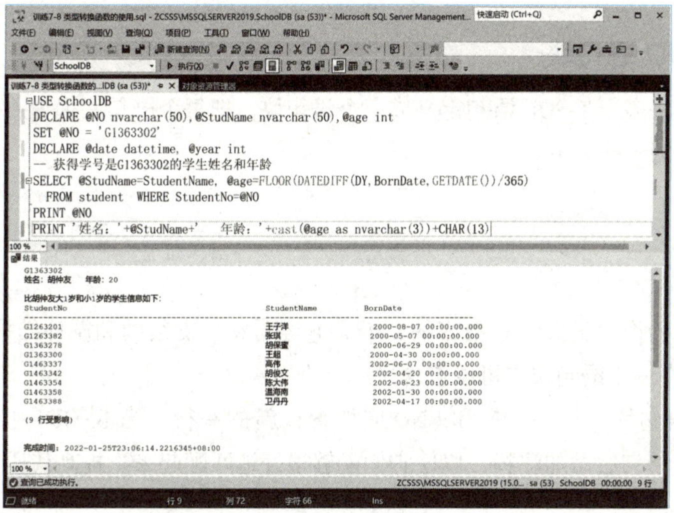

图 7-22 类型转换函数的综合应用

关键点分析

（1）使用日期函数 DATEDIFF() 和数学函数 FLOOR()，根据出生日期计算得到学生年龄。FLOOR(DATEDIFF(DY,BornDate,GETDATE()/365))。

（2）为了将姓名和年龄在一行输出，首先使用 CAST() 函数将整数类型的年龄转换为字符类型，然后使用字符串连接符“+”将姓名和转换后的年龄相连。

（3）使用日期函数 DATEPART() 获得学生的出生年份。

（4）为了把输出的表格数据和文本消息显示在同一个窗口中，需要做如下设置。

选择 SSMS 菜单中的“工具”→“选项”选项，弹出“选项”对话框，选择“查询结果”选项，将“显示结果的默认方式”设置为“以文本格式显示结果”，如图 7-23 所示。

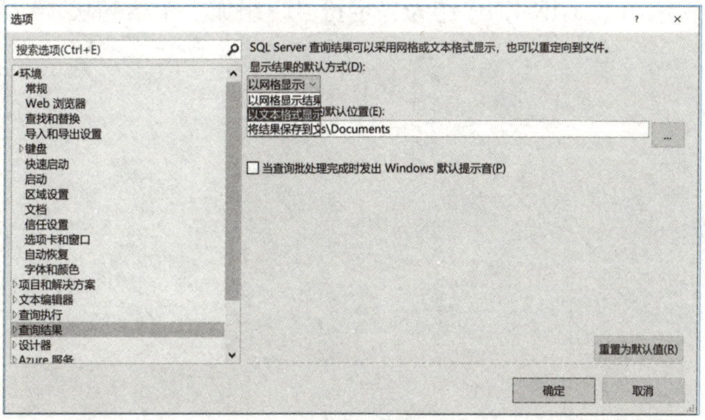

图 7-23 修改查询结果的“显示方式”

（5）编译、执行 SQL 语句，并保存为“训练 7-8 类型转换函数的使用 .sql”。

7.5 T-SQL 逻辑控制语句

7.5.1 BEGIN-END 语句块

BEGIN-END 语句将多个 T-SQL 语句定义成一个语句块，把每个语句块视为一个单元处理。

BEGIN-END 语句的语法如下：

```
BEGIN
  语句或语句块
END
```

BEGIN-END 语句的作用类似于 C 语言的“{}”，它经常在分支结构和循环结构语句中出现，表示语句块的开始和结束。在一个语句块中可以包含另一个语句块。

在 BEGIN-END 语句块中，BEGIN 和 END 应放置在新的一行。当 BEGIN 和 END 之间有多行 SQL 语句时，可以在 END 语句后添加注释，以使它们能够很好地匹配起来，提高代码的可读性。

7.5.2 IF-ELSE 语句

IF-ELSE 语句属于分支结构，它与 C# 编程语言的 IF 语句类似，也是根据条件是否成立来确定程序执行方向的。

IF-ELSE 语句的语法如下：

```
IF(条件)
  语句或语句块 1
ELSE
  语句或语句块 2
```

当 IF 语句中的条件表达式结果为 true 时，执行语句或语句块 1 的代码，否则执行语句或语句块 2 的代码。ELSE 为可选项，即可以只有 IF 没有 ELSE 的情况。

如果有多条语句，则需要与 BEGIN-END 结合使用，表示一个完整的语句块。例如在 IF 和 ELSE 之间有 2 条以上语句，必须使用 BEGIN-END 作为界定符号，组成一个语句块。

```
IF(条件)
    BEGIN
        语句 1
        语句 2
            END
ELSE
    …
```

【演示示例 7-10】统计并显示“C 语言程序设计”科目最近一次考试的平均分。

需求说明

（1）查询“C 语言程序设计”最近一次考试的日期。

（2）统计平均成绩并存入局部变量。

（3）如果平均分在 70 以上，则显示“考试成绩优秀”，并显示前 3 名学生的考试信息。

（4）如果平均分在 70 以下，则显示“考试成绩较差”，并显示后 3 名学生的考试信息。

（5）用 IF-ELSE 语句判断。

关键点分析

（1）要查询“C 语言程序设计”最近一次考试的日期，使用 MAX() 函数对考试日期进行统计，并存储在局部变量中。

（2）统计“C 语言程序设计”的考试日期和平均成绩等信息，必须使用联合查询。

（3）用 IF-ELSE 语句对平均分进行判断，根据条件输出需要的结果。

代码如下

```
USE SchoolDB
--查询"C语言程序设计"课程最近一次考试的日期
DECLARE @date datetime                                    --考试日期
SELECT @date=MAX(ExamDate) FROM Result INNER JOIN Subject
  ON Result.SubjectId=Subject.SubjectId
  WHERE SubjectName='C语言程序设计'
--查询获得本次考试的平均分
DECLARE @myavg decimal(5,2)                               --平均分
SELECT @myavg=AVG(StudentResult) FROM Result
  INNER JOIN Subject ON Result.SubjectId=Subject.SubjectId
  WHERE SubjectName='C语言程序设计' AND ExamDate=@date
PRINT '平均分:'+CONVERT(varchar(5),@myavg)
IF(@myavg>=70)
  BEGIN
    PRINT '考试成绩优秀，前三名的成绩如下:'
    SELECT TOP 3 StudentNo,StudentResult FROM Result
      INNER JOIN Subject ON Result.SubjectId=Subject.SubjectId
      WHERE SubjectName='C语言程序设计' AND ExamDate=@date
      ORDER BY StudentResult DESC
  END
ELSE
  BEGIN
    PRINT '考试成绩较差，后三名的成绩如下:'
    SELECT TOP 3 StudentNo,StudentResult FROM Result
      INNER JOIN Subject ON Result.SubjectId=Subject.SubjectId
      WHERE SubjectName='C语言程序设计' AND ExamDate=@date
```

```
    ORDER BY StudentResult
END
```

执行结果如图 7-24 所示。

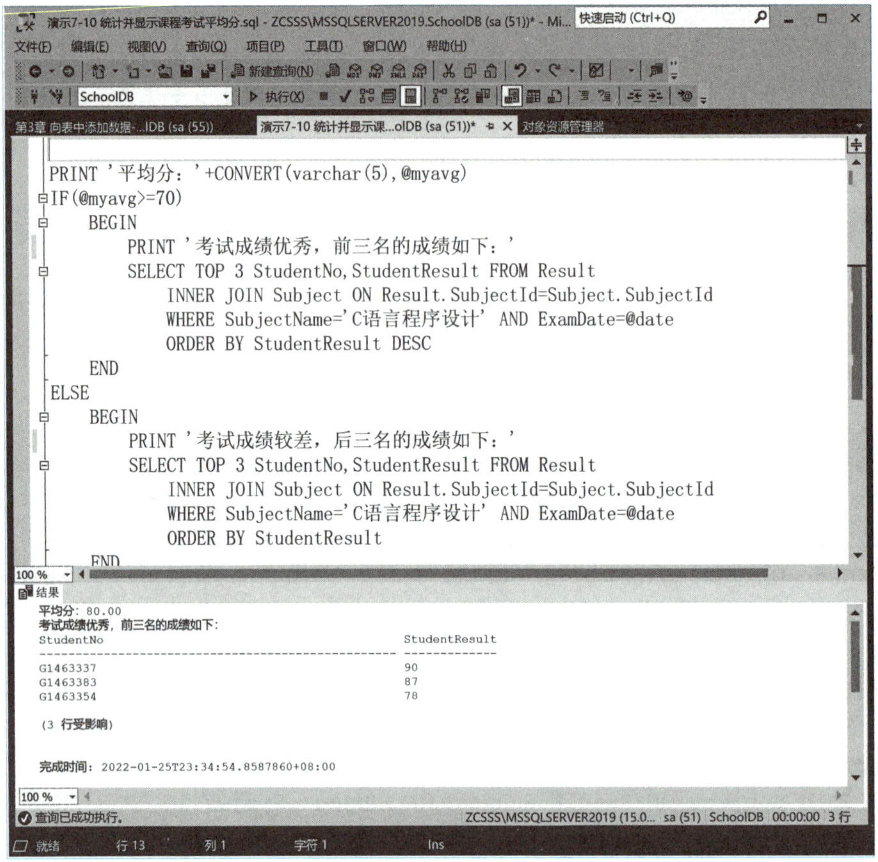

图 7-24　统计并显示“C 语言程序设计”科目最近一次考试的平均分

【技能训练 7-9】IF-ELSE 语句的综合应用

技能要点

IF-ELSE 条件语句的综合应用。

需求说明

（1）查询学号是 G1263201 的学生“C 语言程序设计”科目最近一次考试的成绩，并输出学生姓名和考试对应等级信息。

（2）如果成绩大于 85 分，则显示“优秀”；如果大于 70 分，则显示“良好”；如果大于 60 分，则显示“中等”；否则显示“差”。

（3）程序运行结果如图 7-25 所示。

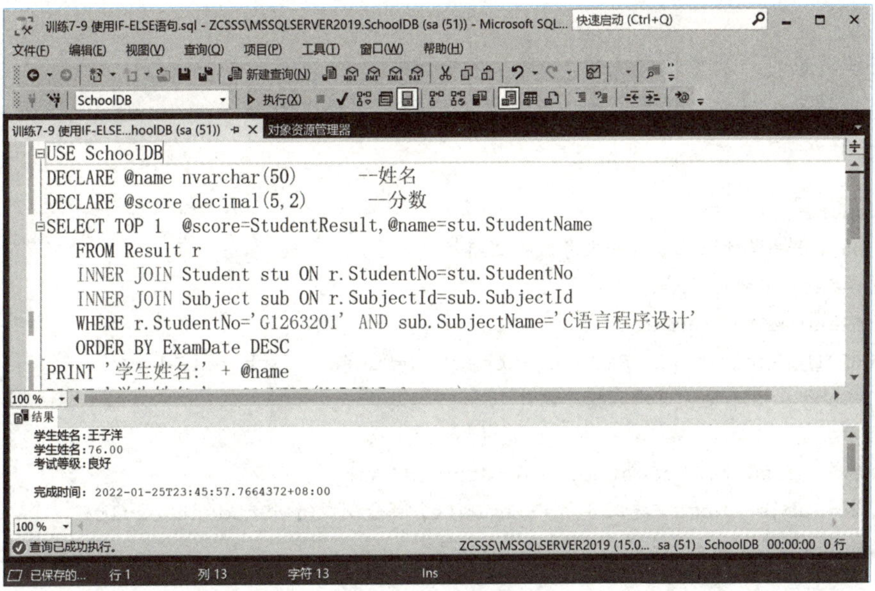

图 7-25　参考结果界面

关键点分析

（1）用 TOP 关键字和连接查询语句查出学号是 G1263201 的学生“软件测试技术”科目最近一次考试的成绩。

（2）判断该学生的考试成绩所在范围，输出相应的提示信息。

（3）编译、执行 SQL 语句，并保存为“训练 7-9 IF-ELSE 语句综合应用 .sql”。

7.5.3　CASE 多分支语句

CASE-END 语句计算一组条件表达式，并返回其中一个符合条件的结果。

CASE-END 语句的语法如下：

```
CASE
  WHEN 条件 1 THEN 结果 1
  WHEN 条件 2 THEN 结果 2
  [ELSE 其他结果 ]
END
```

CASE 语句表示如果“条件 1”成立（其值为“真”），则执行“结果 1”，然后 CASE 语句执行结束，继续执行 END 后面的语句，依次类推。如果 WHEN 的条件都不匹配，则执行 ELSE 后面的结果。

ELSE 可以省略，如果省略 ELSE 并且 WHEN 的条件表达式的结果都不为 TRUE，则 CASE-END 语句返回 NULL。

【演示示例 7-11】采用 A-E 五级打分制显示学生“C 语言程序设计”科目最近一次的考试成绩。

需求说明

（1）五等级的具体分数段为：A 级：90 分以上（含 90 分）；B 级：80-89 分；C 级：70-79 分；D 级：60-69 分；

E 级：60 分以下。

（2）需要统计最近一次考试的成绩。

（3）要显示学号、姓名、课程名称、百分之成绩和五等级成绩。

代码如下

```
USE SchoolDB
-- 获取 C 语言程序设计课程最近一次考试的日期
DECLARE @date datetime
SELECT @date=MAX(ExamDate) FROM Result
  INNER JOIN Subject ON Result.SubjectId=Subject.SubjectId
  WHERE SubjectName='C 语言程序设计 '
-- 输出显示
SELECT 学号 =Result.StudentNo, 姓名 =StudentName,
  课程名称 =SubjectName, 考试日期 =ExamDate, 百分制成绩 =StudentResult,
  五等级成绩 =
  CASE
    WHEN StudentResult<60 THEN 'E'
    WHEN StudentResult BETWEEN 60 AND 69 THEN 'D'
    WHEN StudentResult BETWEEN 70 AND 79 THEN 'C'
    WHEN StudentResult BETWEEN 80 AND 89 THEN 'B'
    ELSE 'A'
  END
  FROM Result INNER JOIN Subject ON Result.SubjectId=Subject.SubjectId
    INNER JOIN Student ON Result.StudentNo=Student.StudentNo
  WHERE SubjectName='C 语言程序设计 ' AND ExamDate=@date
```

执行结果如图 7-26 所示。

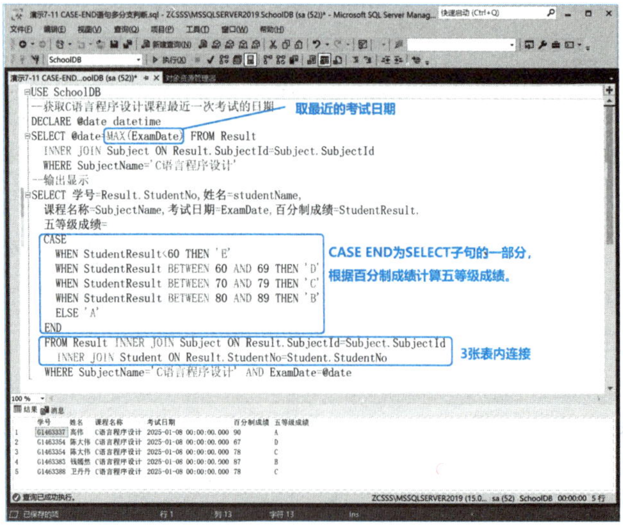

图 7-26　CASE 语句的综合应用

补充说明

（1）如果写成了以下的 T-SQL 语句，将会产生 2 个相关的语法错误，如图 7-27 和 7-28 所示。

```
SELECT 学号 =Result.StudentNo, 姓名 =StudentName,
  课程名称 =SubjectName, 考试日期 =ExamDate, 百分制成绩 =StudentResult
  五等级成绩 =
  CASE
    WHEN StudentResult<60 THEN 'E'
    WHEN StudentResult BETWEEN 60 AND 69 THEN 'D'
    WHEN StudentResult BETWEEN 70 AND 79 THEN 'C'
    WHEN StudentResult BETWEEN 80 AND 89 THEN 'B'
    ELSE 'A'
  FROM Result INNER JOIN Subject ON Result.SubjectId=Subject.SubjectId
    INNER JOIN Student ON Result.StudentNo=Student.StudentNo
  WHERE SubjectName='C 语言程序设计 ' AND ExamDate=@date
```

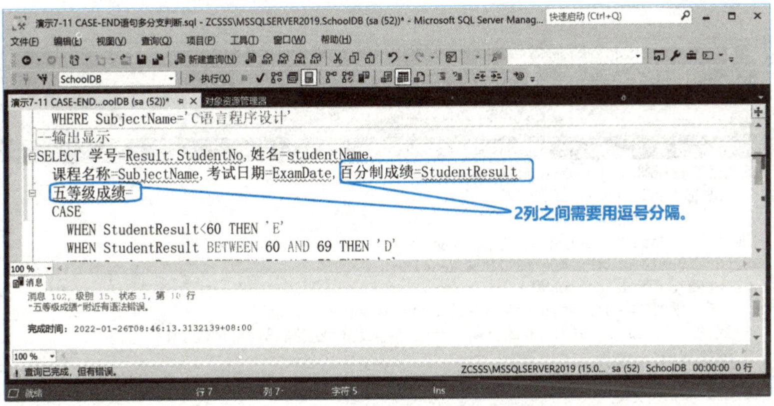

图 7-27 缺少逗号引发语法错误

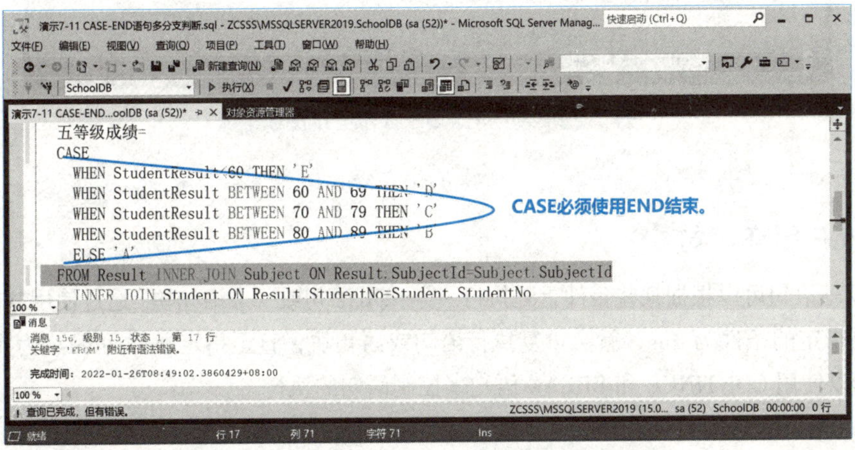

图 7-28 缺少 END 关键字引发语法错误

（2）在 SELECT 子句输出的列表中，“百分制成绩”和“五等级成绩”两列之间没有用逗号分隔。

（3）CASE 语句没有以 END 关键字结束，必须在 FROM 子句前添加 END。

【技能训练 7-10】CASE 语句的综合应用

技能要点

CASE-END 语句。

需求说明

（1）根据“C 语言程序设计”科目最近一次考试的成绩，显示每个学生的等级，等级如下：

90 分及以上显示：☆☆☆☆。

80-89 分显示：☆☆☆。

70-79 分显示：☆☆。

60-69 分显示：☆。

60 分以下显示：你要努力了！！！。

（2）程序运行参考结果如图 7-29 所示。

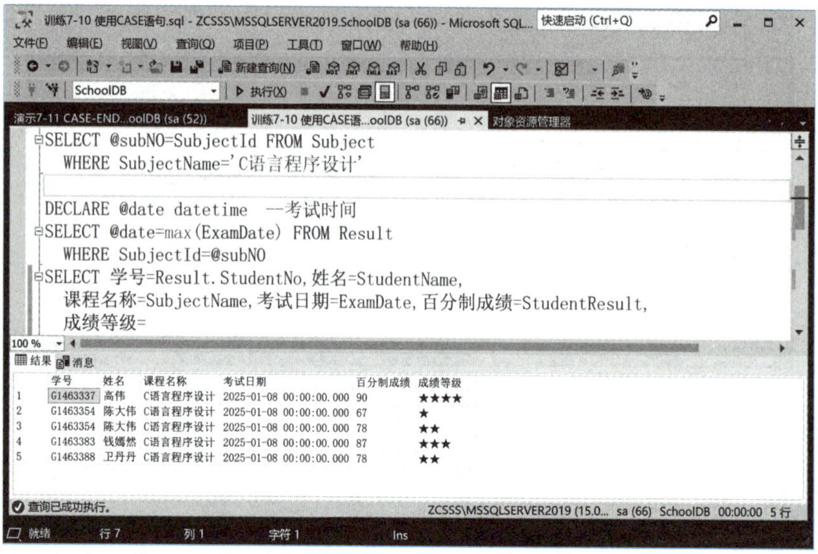

图 7-29 使用 CASE 显示考试成绩等级

（3）编译、执行 SQL 语句，并保存为“训练 7-10 CASE 语句综合应用 .sql”。

7.5.4 WHILE 循环语句

WHILE 循环语句可以根据某些条件重复执行一条 SQL 语句或一个语句块。通过使用 WHILE 关键字，可以确保只要指定的条件为 true，就会重复执行语句或语句块，直至指定条件为 false 为止。在 WHILE 循环语句中可以使用 CONTINUE 和 BREAK 语句来控制语句的执行。

1. WHILE语句的语法

WHILE 语句的语法如下：

```
WHILE(条件)
  BEGIN
    语句或语句块
    [BREAK|CONTINUE]
  END
```

2. WHILE语句的执行过程

（1）当 WHILE 后面的“条件”为真时，执行 BEGIN-END 语句组，然后再判断条件是否为真，如果为真，继续执行 BEGIN-END 语句组。当“条件”为假时，循环结束。

（2）使用 BREAK 语句将跳出当前循环，结束 WHILE 循环。

（3）使用 CONTINUE 语句，会使循环跳过 CONTINUE 语句后面的语句，回到 WHILE 循环的第一条语句，准备下一轮循环的条件判断。

（4）BREAK 语句和 CONTINUE 语句一般要有条件使用，即与 IF-ELSE 语句联合使用。

【演示示例 7-12】WHILE 循环的综合应用。

需求说明

检查“C 语言程序设计”科目最近一次考试是否有低于 70 分的学生。如果存在，则每人加 2 分，已经高于 95 分的学生不再加分，直至所有学生此次考试成绩都达到 70 为止。

关键点分析

（1）参考前面的演示示例和技能训练的思路查询得到“C 语言程序设计”科目最近一次考试的日期。

（2）使用 UPDATE 语句更新成绩。

（3）由于可能要反复加分，多次执行，使用 WHILE 循环控制语句。

（4）统计低于 70 分的人数，以该人数为 WHILE 循环控制的条件。

代码如下

```
USE SchoolDB
SET NOCOUNT ON                     --不显示'n 行受影响'的提示信息
DECLARE @date datetime             --考试时间
DECLARE @subNo int                 --课程编号
SELECT @subNo=SubjectId FROM Subject
  WHERE SubjectName='C 语言程序设计'
SELECT @date=MAX(ExamDate) FROM Result
  WHERE SubjectId=@subNo
--输出加分前的成绩
PRINT '加分前的成绩:'
SELECT StudentName,StudentResult FROM Result
  INNER JOIN Student ON Result.StudentNo=Student.StudentNo
  WHERE SubjectId=@subNo AND ExamDate=@date
--统计 70 分以下人数
DECLARE @n int
SELECT @n=COUNT(*) FROM Result
```

```
    WHERE SubjectId=@subNo AND ExamDate=@date AND StudentResult<70
-- 处理成绩
WHILE(@n>=1)
    BEGIN
      UPDATE Result SET StudentResult=StudentResult+2
        WHERE SubjectId=@subNo AND ExamDate=@date AND StudentResult<=95
      SELECT @n=COUNT(*) FROM Result
        WHERE SubjectId=@subNo AND ExamDate=@date AND StudentResult<70
    END
PRINT '加分后的成绩:'
SELECT StudentName,StudentResult FROM Result
    INNER JOIN Student ON Result.StudentNo=Student.StudentNo
    WHERE SubjectId=@subNo AND ExamDate=@date
```

执行结果如图 7-30 所示。

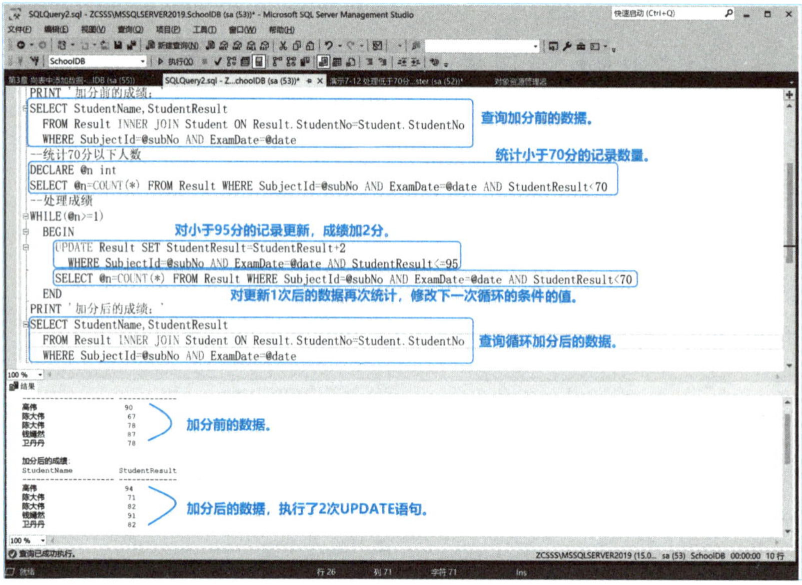

图 7-30　WHILE 循环语句的综合应用

【技能训练 7-11】WHILE 循环控制语句综合应用

技能要点

WHILE 循环语句的应用。

需求说明

（1）检查“C 语言程序设计”最近一次考试是否有低于 80 分的学生。如果有，则每人加 5 分，直至全部学生都达到 80 分为止。

（2）如果学生成绩大于 100，则按 100 分计算。

（3）需要输出加分前和加分后的对比数据，验证程序的准确性。

（4）程序的运行参考结果如图 7-31 所示。

（5）编译、执行 SQL 语句，并保存为“训练 7-11 WHILE 循环语句综合应用 .sql”。

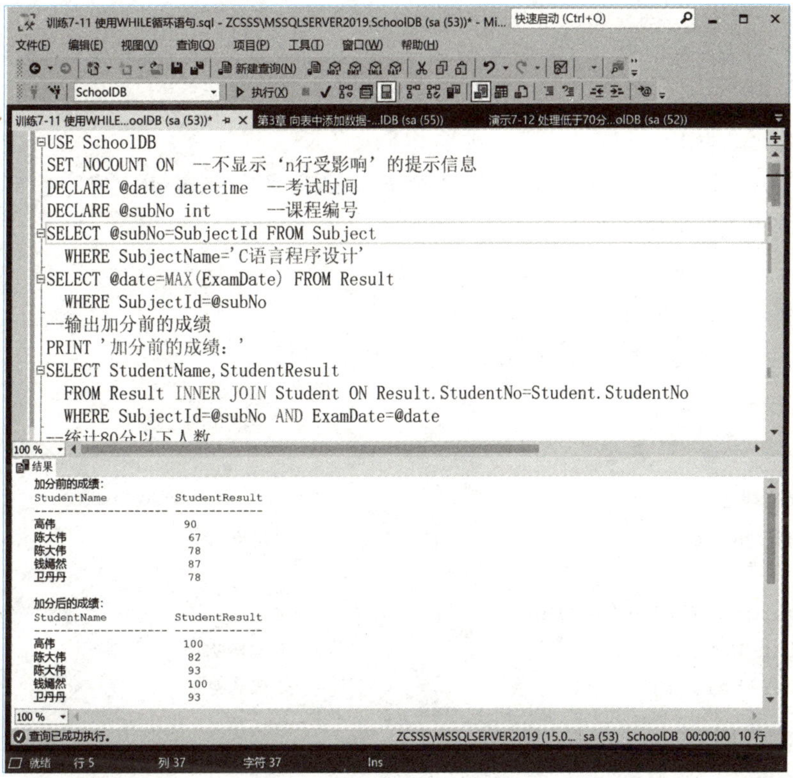

图 7-31　WHILE 循环语句综合应用参考结果图

关键点分析

（1）用 SELECT 语句查询“C 语言程序设计”科目最近一次考试的成绩，并统计小于 80 分的人数。

（2）使用 WHILE 语句实现反复加分，条件为统计的小于 80 分的人数。

（3）由于表 Result 有约束“成绩值在 0-100 之间”，在加分前要先处理已经大于 95 分数据，否则加分后大于 100 分，提示约束限制，无法执行。

7.6　批处理语句

批处理是一条或多条 SQL 语句的集合，SQL Server 将批处理指令编译成一个可执行单元，此单元称为执行计划。每个批处理可以编译成单个执行计划，从而提高执行效率。如果批处理包含多个 SQL 语句，则执行这些语句所需的所有优化的步骤将编译在单个执行计划中。

以一条命令的方式来处理一组命令的过程称为批处理。由于每个批处理之间都是独立的，并不会影响其他批处理中 SQL 代码的运行。

批处理的主要好处是能够简化数据库的管理。

GO 关键字标志着批处理的结束。

【演示示例 7-13】利用批处理完成学校对考试不及格学生的处理操作。

需求说明

（1）凡是 1 次考试不及格者，给予警告；4 次（含）以下不及格者，按留级预警处理；5 次及以上不及格者，做留级处理。

（2）创建处理记录表 Record，表结构和要求如下。

字段：学号、不及格次数、处理意见，其中“学号”与 Student 表中 StudentNo 的类型相同，“不及格次数”为 int 类型，“处理记录”为字符型。

要求：创建新表时处理意见为空。

（3）查询所有不及格的成绩并插入 Record 表。

（4）根据每个学生不及格的次数批量更新处理意见。

代码如下

```
USE SchoolDB
GO     --批处理 1
CREATE TABLE Record                                    --创建表
  (
  StuNo nvarchar(50) NOT NULL,                         --学号
  StuCnt int NOT NULL,                                 --不及格次数
  StuMng varchar(50)                                   --处理意见
  )
GO                                                     --批处理 2

INSERT INTO Record
  SELECT StudentNo 学号,COUNT(0) 不及格次数,'' 处理意见
  FROM Result WHERE StudentResult<60
  GROUP BY StudentNo
GO                                                     --批处理 3
UPDATE Record  SET StuMng='警告'
  WHERE StuCnt=1
UPDATE Record  SET StuMng='预警'
  WHERE StuCnt BETWEEN 2 AND 4
UPDATE Record  SET StuMng='留级'
  WHERE StuCnt > 4
GO     --批处理 4
SELECT * FROM Record
GO     --批处理 5
```

执行结果如图 7-32 所示。

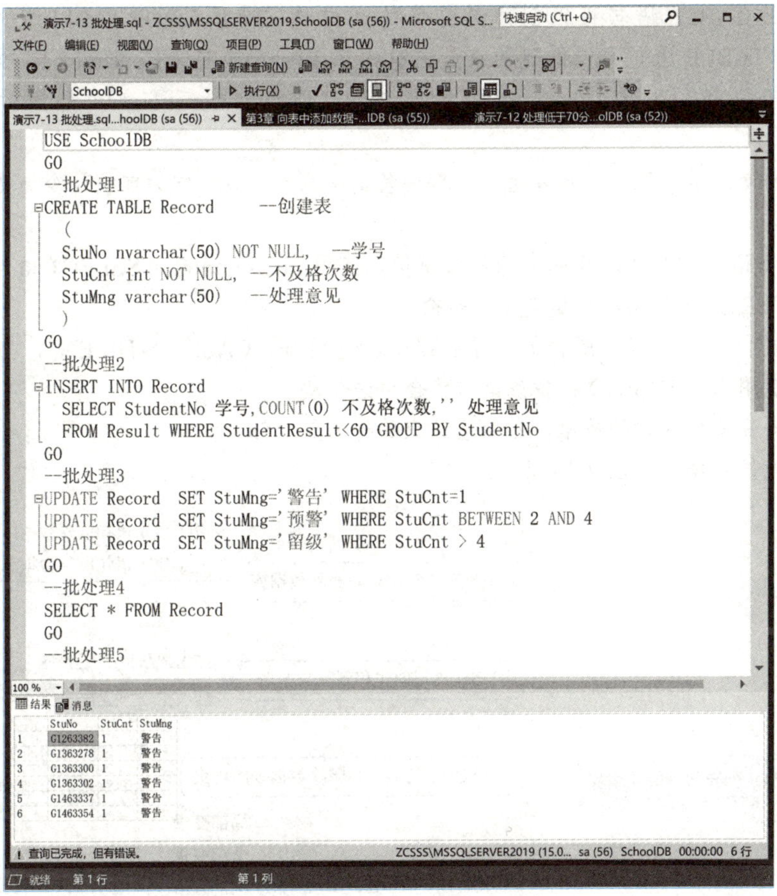

图 7-32　执行参考结果图

补充说明

（1）GO 语句需要单独成一行，不能跟在其他语句行的后面。

（2）共有 5 个批处理，分别完成了打开数据库、创建表 Record、向表 Record 中批量插入数据、更新数据和获得更新结果的操作。

（3）批处理 4 由 3 条 UPDATE 语句组成一个执行计划。

（4）如果使用创建库、创建表和添加约束的 SQL 语句，以及将在后面学习的存储过程和视图等，建议在每个 CREATE 语句末尾添加 GO 批处理标志。

本章总结

本章主要介绍使用 T-SQL 创建数据库、数据表，并为表添加约束等，并重点介绍了 T-SQL 编程。数据库的物理实现一般步骤：创建数据库→创建表→添加各种约束→创建数据库的登录账户并授权。

创建数据库或表时一般需要预先检测是否存在该对象，SQL Server 中的数据库可以从 master 系统数据库的 sysdatabases 表中查询，而一个数据库中的表可以从该数据库的系统表 sysobjects 中查询。使用 CREATE DATABASE 语句可以创建数据库，使用 DROP DATABASE 语句可以删除数据库。

使用 CREATE TABLE 语句可以创建数据库的表结构，使用 DROP TABLE 语句可以删除表结构。使用 ALTER TABLE 语句可以创建约束：主键约束（Primary Key Constraint）、唯一约束（Unique Constraint）、检查约束（Check Constraint）、默认约束（Default Constraint）、外键约束（Foreign Key Constraint）。

T-SQL 变量的使用是先声明、再赋值。局部变量前必须有“@”作为前缀，全局变量前必须有两个“@@”作为前缀。

可以使用 SET 语句和 SELECT 语句为变量赋值，使用 PRINT 语句和 SELECT 语句输出结果，使用 CAST() 和 CONVERT() 函数实现数据类型的转换。

控制流语句提供了条件操作所需的顺序和逻辑，包括 IF、CASE、WHILE 等，当要执行的语句多于 1 条时，需要使用 BEGIN-END 将多条语句整合为语句块。

批处理可以提高语句执行的速率，批处理结束的标志是“GO”。

本章知识技能体系结构如图 7-33 所示。

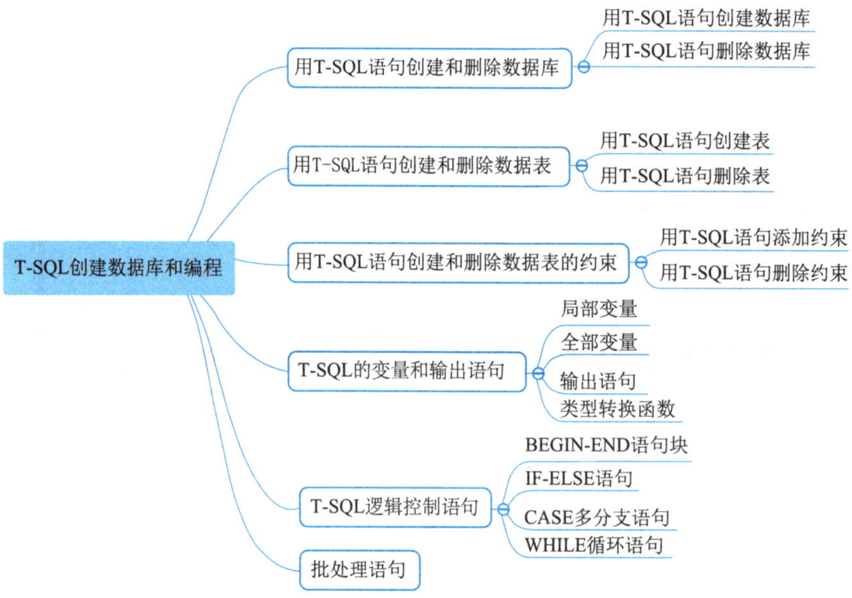

图 7-33　知识技能体系结构图

习题

一、选择题

1. 创建数据库时，一般不需要指定（　　）属性。

A. 数据库的初始大小　　B. 数据库的存放位置

C. 数据库的物理名称和逻辑名称　　D. 数据库的访问权限

2. 创建图书借阅表时，“归还日期”默认为当天，且必须晚于“借出日期”，应采用（　　）。

A. 检查约束　　B. 默认约束

C. 主键约束　　D. 外键约束

3. 某个字段希望存放电话号码，该列应选用（　　）数据类型。

A. char(10)　　　　B. varchar(13)

C. text　　　　D. int

4. 在 SQL Server 中，删除数据库使用（　　）语句。

A. REMOVE　　　　B. DELETE

C. ALERT　　　　D. DROP

5. 编写 SQL 语句时，按（　　）键可以及时获得在线帮助资料。

A. F1　　B. ALT+F1　　C. F7　　D. F5

6. 同一表中的数据行的唯一性使用（　　）来实现。

A. 主键约束　　B. 外键约束　　C. 默认值约束　　D. 检查约束

7. 创建数据库的 SQL 命令是（　　）。

A. CREATE TABLE　　　　B. CREATE VIEW

C. CREATE DATABASE　　　　D. CREATE INDEX

8. 创建数据表的 SQL 命令是（　　）。

A. CREATE TABLE　　　　B. CREATE VIEW

C. CREATE DATABASE　　　　D. CREATE INDEX

9. 唯一性约束是（　　）。

A. 和主键约束一样　　　　B. 只允许以表中第一个字段建立

C. 接受 NULL 值　　　　D. 以上都不对

10. 创建数据表时指定采用系统自动编号的语法是（　　）。

A. default(1,1)　　　　B. decimal(1,1)

C. numeric(1,1)　　　　D. identity(1,1)

11. 约束在数据库中是一种数据对象，它是用于（　　）。

A. 管理数据　　　　B. 检查数据存储

C. 实现数据完整性　　　　D. 实现数据安全性

12. 表示唯一性约束的关键字是（　　）。

A. Check　　　　B. Primary Key

C. Foreign Key　　　　D. Unique

13. 在 SQL SERVER 中，按以下要求创建学员表正确的 SQL 语句是（　　）。

学员表（stuTable）的要求是：学号为 5 位数字，自动编号；姓名最多为 4 个汉字，身份证号码最多为 18 位数字。

A. CREATE TABLE stuTable

```
(
ID NUMERIC(6,0) NOT NULL,
Name VARCHAR(4),Card INT
)
```

B. CREATE TABLE stuTable
```
(
ID INT IDENTITY(10000,1),
Name VARCHAR(4),
Card DECIMAL(18,0)
)
```
C. IF EXISTS(SELECT * FROM sysobjects WHERE name='stuTable')
```
DROP TABLE stuTable
GO
CREATE TABLE stuTable
(
ID NUMERIC(4,0) NOT NULL,
Name VARCHAR(4),
Card INT
)
```
D. IF EXISTS(SELECT * FROM sysobjects WHERE name='stuTable ')
```
DROP TABLE stuTable
GO
CREATE TABLE stuTable
(
ID INT IDENTITY(10000,1),
Name VARCHAR(8),
Card NUMERIC(18,0)
)
```
14. 在使用 CREATE DATABASE 命令创建数据库时，FILENAME 选项定义的是（　　）

A. 文件增长量　　B. 文件大小

C. 逻辑文件名　　D. 物理文件名

15. 要建立一个约束，保证用户表 user 中年龄 age 必须在 16 岁以上，下面语句正确的是（　　）。

A. Alter table user add constraint ck_age CHECK(age>16)

B. Alter table user add constraint df_age DEFAULT(16)for age

C. Alter table user add constraint uq_age UNIQUE(age>16)

D. Alter table user add constraint df_age DEFAULT(age>16)

16. 下说法正确的是（　　）。

A. 批处理是一个单元发送的一条或多条 SQL 语句的集合

B. 批处理是一个单元发送多条 SQL 语句的集合

C. 用户可以定义局部变量，也可以定义全局变量

D．局部变量的作用比全局变量大

17．下列选项中不属于 SQL Server 的逻辑控制语句的是（　　）。

A．IF-ELSE 语句　　B．FOR 循环语句

C．CASE 子句　　D．WHILE 循环语句

18．下列（　　）语句可以用来从 WHILE 语句块中退出。

A．CLOSE　　B．BREAK　　C．EXIT　　D．CONTINUE

19．要将一组语句执行 10 次，下列（　　）结构可以完成此项任务。

A．IF-ELSE　　B．WHILE　　C．CASE　　D．以上都不是

20．给变量赋值时，如果数据来源于表中的某一列，则应采用（　　）方式。

A．SELECT　　B．PRINT　　C．SET　　D．AS

21．在 SQL Server 的新建查询中运行下面的语句，得到的结果是（　　）。

```
CREATE TABLE numbers
(
  N1 INT,
  N2 NUMERIC(5,0),
  N3 NUMERIC(4,2)
)
GO
INSERT numbers VALUES(1.5,1.5,1.5)
SELECT * FROM numbers
```

A．返回 2、2 和 1.5 的记录集

B．返回 1.5、1.5 和 1.5 的记录集

C．CREATE TABLE 命令不会执行，因为无法为列 N2 设置精度

D．返回 1、2 和 1.5 的记录集

22．T-SQL 中用于记录受影响数据行数的全局变量是（　　）。

A．@@VERSION　　B．@@ROW

C．@@ERROR　　D．@@ROWCOUNT

23．在 SQL Server 数据库中，以下对变量的定义错误的是（　　）。

A．DECLARE @username varchar(10)

B．DECLARE @RowCount varchar(30)

C．DECLARE @@username varchar(10)

D．DECLARE @@RowCount varchar(30)

24．下面关于 SQL Server 中变量的操作正确的是（　　）。

A．DECLARE @name varchar(8) SET @name='lkl' print '姓名是 '+@name

B．DECLARE name varchar(8) SET name='lkl' print '姓名是 '+name

C．PRINT @@VERSION AS '版本',@@SERVERNAME AS '服务器'

D．SELECT @@VERSION AS '版本',@@SERVERNAME AS '服务器'

25. 下面选项中关于在 SQL 语句中使用的逻辑控制语句的说法正确的是（　　）。

A. 在 IF–ELSE 条件语句中，IF 为必选，而 ELSE 为可选

B. 在 IF–ELSE 条件语句中，语句块使用 { } 括起来

C. 在 CASE 多分支语句中不可以出现 ELSE 分支

D. 在 WHILE 循环语句中条件为 false，就重复执行循环语句

二、操作题

1. 建立一个图书馆管理系统的数据库用来存放图书馆的相关信息，包括图书的基本信息、图书借阅的信息和读者的信息。

要求全部使用 T–SQL 语句实现，基本步骤如下。

（1）创建数据库：创建数据库 Library，要求保存在“D:\project”目录下，数据文件初始大小是 5MB，日志文件是 1MB，数据文件和日志文件的增长率均为 15%。

（2）创建图书信息表 Book，见表 7-8。

表 7-8　图书信息表 Book

列名称	数据类型	说明
BID	字符	图书编号，主键 该栏必填，必须以“ISBN”开头
BName	字符	图书名称，该栏必填
Author	字符	作者姓名
PubComp	字符	出版社
PubDate	日期	出版日期，必须小于当前日期
BCount	整数型	现存数量，必须大于等于 1
Price	货币	单价，必须大于 0

（3）创建读者信息表 Reader，见表 7-9。

表 7-9　读者信息表 Reader

列名称	数据类型	说明
RID	字符	读者编号，主键，该栏必填
RName	字符	读者姓名，该栏必填
LendNum	整数	已借书数量，必须大于等于 0
RAddress	字符	联系地址

（4）创建图书借阅表 Borrow，见表 7-10。

表 7-10　图书借阅表 Borrow

列名称	数据类型	说明
RID	字符	读者编号，复合主键 读者信息表的外键，该栏必填
BID	字符	图书编号，复合主键 图书信息表的外键，该栏必填

续表

列名称	数据类型	说明
LendDate	日期	借阅日期，非空
WillDate	日期	应归还日期，非空
ReturnDate	日期	实际归还日期

（5）创建罚款记录表 Penalty，见表 7-11。

表 7-11　罚款记录表 Penalty

列名称	数据类型	说明
RID	字符	读者编号，复合主键 读者信息表的外键，该栏必填
BID	字符	图书编号，复合主键 图书信息表的外键，该栏必填
PDate	日期	罚款日期，复合主键 默认值为当前日期，该栏必填
PType	字符	罚款类型，1- 延期，2- 损坏，3- 丢失
Amount	货币	罚款金额，必须大于 0

（6）添加约束：根据表 7-8 至表 7-11 中的说明列，为每个表的相关列添加约束。

（7）在图书信息表 Book 中增加“BTotal”列，数据类型是 int，用于保存每种图书的馆藏总量。

（8）向各表中插入至少两条数据，并查询测试。

2. 查询并输出罚款记录表，将罚款类型列的值用相应的文字说明（即 1– 延期，2– 损坏，3– 丢失）。执行结果如图 7-34 所示。

结果　消息

	书名	借阅者	罚款日期	罚款类型	罚款金额
1	C语言程序设计	zhangYongwei	2022-01-26 15:52:26.867	延期	20
2	MySQL数据库设计与应用(第2版)	zhangDawei	2022-01-26 15:52:26.867	丢失	30

图 7-34　借阅图书的罚款记录

3. 查找图书借阅表中明天应该归还的所有借书记录。如果应归还图书记录数等于 0，则显示提示信息“明天没有应归还的图书”。如果应归还的图书记录数小于 10，则将这些借阅记录的“应归还日期”列值加 2 天；否则，输出明天应归还的图书清单，包括图书名称、读者姓名和借阅日期，并在清单最后给出应归还图书的总数量。

4. 统计并输出图书馆当前现有各种图书的册数和总金额。如果图书现有册数不到一万本，则显示信息“现有图书不足一万本，还需要继续购置书籍”；否则显示信息“现有图书在一万本以上，需要管理员加强图书管理”。

提示：

（1）计算现有图书的数量，即使用聚合函数对图书信息表的现存数量列进行求和。

（2）计算现有图书的总金额，即图书信息表的现存数量 * 单价。

第 8 章
子查询

工作任务

- 查询指定科目的考试成绩
- 查询某学期开设的课程
- 查询某门课最近一次缺考的学生名单

知识技能目标

- 了解子查询的概念及分类
- 理解子查询的执行过程
- 掌握简单子查询的应用
- 掌握 IN 子查询的应用
- 掌握 EXISTS 子查询的应用

重点难点

- 使用子查询解决实际问题
- IN 子查询和 EXISTS 子查询的使用场合

在上一章中，经常将查询的结果保存到一个变量中，然后在另一个查询的 WHERE 子句中使用这个变量。实际上，可以将查询的结果直接用于 WHERE 子句，这种查询称为子查询。

子查询也是一个 SELECT 查询，它返回值且嵌套在 SELECT、INSERT、UPDATE、DELETE 语句或其他子查询中。任何允许使用表达式的地方都可以使用子查询。子查询也称为内部查询或内部选择，而包含子查询的语句也称为外部查询或外部选择。

子查询能够将比较复杂的查询分解为几个简单的查询。而且子查询可以嵌套，嵌套查询的过程是：首先执行内部查询，它查询出来的数据并不被显示出来，而是传递给外层语句，并作为外层语句的查询条件来使用。

8.1 简单子查询

微课

简单子查询

1. 子查询的简单应用

首先通过下面的应用初步了解什么是子查询。

【演示示例 8-1】Student 表的数据如图 8-1 所示，查看 Student 表中年龄比"党志鹏"同学小的学生，并显示这些学生信息。

结果　消息

	StudentNo	StudentName	Sex	BornDate	GradeId	Phone	Address	Email	IdentityCard
1	G1363300	王超	男	2000-04-30 00:00:00.000	3	18123560000	上海市闵行区	wangchao@126.com	340409200004300000
2	G1263382	张琪	女	2000-05-07 00:00:00.000	5	15678090000	安徽省合肥市	zhangqi@126.com	340104200005070000
3	G1363278	胡保蜜	男	2000-06-29 00:00:00.000	3	18965000000	北京市通州区	NULL	346542200006290000
4	G1263201	王子洋	男	2000-08-07 00:00:00.000	5	18655290000	安徽省蚌埠市	wzy@163.com	340423200008070000
5	G1463383	钱嫣然	女	2001-01-14 00:00:00.000	1	18656430000	安徽省潜山市	yanran@126.com	340408200101140000
6	G1363303	朱晓燕	女	2001-04-18 00:00:00.000	3	1515567[illegible]000	安徽省安庆市	yanyan@1[illegible].com	NULL
7	G1363302	胡仲友	男	2001-06-13 00:00:00.000	3	150[illegible]2450000	[illegible]	[illegible]24543444@qq.com	340043200106130000
8	G1363301	党志鹏	男	2001-12-20 00:00:00.000	3	158[illegible]6550000	安徽省芜湖市	dzp@so[illegible].com	456765200112200000
9	G1463358	温海南	男	2002-01-30 00:00:00.000	1	18028[illegible]000	北京市	NULL	450560200201300000
10	G1463388	卫丹丹	女	2002-04-17 00:00:00.000	1	151[illegible]487[illegible]000	广东省深圳市	NULL	340411200204170000
11	G1463342	胡俊文	男	2002-04-20 00:00:00.000	1	1397[illegible]870000	河南省郑州市	NULL	340408200204200000
12	G1463337	高伟	男	2002-06-07 00:00:00.000	1	1[illegible]390870000	山东省济南市	NULL	450504200206070000
13	G1463354	陈大伟	男	2002-08-23 00:00:00.000	1	15067340000	四川省成都市	wangkuan@163.com	340422200208230000
14	G1263458	项宇	男	2003-12-10 00:00:00.000	5	18298000000	北京市	xiangyu@163.com	340881200312100000

目标数据。

图 8-1　Student 表中的数据

需求说明

（1）查找出"党志鹏"的出生日期。

（2）利用 WHERE 语句筛选出比"党志鹏"出生日期大的学生。

（3）采用 T-SQL 变量来实现。

代码如下

```
USE SchoolDB
GO
SELECT * FROM Student ORDER BY BornDate
--使用局部变量实现查找年龄比"党志鹏"小的学生信息
DECLARE @birthday datetime     --定义变量，存放党志鹏的出生日期
SELECT @birthday=BornDate FROM Student
  WHERE StudentName='党志鹏'
```

```
SELECT StudentNo,StudentName,Sex,BornDate,Address FROM Student
  WHERE BornDate>@birthday
GO
```

执行结果如图 8-2 所示。

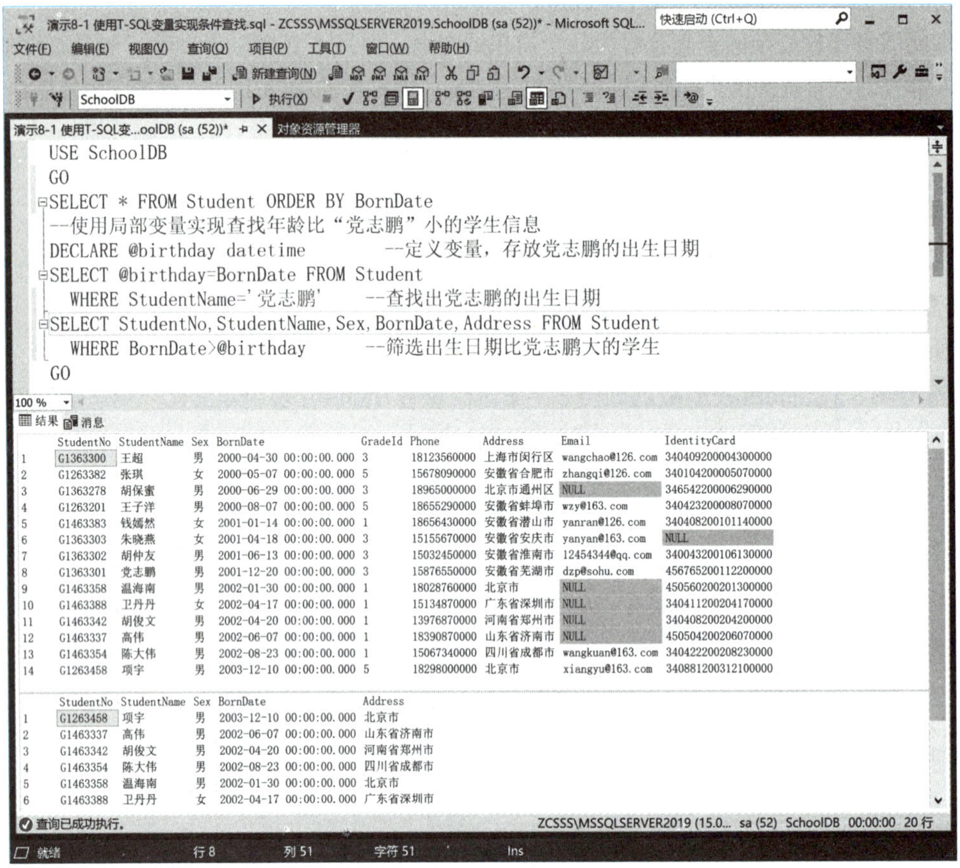

图 8-2 查询比“党志鹏”年龄小的学生信息

补充说明

在该实例中，共使用了两个查询语句。

（1）通过第一条 SELECT 语句，从 Student 表中查询“党志鹏”的出生日期，并赋值给变量 @Birthday。

（2）通过第二条 SELECT 语句查询出生日期比变量 @Birthday 值大的学生记录，即可得到年龄比“党志鹏”小的学生信息。

【演示示例 8-2】通过子查询的方式，使用一条 SELECT 语句查询年龄比“党志鹏”同学小的学生，并显示这些学生信息。

需求说明

采用子查询的方式来实现“演示示例 8-1”。

代码如下

```
USE SchoolDB
GO
SELECT StudentNo,StudentName,Sex,BornDate,Address
  FROM Student
  WHERE BornDate>(SELECT BornDate FROM Student WHERE StudentName='党志鹏')
GO
```

执行结果如图 8-3 所示。

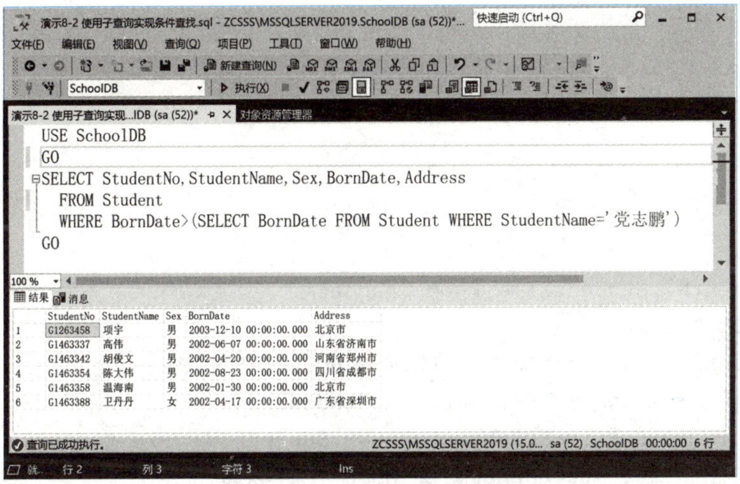

图 8-3　通过子查询查询比“党志鹏”年龄小的学生信息

补充说明

本示例将“演示示例 8-1”中使用的变量 @Birthday 用查询语句替代，构成了嵌套查询语句，即查询语句中包含了另一个查询语句。

例如:

```
(SELECT BornDate FROM Student WHERE StudentName='党志鹏')
```

就是一个子查询，因为它嵌入到查询中作为“SELECT * FROM Student”的 WHERE 条件的一部分。

2. 子查询在WHERE语句中的一般语法

子查询在 WHERE 语句中的一般语法如下：

SELECT…FROM 表 1 WHERE 字段名 比较运算符 (子查询)

其中：

(1) 子查询语句必须放置在一对圆括号内。

(2) 在字段名后面的“比较运算符”除可以是“>”和“<”，还可以使用其他运算符号。

习惯上，外面的查询称为父查询，圆括号中嵌入的查询称为子查询。SQL Server 执行时，先执行子查询部分，求出子查询部分的值，再执行整个父查询，返回最后的结果。

因为子查询作为 WHERE 条件的一部分，所以还可以和 UPDATE、INSERT、DELETE 一起使用，语法类似于 SELECT 语句。

将子查询和比较运算符联合使用时，必须保证子查询返回的值不能多于一个，但可以为空。

3. 通过子查询替换表连接

演示示例 8-2 的子查询将两个查询的结果集合并在一起，除此之外，子查询还可以在多表间查询符合条件的数据，从而替换表连接（JOIN）查询。

【演示示例 8-3】使用表连接，查询“大学英语”科目成绩不及格的学生信息，要求输出学生姓名和成绩。

关键点分析

（1）将 3 张表进行内连接，学生姓名、课程名称和考试成绩都可以得到。

（2）3 张表连接的顺序：Student 表和 Result 表连接，再和 Subject 表连接。

（3）查询的条件有 2 个，使用“AND”连接。

代码如下

```
USE SchoolDB
GO
SELECT  StudentNo,StudentName FROM Student
SELECT * FROM Result
SELECT StudentName,StudentResult FROM Student AS STU
  JOIN Result AS R ON STU.StudentNo=R.StudentNo
  JOIN Subject AS SUB ON R.SubjectId=SUB.SubjectId
  WHERE StudentResult<60 AND SubjectName=' 大学英语 '
GO
```

执行结果如图 8-4 所示。

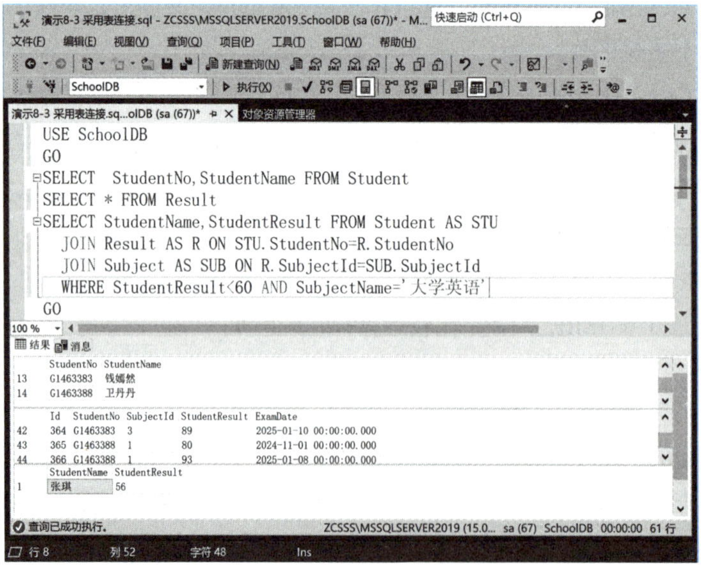

图 8-4 通过表连接查询某门课不及格的学生信息

代码分析

（1）在 SELECT 语句中为表命名别名的方法有以下两种。

方法 1: SELECT 列表 FROM 表名 AS 表的别名

方法 2: SELECT 列表 FROM 表名 表的别名

（2）当为某个表命名了别名后，在 SELECT 语句中出现该表的列需要指定表名时，就必须统一使用该表的别名；否则将产生语法错误。

【演示示例 8-4】使用子查询，查询“大学英语”科目成绩不及格的学生信息，要求输出学生姓名。

需求说明

（1）查询 Subject 表，获得大学英语科目的科目编号。

（2）根据科目编号，查询 Result 表中成绩小于 60 分的学生的学号。

（3）根据学号，查询 Student 表得到学生姓名。

代码如下

```
USE SchoolDB
GO
SELECT StudentName FROM Student
  WHERE StudentNo=
    (SELECT StudentNo FROM Result
      JOIN Subject ON Result.SubjectId=Subject.SubjectId
      WHERE StudentResult<60 AND SubjectName='大学英语'
    )
GO
```

执行结果如图 8-5 所示。

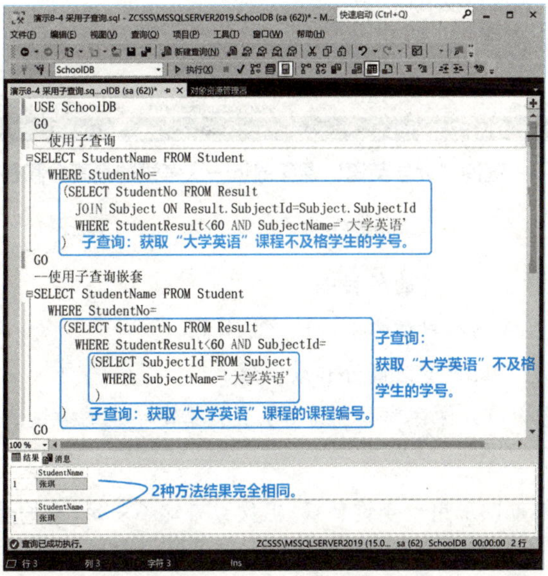

图 8-5　通过子查询方式查询某门课不及格的学生信息

补充说明

（1）括号中的子查询返回“大学英语”不及格学生的学号。

（2）子查询内部还可以继续使用子查询，整体上形成了子查询的嵌套形式，参考源代码如下：

```
SELECT StudentName FROM Student
  WHERE StudentNo=
    (SELECT StudentNo FROM Result
      WHERE StudentResult<60 AND SubjectId=
        (SELECT SubjectId FROM Subject
          WHERE SubjectName='大学英语'
        )
    )
```

【技能训练 8-1】使用子查询的方式查询指定课程的考试成绩

技能要点

使用子查询返回单条记录中某个字段的值。

需求说明

（1）查询参加最近一次“大学英语”考试成绩的最高分和最低分，参考结果如图 8-6 所示。

（2）必须使用子查询实现。

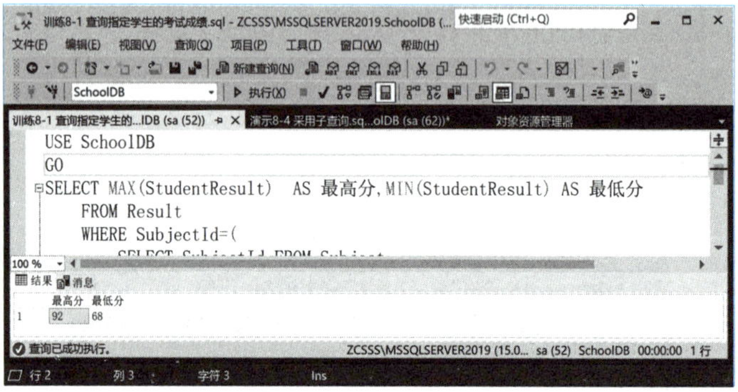

图 8-6　查询“大学英语”课程最近一次考试的最高分和最低分

关键点分析

（1）通过子查询获得大学英语科目的科目编号。

（2）通过子查询获得大学英语科目最近一次的考试日期。

（3）根据科目编号查询考试成绩的最高分和最低分。

（4）编译、执行 SQL 语句，并保存为“训练 8-1 查询指定学生的考试成绩 .sql”。

补充说明

（1）一般来说，表连接都可以采用子查询替换，但反过来却不一定，有的子查询不能用表连接来替换。

（2）子查询比较灵活、方便、形式多样，适合于作为查询的筛选条件，而表连接更适合于查看多表的数据。

（3）子查询一般只能输出显示 1 张表的信息，如果需要同时显示多张表的列信息时，就必须使用多表连接，如最后的查询结果需要输出学号、姓名和考试成绩，就必须使用表连接，子查询无法实现。

8.2 IN 和 NOT IN 子查询

8.2.1 IN 子查询

使用 IN 关键字可以使父查询匹配子查询返回的多个单列值。

使用 =、>、< 等比较运算符时，要求子查询只能返回一条或空的记录。在 SQL Server 中，当子查询跟随在 =、!=、<、<=、> 和 >= 之后时，不允许子查询返回多条记录。

例如，在“演示示例 8-3”和“演示示例 8-4”中查询大学英语科目不及格的学生信息。在 Result 表中刚好只有一条记录满足条件，查询顺利执行。

如果有多条记录满足条件，如果修改为查询及格学生的信息，因为表中有多条记录符合条件，则采用上述子查询将出现编译错误，如图 8-7 所示。

图 8-7　比较运算符后的子查询不允许返回多条记录

解决这个问题的办法需将“=”改为“IN”即可。

【演示示例 8-5】查询大学英语科目及格的学生信息。

需求说明

（1）采用 IN 子查询，解决返回值多个的情况。

（2）输出显示学生学号和姓名。

代码如下

```
USE SchoolDB
GO
--采用 IN 子查询
SELECT StudentNo,StudentName FROM Student
  WHERE StudentNo IN
    (
    SELECT StudentNo FROM Result
      WHERE SubjectId=
       (
        SELECT SubjectId FROM Subject
          WHERE SubjectName='大学英语'
        )
      AND StudentResult>=60
```

```
    )
GO
```

执行结果如图 8-8 所示。

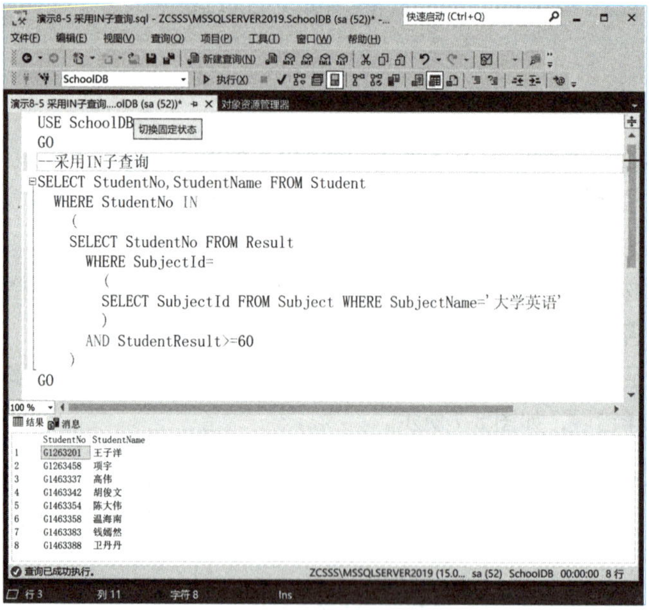

图 8-8 通过 IN 子查询方式查询“大学英语”及格的学生信息

补充说明

（1）IN 后面的子查询可以返回多条记录，用于限制学号的筛选范围。

（2）由于“大学英语”课程是唯一的，可以使用“=”运算符和子查询连接。

【演示示例 8-6】查询参加“大学英语”科目最近一次考试的学生名单。

需求说明

（1）要求输出显示符合条件学生的学号和姓名。

（2）获得“大学英语”科目的课程编号的查询语句如下：

```
SELECT SubjectId FROM Subject WHERE SubjectName='大学英语'
```

（3）根据课程编号查询得到“大学英语”最近一次的考试日期。

```
SELECT MAX(ExamDate) FROM Result
  WHERE SubjectId=
    (SELECT SubjectId FROM Subject WHERE SubjectName=' 大学英语 ')
```

（4）根据科目编号和最近一次的考试日期查询学生信息。

代码如下

```
USE SchoolDB
GO
```

```
-- 采用 IN 子查询获得参加考试的在读学生名单
SELECT StudentNo,StudentName FROM Student
  WHERE StudentNo IN
    (
    -- 获得参加大学英语课程最近一次考试的学生学号
    SELECT StudentNo FROM Result
      WHERE SubjectId=
        (
        SELECT SubjectId FROM Subject
          WHERE SubjectName='大学英语'
        )
        AND ExamDate=
          (
          -- 获得大学英语课程最近一次考试的日期
          SELECT MAX(ExamDate) FROM Result
              WHERE SubjectId=
              (
              SELECT SubjectId FROM Subject
                WHERE SubjectName='大学英语'
                )
          )
    )
GO
```

执行结果如图 8-9 所示。

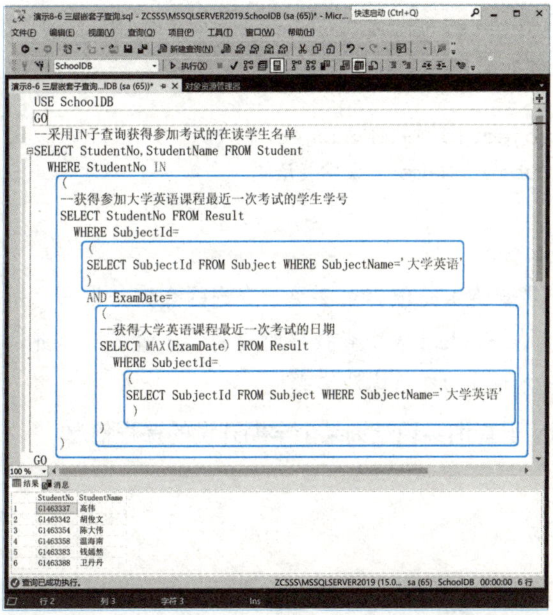

图 8-9 查询参加“大学英语”最近一次考试的学生名单

补充说明

本示例中共包含了 4 层嵌套子查询的查询语句。

（1）第四层（即最内层）子查询用于获得大学英语科目的科目编号，对应的代码如下：

```
SELECT SubjectId FROM Subject
  WHERE SubjectName='大学英语'
```

（2）第三层子查询是在第 4 层子查询获得大学英语科目编号的基础上，获得此科目最近一次的考试日期，代码如下：

```
SELECT MAX(ExamDate) FROM Result
  WHERE SubjectId=
    (
    SELECT SubjectId FROM Subject
      WHERE SubjectName='大学英语'
    )
```

（3）有了大学英语科目最近一次的考试日期后，执行第 2 层子查询，即可获得参加大学英语科目最近一次考试的所有学生的学号，代码如下：

```
SELECT StudentNo FROM Result
  WHERE SubjectId=
    (
    SELECT SubjectId FROM Subject
      WHERE SubjectName='大学英语'
    )
    AND ExamDate=
      (
      SELECT MAX(ExamDate) FROM Result
        WHERE SubjectId=
          (
          SELECT SubjectId FROM Subject
            WHERE SubjectName='大学英语'
          )
      )
```

（4）最外层查询（第 1 层查询）是依据第 2 层子查询的查询结果—“所有参加大学英语科目最近一次考试的在读学生的学号”，从 Student 表中查找出对应的学生姓名。至此，通过嵌套的 4 层子查询得到了参加大学英语科目最近一次考试的在读学生名单。

【技能训练 8-2】使用 IN 子查询实现查询某个学期开设的课程信息

技能要点

使用子查询返回多条记录。

需求说明

使用 IN 关键字的子查询来查询 S1 学期开设的科目，结果如图 8-10 所示。

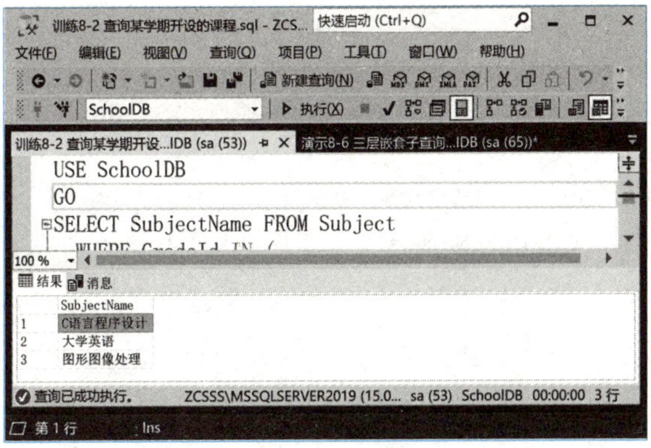

图 8-10 查询 S1 学期开设的课程

关键点分析

（1）查询学期名称是 S1 的所有科目的科目编号。

（2）根据科目编号查询科目表得到科目名称。

（3）编译、执行 SQL 语句，并保存为“训练 8-2 查询某学期开设的课程 .sql”。

8.2.2 NOT IN 子查询

如何获得“没有参加大学英语科目考试的学生名单”？在“演示示例 8-6”代码的 IN 关键字之前加上否定的 NOT 即可获得未参加考试的学生名单。

【演示示例 8-7】查询没有参加“C 语言程序设计”课程最近一次考试的学生名单。

需求说明

（1）使用 IN 子查询获取参加“C 语言程序设计”课程最近一次考试的学生名单。

（2）在 IN 子查询前加 NOT 即可查询到未参加的学生名单。

（3）输出显示学号、姓名和学期编号。

代码如下

```
USE SchoolDB
GO
--采用 NOT IN 子查询，查看未参加考试的在读学生名单
SELECT StudentNo,StudentName,GradeId FROM Student
  WHERE StudentNo NOT IN
    (
      SELECT StudentNo FROM Result
        WHERE SubjectId=
          (
           SELECT SubjectId FROM Subject
             WHERE SubjectName='C语言程序设计'
          )
          AND ExamDate=
```

```
            (
            SELECT MAX(ExamDate) FROM Result
              WHERE SubjectId=
                (
                SELECT SubjectId FROM Subject
                  WHERE SubjectName='C 语言程序设计 '
                )
            )
       )
GO
```

执行结果如图 8-11 所示。

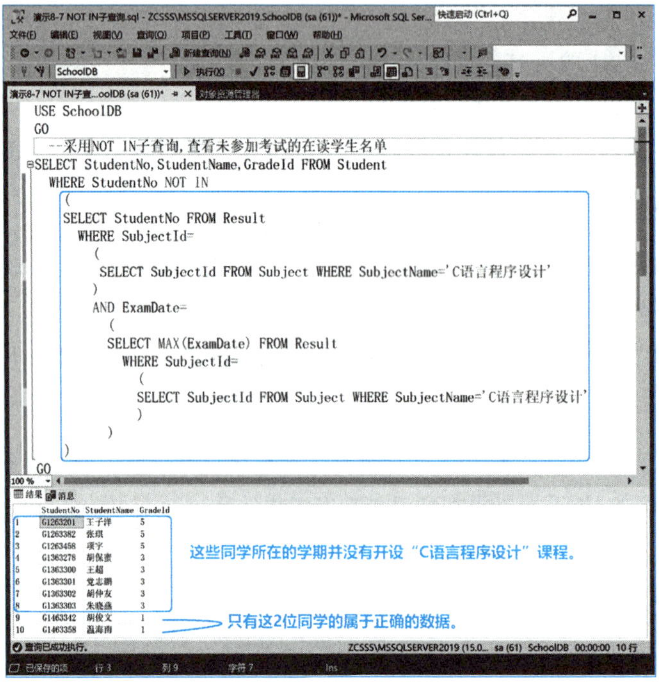

图 8-11　查看未参加“C 语言程序设计”课程最近一次考试的学生名单

补充说明

（1）通过图 8-11 可以看出，结果集数据不仅包含了大学英语科目所在第 1 学期的记录，还包括第 3 学期和第 5 学期学生的名单，这与需要的结果有所差异。需要获得“C 语言程序设计”课程所在学期（即第 1 学期）学生没有参加这门课程最近一次考试的学生名单，需要增加一个查询条件以限制大学英语科目所在学期的学生即可。

（2）修改后正确的代码如下：

```
USE SchoolDB
GO
-- 采用 NOT IN 子查询，查看未参加考试的在读学生名单
```

```
SELECT StudentNo,StudentName,GradeId FROM Student
  WHERE StudentNo NOT IN
    (
    SELECT StudentNo FROM Result
      WHERE SubjectId=
        (
         SELECT SubjectId FROM Subject
           WHERE SubjectName='C语言程序设计'
        )
        AND ExamDate=
          (
          SELECT MAX(ExamDate) FROM Result
            WHERE SubjectId=
              (
              SELECT SubjectId FROM Subject
                WHERE SubjectName='C语言程序设计'
              )
          )
    )
  AND GradeId =
    (SELECT GradeId FROM Subject
      WHERE SubjectName = 'C语言程序设计'
    )
GO
```

执行结果如图 8-12 所示。

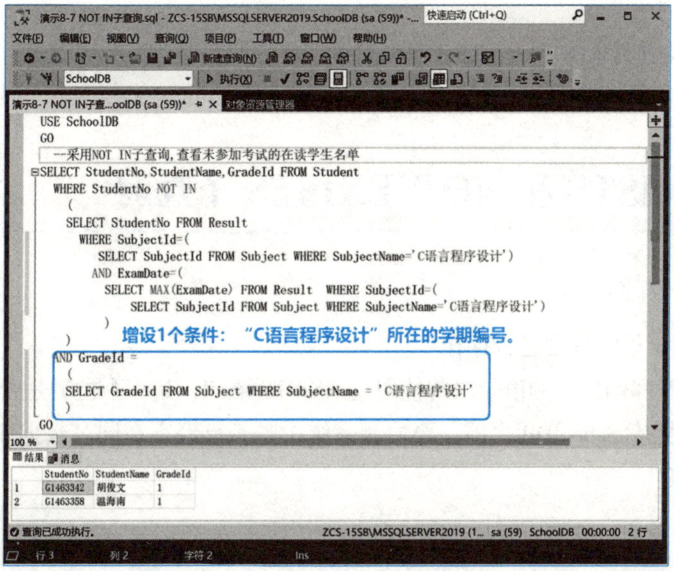

图 8-12　查看未参加“C 语言程序设计”最近一次考试的学生名单

【技能训练 8-3】查询“Java 面向对象设计”最近一次考试缺考的学生名单

技能要点

NOT IN 子查询的使用。

需求说明

（1）使用子查询统计没有参加“Java 面向对象设计”科目最近一次考试的学生名单。

（2）只有在“Java 面向对象设计”课程所在学期的学生才学习该课程，参加该课程考试，其他学期的学生无须考虑。

（3）参考结果如图 8-13 所示。

（4）编译、执行 SQL 语句，并保存为“训练 8-3 查询最近一次考试缺考的学生名单 .sql”。

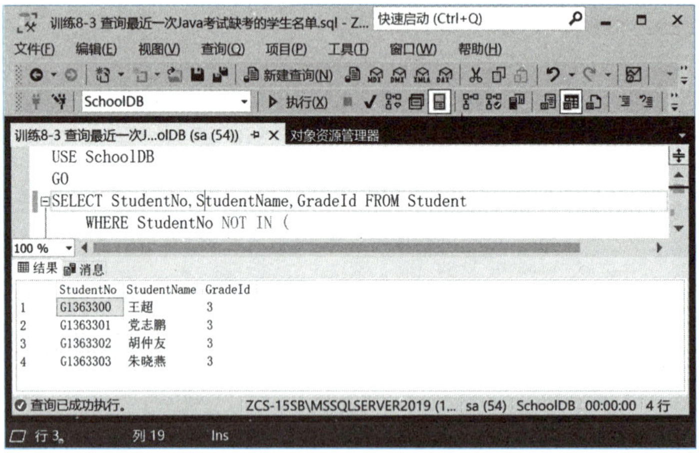

图 8-13　查询“Java 面向对象设计”最近一次考试缺考的学生名单

关键点分析

（1）使用 NOT IN 查询没有参加“Java 面向对象设计”科目最近一次考试的学生名单。

（2）限定“Java 面向对象设计”科目所在学期。

8.3 EXISTS 和 NOT EXISTS 子查询

8.3.1 EXISTS 子查询

EXISTS 关键字用于检测数据是否存在。

在学习创建数据库和创建表的语句时曾使用过 EXISTS 语句，是一个检测是否存在的子查询语句。

例如，在创建数据库 SchoolDB 之前，要检测系统中是否已经存在同名数据库 SchoolDB，如果存在先删除它，然后再创建。

```
USE master
GO
IF EXISTS(SELECT * FROM sysdatabases WHERE name='SchoolDB')
```

```
  DROP DATABASE SchoolDB
GO
CREATE DATABASE SchoolDB
……    -- 创建库的代码
GO
```

从理论上讲，EXISTS 也可以作为 WHERE 语句的子查询，但一般用于 IF 语句。

使用 EXISTS 关键字的一般语法如下：

```
IF EXISTS(子查询)
  语句
```

如果子查询的结果非空，则 EXISTS（子查询）将返回真（TRUE），否则返回假（FALSE）。

【演示示例 8-8】根据“大学英语”科目最近一次考试的成绩情况对成绩进行处理。如果有人成绩大于 80 分，则每人加 2 分，否则，每人加 5 分；如果加分后超过 100 分的不得加分。

需求说明

（1）采用 EXISTS 检测是否有人考试成绩大于 80 分。

（2）如果成绩大于 80 分者，则用 UPDATE 语句为参加本次考试的每个学生加 2 分；否则加 5 分。

（3）如果加分后超过 100 分的不再加分。

（4）需要输出处理前的原始数据和处理后的数据。

代码如下

```
SET NOCOUNT ON  -- 不显示‘n 行受影响’的提示信息
USE SchoolDB
GO
PRINT '本次大学英语课程考试学生原始成绩如下'
SELECT ExamDate AS 考试日期,StudentNo AS 学号,StudentResult AS 成绩
  FROM Result
  WHERE SubjectId=(
    SELECT SubjectId FROM Subject WHERE SubjectName='大学英语'
    )
  AND ExamDate =(
    SELECT MAX(ExamDate) FROM Result WHERE SubjectId=(
       SELECT SubjectId FROM Subject
         WHERE SubjectName='大学英语'
       )
    )
-- 采用 EXISTS 子查询，进行分数处理
IF EXISTS(
    -- 查询大学英语课程最近一次考试成绩大于 80 分的记录
   SELECT * FROM Result
    WHERE SubjectId =(
      SELECT SubjectId FROM Subject
```

```
        WHERE SubjectName='大学英语'
      )
      AND ExamDate =(
        SELECT MAX(ExamDate) FROM Result
          WHERE SubjectId =
            (SELECT SubjectId FROM Subject
              WHERE SubjectName='大学英语'
            )
        )
    AND StudentResult>80
    )
      --如果存在考试成绩高于 80 分的学生，则参加本次考试的学生每人加 2 分
      --加分前的最高成绩不得高于 98 分
  BEGIN
    UPDATE Result SET StudentResult=StudentResult+2
      WHERE SubjectId=
       (SELECT SubjectId
          FROM Subject WHERE SubjectName='大学英语')
        AND ExamDate =(
          SELECT MAX(ExamDate) FROM Result
            WHERE SubjectId =
              (SELECT SubjectId FROM Subject
                WHERE SubjectName='大学英语'
              )
        )
      AND StudentResult<=98
    PRINT '本次大学英语课程存在成绩高于 80 分，每人加 2 分，加分后的成绩如下'
  END
ELSE
      --不存在考试成绩高于 80 分的学生，每人加 5 分
  BEGIN
    UPDATE Result SET StudentResult=StudentResult+5
      WHERE  SubjectId =
        (SELECT SubjectId FROM Subject
          WHERE SubjectName='大学英语'
        )
        AND ExamDate =
          (SELECT MAX(ExamDate) FROM Result
            WHERE SubjectId =
              (SELECT SubjectId FROM Subject
                WHERE SubjectName='大学英语'
              )
```

```
            )
        AND StudentResult<=80
      PRINT '本次大学英语课程成绩都不高于 80 分，每人加 5 分，加分后的成绩如下'
    END
  SELECT ExamDate AS 考试日期 , StudentNo AS 学号 , StudentResult AS 成绩
    FROM Result
      WHERE SubjectId=(
        SELECT SubjectId FROM Subject
          WHERE SubjectName='大学英语'
        )
     AND ExamDate=(
        SELECT MAX(ExamDate) FROM Result
          WHERE SubjectId=(
            SELECT SubjectId FROM Subject
              WHERE SubjectName='大学英语'
            )
      )
GO
```

执行结果如图 8-14 所示。

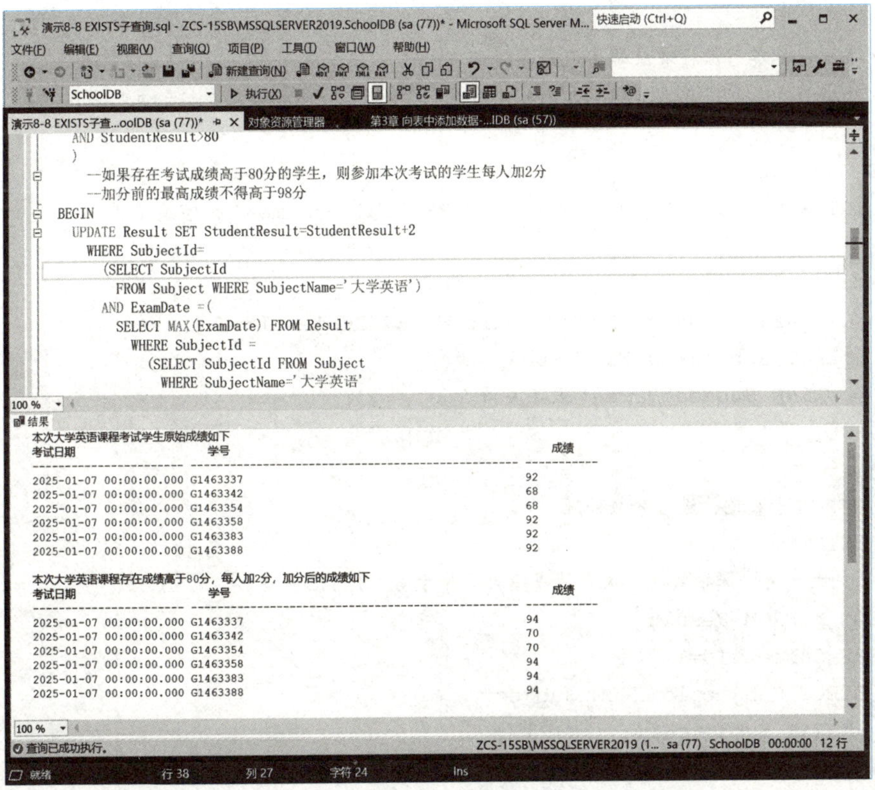

图 8-14　大学英语科目最近一次考试成绩处理参考图

补充说明

（1）使用 EXISTS 检测子查询的结果，结合 IF 语句进行判断。

（2）在对相应的业务进行数据处理时，对应的 UPDATE 语句在 WHERE 子句中使用子查询对需要更新的数据进行条件限定。

（3）UPDATE 语句条件中必须增加“加分后不能超过 100 分的条件”，即加分前小于等于 98 或者小于等于 80。

8.3.2 NOT EXISTS 子查询

EXISTS 和 IN 一样，同样允许添加 NOT 关键字实现取反操作，NOT EXISTS 表示不存在。

【演示示例 8-9】对“大学英语”科目最近一次考试成绩进行必要的处理。

需求说明

（1）如果所有人都没有通过考试（60 分及格），则试题偏难，每人加 20 分；否则，每人加 5 分。

（2）所有人都没通过，即不存在“考试成绩大于等于 60 分”的学生，可以采用 NOT EXISTS 检测。

（3）加分后成绩如果超过 100 分，按照 100 分计算。

代码如下

```
SET NOCOUNT ON  --不显示‘n 行受影响’的提示信息
USE SchoolDB
GO
PRINT '本次大学英语课程考试学生原始成绩如下'
SELECT ExamDate AS 考试日期,StudentNo AS 学号,StudentResult AS 成绩
  FROM Result
  WHERE SubjectId=(
    SELECT SubjectId FROM Subject WHERE SubjectName='大学英语'
    )
  AND ExamDate =(
    SELECT MAX(ExamDate) FROM Result WHERE SubjectId=(
       SELECT SubjectId FROM Subject
         WHERE SubjectName='大学英语'
       )
    )
--采用 EXISTS 子查询，进行分数处理
IF NOT EXISTS(
    --查询大学英语课程最近一次考试成绩大于等于 60 分的记录
   SELECT * FROM Result
    WHERE SubjectId=(
      SELECT SubjectId FROM Subject
        WHERE SubjectName='大学英语'
      )
      AND ExamDate =(
```

```
    SELECT MAX(ExamDate) FROM Result
      WHERE SubjectId =
        (SELECT SubjectId FROM Subject
          WHERE SubjectName='大学英语'
        )
    )
  AND StudentResult>=60
  )
    --如果都未及格，每人加 20 分
BEGIN
  UPDATE Result SET StudentResult=StudentResult+20
    WHERE SubjectId=
     (SELECT SubjectId
        FROM Subject WHERE SubjectName='大学英语')
      AND ExamDate=(
        SELECT MAX(ExamDate) FROM Result
          WHERE SubjectId=
            (SELECT SubjectId FROM Subject
              WHERE SubjectName='大学英语'
            )
      )
  PRINT '本次大学英语课程成绩都未及格，每人加 20 分，加分后的成绩如下'
END
ELSE
    --存在及格的学生，每人加 10 分
    --加分前达到 90 分学生成绩更新为 100 分，加分前未达到 90 分的加 10 分
BEGIN
  UPDATE Result SET StudentResult=100
    WHERE SubjectId=
      (SELECT SubjectId FROM Subject
        WHERE SubjectName='大学英语'
      )
      AND ExamDate=
        (SELECT MAX(ExamDate) FROM Result
          WHERE SubjectId=
            (SELECT SubjectId FROM Subject
              WHERE SubjectName='大学英语'
            )
        )
    AND StudentResult>=90
  UPDATE Result SET StudentResult=StudentResult+10
    WHERE  SubjectId=
      (SELECT SubjectId FROM Subject
        WHERE SubjectName='大学英语'
      )
```

```
            AND ExamDate=
              (SELECT MAX(ExamDate) FROM Result
                WHERE SubjectId=
                  (SELECT SubjectId FROM Subject
                    WHERE SubjectName='大学英语'
                  )
              )
          AND StudentResult<90
        PRINT '本次大学英语成绩存在及格的学生，每人加10分，加分后的成绩如下'
    END
SELECT ExamDate AS 考试日期, StudentNo AS 学号, StudentResult AS 成绩
    FROM Result
        WHERE SubjectId=(
            SELECT SubjectId FROM Subject
              WHERE SubjectName='大学英语'
            )
            AND ExamDate=(
            SELECT MAX(ExamDate) FROM Result
              WHERE SubjectId=(
                SELECT SubjectId FROM Subject
                  WHERE SubjectName='大学英语'
              )
        )
GO
```

执行结果如图 8-15 所示。

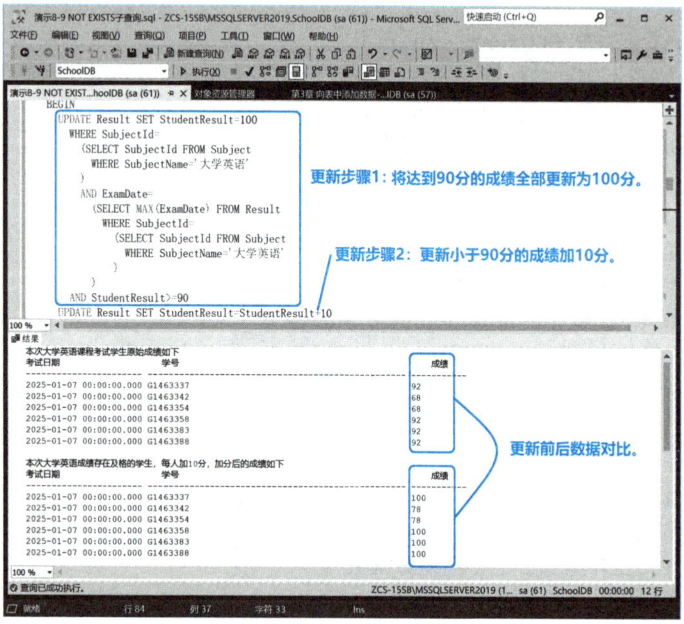

图 8-15 “大学英语”科目最近一次考试成绩处理后的参考结果

补充说明

（1）使用 NOT EXISTS 检测子查询的结果，结合 IF 语句进行判断。

（2）如果存在及格的成绩，更新时需要分 2 步进行。第一步，处理原始分数中达到 90 分的成绩数据，都更新为 100 分。第二步，处理原始分数中小于 90 分的成绩数据，各加 10 分。顺序不能错。

【技能训练 8-4】更新 Student 表中学期为“S1”学期学生的学期为“S2”

技能要点

NOT EXISTS 子查询。

需求说明

（1）显示“S1”学期学生信息。

（2）如果有“S1”学期的学生，就将其在读学期更新为“S2”。

（3）需要输出显示更新前后的数据，对比检测更新是否正确，先参考结果如图 8-16 所示。

（4）编译、执行 SQL 语句，并保存为“训练 8-4 检查更新学生信息 .sql”。

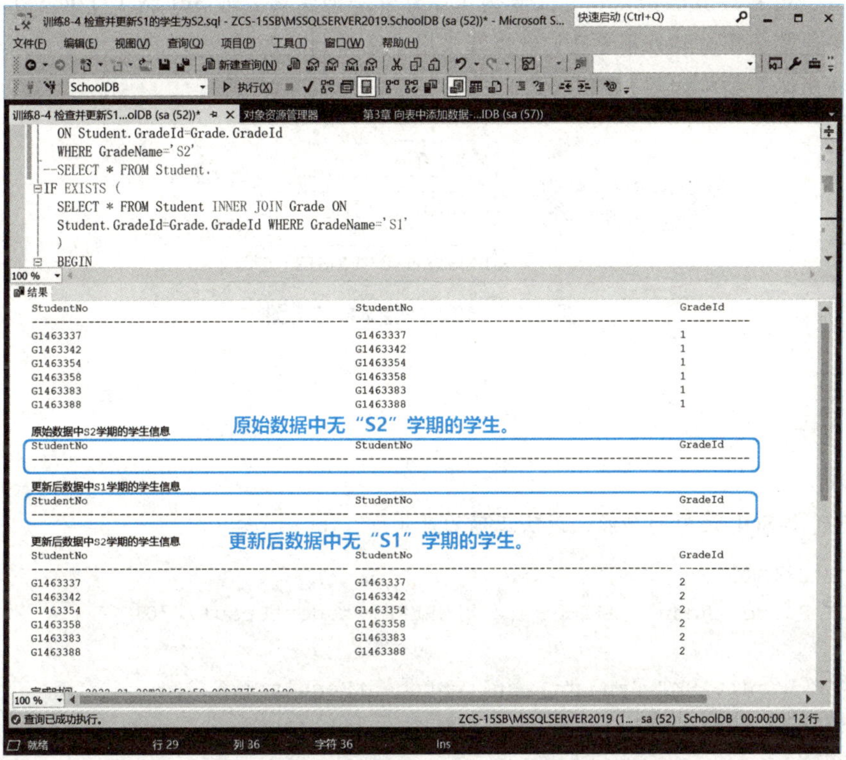

图 8-16 更新学生表中的学期信息

关键点分析

（1）查询显示“S1”学期学生的信息。

（2）查询学期名称为“S1”和“S2”的学期编号。

（3）更新 Student 表，将学生的学期名称是“S1”的学期编号改为学期名称是“S2”的学期编号。

本章总结

本章在第 4 章和第 5 章查询的基础上，结合 T-SQL 编程实现介绍子查询。合并多张表中的数据主要有 3 种方法:（1）联合——合并多个数据集中的行;（2）子查询——将一个查询嵌套在另一个查询中;（3）连接——合并多个数据表中的列。

比较运算符后面的子查询只能返回单个数值。IN 子查询后面可跟随返回多条记录的子查询，用于检测某列的值是否存在于某个范围中。通过在子查询中使用 EXISTS 子句，可以对子查询中的行是否存在进行检查。

子查询一般使用在较复杂的数据查询，要注意:（1）子查询语句可以出现在表达式出现的任何位置;（2）在 SELECT 语句中，子查询可以被嵌套在 SELECT 语句的列、表和查询条件中，即 SELECT 子句、FROM 子句、WHERE 子句、GROUP BY 子句和 HAVING 子句;（3）嵌套在 SELECT 语句的 SELECT 子句中的子查询语句一般为: “SELECT (子查询) FROM 表名”;（4）嵌套在 SELECT 语句的 FROM 子句中的子查询语句一般为: “SELECT * FROM (子查询) AS 表的别名”。

多嵌套子查询的最终数据集只包含父查询（即最外层的查询）的 SELECT 子句中出现的列，而子查询的输出结果通常会作为其外层子查询数据源或用于数据判断匹配。

本章知识技能体系结构如图 8-17 所示。

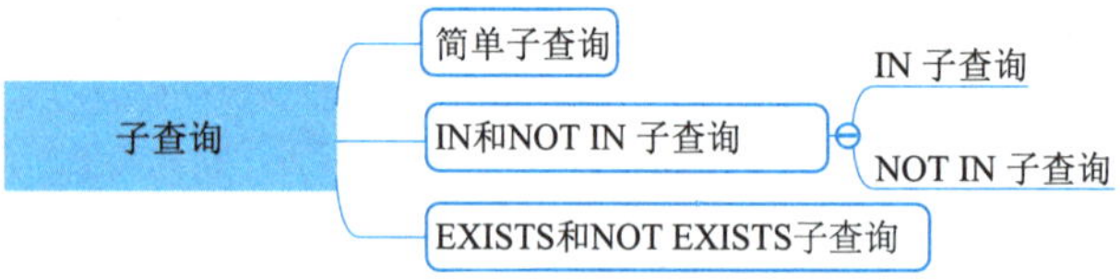

图 8-17　知识技能体系结构图

习题

一、选择题

1. 有关下列 T-SQL 语句的功能，说法正确的是（　　）。

```
WHILE NOT EXISTS
  (SELECT StudentResult FROM Result WHERE StudentResult>70)
  BEGIN
    UPDATE Result SET StudentResult=StudentResult*1.1
    IF(SELECT MAX(StudentResult) FROM Result)>95
      BREAK
    ELSE
      CONTINUE
  END
SELECT * FROM Result
```

A. 当最高分没有超过 70 分时，循环加分

B. 当学员的平均分没有超过 70 分时，循环加分

C．当机试最高分超过 95 分时，停止加分，否则继续加分

D．以上都不正确

2．语句："SELECT * FROM Student WHERE StudentNo_____(SELECT StudentNo FROM Result)"的横线处填（　　）比较合适。

A．=　　B．IN　　C．LIKE　　D．>=

3．合并多个表中数据的不可以通过（　　）方法来实现。

A．联合　　B．子查询　　C．表连接　　D．角色

4．下列（　　）子句可以与子查询一起使用以检查行或列是否存在。

A．UNION　　B．EXISTS　　C．DISTINCT　　D．COMPUTE BY

5．下列（　　）可用于创建一个新表，并用已经存在的表的数据填充新表。

A．SELECT INTO　　B．UNION　　C．子查询　　D．表连接

6．下列有关子查询和表连接的说法，错误的是（　　）。

A．子查询一般可以代替表连接

B．表连接能代替所有子查询，所以一般优先采用子查询

C．如果需要显示多表数据，则优先考虑表连接

D．如果只是作为查询的条件部分，则一般考虑子查询

7．在 SQL SERVER 中，下面关于子查询的说法你认为正确的是（　　）。

A．应用简单子查询的 SQL 语句的执行效率比采用 SQL 变量的实现方案要低

B．带子查询的查询执行顺序是，先执行父查询，再执行子查询

C．表连接一般都可以用子查询替换，但有的子查询不能用表连接替换

D．如果一个子查询语句一次返回二个字段的值，那么父查询的 WHERE 子句中应该使用 NOT EXISTS 关键字

8．已知股票表（股票代码，股票名称，单价，交易所），其数据之一：(600600，青岛啤酒，7.48，上海)；交易表（股票代码，标志（买入为 A，卖出为 B），数量）。查询上海交易所的股票交易情况，正确的语句是（　　）。

A．SELECT * FROM 交易 WHERE 交易所 =' 上海 '

B．SELECT * FROM 交易 WHERE 交易所 = 上海

C．SELECT * FROM 交易 WHERE 股票代码 IN
(SELECT 股票代码 FROM 股票 WHERE 交易所 =' 上海 ')

D．SELECT * FROM 交易 WHERE 股票代码 =
(SELECT 股票代码 FROM 股票 WHERE 交易所 =' 上海 ')

9．已知 dept 表有部门编号字段 deptno、部门名称字段 dname，员工表 emp 具有员工编号字段 empno、员工姓名字段 ename、电话字段 phone 和所属部门编号字段 deptno，该字段参考 dept 表的 deptno 字段，要使用 SQL 语句查询"研发部"部门所有员工的编号和姓名信息，下面选项中正确的是（　　）。

A．SELECT empno,ename FROM emp WHERE empno=
(SELECT empno FROM dept WHERE dname=' 研发部 ')

B．SELECT empno,ename FROM emp WHERE deptno=
(SELECT deptno FROM dept WHERE dname=' 研发部 ')

C．SELECT empno,ename FROM emp WHERE deptno=
(SELECT * FROM dept WHERE dname=' 研发部 ')

D．SELECT empno,ename FROM dept WHERE deptno=
(SELECT deptno FROM emp WHERE dname=' 研发部 ')

10．已知股票表（股票代码，股票名称，单价，交易所），其数据之一：(600600，青岛啤酒，7.48，上海)；交易表（股票代码，标志（买入为 A，卖出为 B），数量）。查询没有交易的股票信息，正确的语句是（　　）。

A．SELECT * FROM 股票 WHERE 股票代码 IN(SELECT 股票代码 FROM 交易)

B．SELECT * FROM 股票 WHERE 股票代码 NOT IN
(SELECT DISTINCT 股票代码 FROM 交易)

C．SELECT * FROM 股票 WHERE 股票代码 =
(SELECT DISTINCT 股票代码 FROM 交易)

D．SELECT * FROM 股票 WHERE 股票代码 <>
(SELECT DISTINCT 股票代码 FROM 交易)

二、操作题

1．根据前几章的数据库，使用子查询，获得当前没有被读者借阅的图书信息。要求：输出图书名称、图书编号、作者姓名、出版社和单价。

2．使用子查询获得今年的所有缴纳罚款的读者清单，要求输出的数据包括读者姓名、图书名称、罚款日期、罚款类型（用文字说明）和缴纳罚金等。

3．使用子查询获得地址为空的所有读者尚未归还的图书清单。要求：按读者编号从高到低、借书日期由近至远的顺序输出读者编号、读者姓名、图书名称、借书日期和应归还日期。

第 9 章

索引、视图和事务

工作任务

- 使用索引查询学生成绩
- 使用视图查看学生各学期考试成绩
- 使用事务批量插入学生考试成绩

知识技能目标

- 理解索引的概念、优点及分类
- 掌握如何创建并使用索引
- 掌握如何创建并使用视图
- 理解事务的概念和应用
- 使用事务保证操作数据的完整性

重点难点

- 灵活应用视图和索引
- 灵活应用事务解决实际问题

前面的章节中已经掌握了数据库的实现及对数据常用的增、删、改、查方法。除此之外，实际应用还需要掌握一些特殊的高级数据处理和查询，包括索引、视图和事务。

当记录数目非常庞大时，如何提高数据的检索速度称为至关重要的问题，可以模仿书籍的目录在表中某些列上建立索引来加快查询速度。数据库中数据项会有很多，有些数据项涉及比较机密的数据，不应该对所有用户暴露，视图能够保证合适的人看到合适的数据。在操作数据的过程中可能会出错，事务用于保证在出错的情况下数据也会处于一致状态。

9.1 索引

9.1.1 什么是索引

数据库中的索引与书籍中的目录类似，在一本书中，利用目录可以快速查找所需信息，而无须阅读整本书。在数据库中，索引使数据库程序无须对整个表进行扫描，就可以在其中找到所需数据。书中的目录是一个词语列表，其中注明了包含各个词的页码。数据库中的索引是某个表中一列或者若干列值的集合和相应的指向表中物理标识这些值的数据页的逻辑指针清单。

索引是 SQL Server 编排数据的内部方法，是检索表中数据的直接通道。

索引页是数据库中存储索引的数据页。索引页存放检索数据行的关键字页及该数据行的地址指针。索引页类似于汉语字（词）典中按拼音或笔画排序的目录页。

索引的作用是通过使用索引，大大提高数据库的检索速度，改善数据库性能。

9.1.2 索引分类

1. 唯一索引

唯一索引不允许两行具有相同的索引值。

如果现有数据中存在重复的键值，则一般情况下大多数数据库都不允许创建唯一索引。若已创建了唯一索引，则当新数据使表中的键值重复时，数据库也拒绝接受此数据。

例如，如果在 Student 表中学生的学号（StudentNo）列上创建了唯一索引，则所有学生信息学号不能重复。

2. 主键索引

在数据库关系图中为表定义一个主键将自动创建主键索引，主键索引是唯一索引的特殊类型。主键索引要求引用主键中的每个值是非空、唯一的。当在查询中使用主键索引时，它还允许快捷访问数据。

3. 聚集索引

在聚集索引中，表中各行的物理顺序与键值的逻辑（索引）顺序相同。

一个表中只能包含一个聚集索引。例如，汉语字（词）典默认按拼音排序编排字典中的每页页码。拼音字母 a，b，c，d，…，x，y，z 就是索引的逻辑顺序，而页码 1，2，3，…就是物理顺序。默认按拼音排序的汉语字（词）典，其索引顺序与逻辑顺序是一致的，即拼音顺序较后的字（词）对应的页码也较大。例如，拼音“ha”对应的字（词）页码就比拼音“ba”对应的字（词）页码靠后。

4. 非聚集索引

非聚集索引建立在索引页上，当查询数据时可以从索引中找到记录存放的位置。

非聚集索引使表中各行数据存放的物理顺序与键值的逻辑顺序不匹配。聚集索引比非聚集索引有更快的数据访问速度。例如，按笔画排序的索引就是非聚集索引，"1"画的字（词）对应的页码可能比"3"画的字（词）对应的页码大（靠后）。

5. 复合索引

在创建索引时，并不是只能对其中一列创建索引，与创建主键一样，可以将多个列组合作为索引，这种索引称为复合索引。

需要注意的是，只有用到复合索引的第一列或整个复合索引列作为条件完成数据查询时才会用到该索引。

6. 全文索引

全文索引是一种特殊类型的基于标记的功能性索引，由 SQL Server 中全文引擎服务创建和维护。

全文索引主要用于在大量文本文字中搜索字符串，此时使用全文索引的效率将大大高于使用 T-SQL 的 LIKE 关键字的效率。

9.1.3 创建索引

创建索引的方法有两种：使用 Microsoft SQL Server Management Studio 集成化开发环境创建和 T-SQL 语句创建。

1. 使用SSMS创建索引

在表的设计视图中右击，在弹出的快捷菜单中选择"索引 / 键"选项，弹出"索引 / 键"对话框，然后单击"添加"按钮创建索引，如图 9-1 所示。可以选择索引列、指定索引的类型：UNIQUE（唯一索引）、CLUSTERED（聚集索引）及填充因子（指定每个索引页的填满程度，一般很少指定），这些选项的具体含义还可以通过单击"帮助"按钮查看。

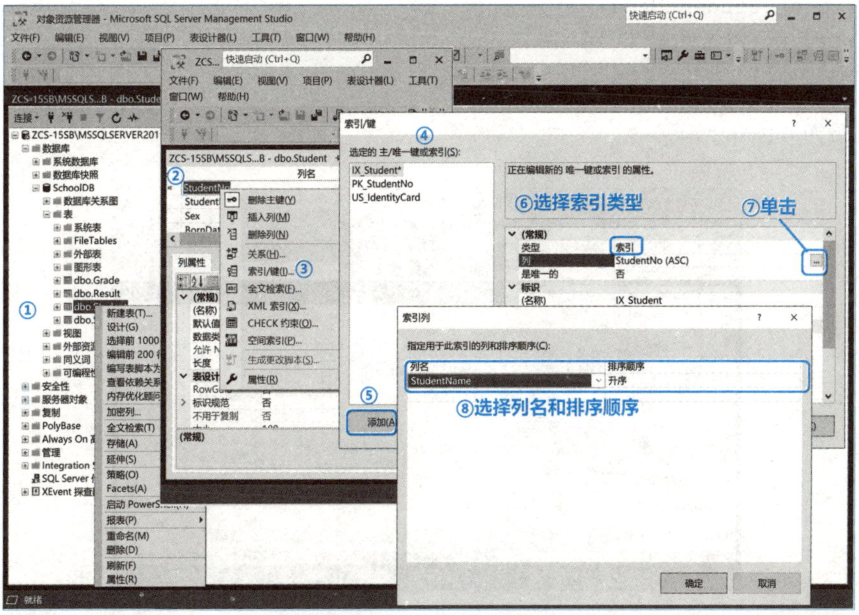

图 9-1　使用 SSMS 创建索引

2. 使用T-SQL语句创建索引

创建索引的语法如下：

```
CREATE [UNIQUE] [CLUSTERED|NONCLUSTERED] INDEX index_name
  ON table_name (column_name[,column_name]...)
  [WITH FILLFACTOR=x]
```

其中：

（1）UNIQUE 指定唯一索引，为可选项。

（2）CLUSTERED、NONCLUSTERED 指定是聚集索引还是非聚集索引，为可选项。

（3）FILLFACTOR 表示填充因子，指定一个 0–100 的值，该值指示索引页填满的空间所占的百分比。填充因子的值可确定每个叶级页上要填充数据的空间百分比，以便保留一定百分比的可用空间提供以后扩展索引。例如，指定填充因子的值为 80，表示每个叶级页上将有 20% 的空间保留，以便随着在基础表中添加数据而扩展索引提供空间。

在 SchoolDB 数据库中，经常会按姓名查询学生信息。为了加快查询速度，需要在 Student 表的学生姓名列创建索引。由于 Student 表中 StudentNo 列已经被设置为主键，且可能存在学生姓名相同的情况，因此为学生姓名创建的索引是非聚集索引。

【演示示例 9-1】使用 T-SQL 语句为 Student 表中学生姓名列创建索引。

代码如下

```
USE SchoolDB
GO
--学生姓名列创建非聚集索引：填充因子为 30%
CREATE NONCLUSTERED INDEX IX_Student_StudentName
   ON Student(StudentName)
       WITH FILLFACTOR = 30
GO
```

执行结果如图 9-2 所示。

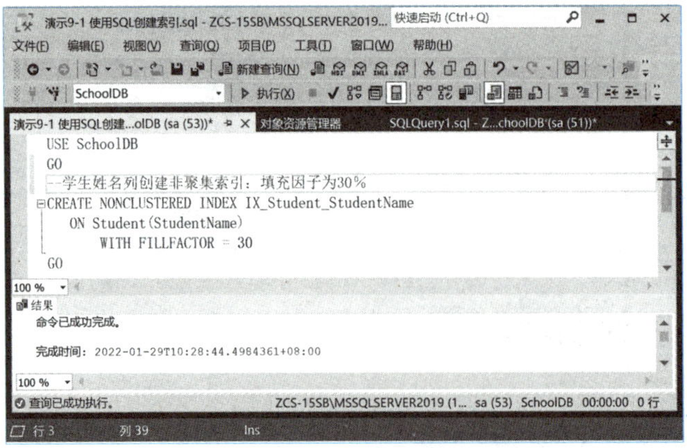

图 9-2 使用 T-SQL 创建索引

3. 索引的应用

创建索引后，可以像查找字词一样，可以选择拼音查找方式或笔画查找方式，也可以指定 SQL Server 数据查询的查询方式。

指定查询方式的查询格式如下：

```
SELECT * FROM 表
  WITH (INDEX= 索引名称 )
  WHERE ...
```

其中：索引名称为创建索引时指定的名称。

【演示示例 9-2】使用“演示示例 9-1”创建的索引查找姓“王”的同学信息。

需求说明

（1）指定 SQL Server 数据查询的方式。

（2）查询姓“王”的学生信息。

代码如下

```
USE SchoolDB
GO
-- 利用普通查询方式实现
SELECT * FROM Student
  WHERE StudentName LIKE '王%'
-- 指定按索引 IX_Student_StudentName 查询
SELECT * FROM Student
  WITH (INDEX=IX_Student_StudentName)
  WHERE StudentName LIKE '王%'
```

执行结果如图 9-3 所示。

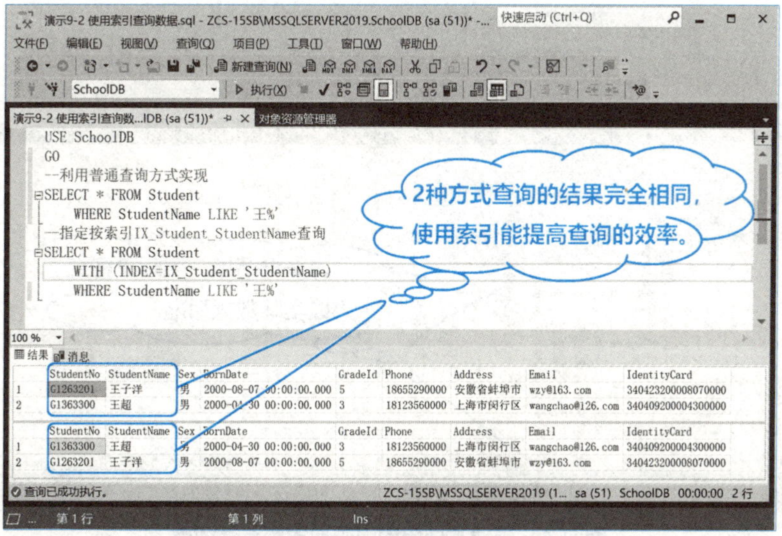

图 9-3　2 种方式查找姓“王”的学生信息

补充说明

（1）可以指定 SQL Server 按哪个索引进行数据查询，但一般不需要人工指定。SQL Server 会根据所创建的索引，自动优化查询。

（2）使用索引可以加快数据检索速度，但没有必要为每个列都建立索引。因为索引自身也需要维护，并占有一定的资源。

（3）可以按照下列标准选择建立索引的列。

① 频繁搜索的列。

② 经常排序、分组的列。

③ 经常用作连接的列（主键 / 外键）。

（4）一般不要使用下面的列创建索引。

① 仅包含几个不同值的列。

② 表中仅包含几行。为小型表创建索引不太实用，因为 SQL Server 在索引中搜索数据所花的时间比在表中逐行搜索所花的时间更长。

【技能训练 9-1】创建并使用索引查询学生考试成绩

技能要点

（1）创建索引。

（2）使用索引。

需求说明

（1）利用索引查询考试成绩为 80~85 分的所有记录。

（2）输出学生姓名、课程名称、考试日期和考试成绩。

（3）参考结果如图 9-4 所示。

（4）保存为“训练 9-1 使用索引查询学生考试成绩 .sql”。

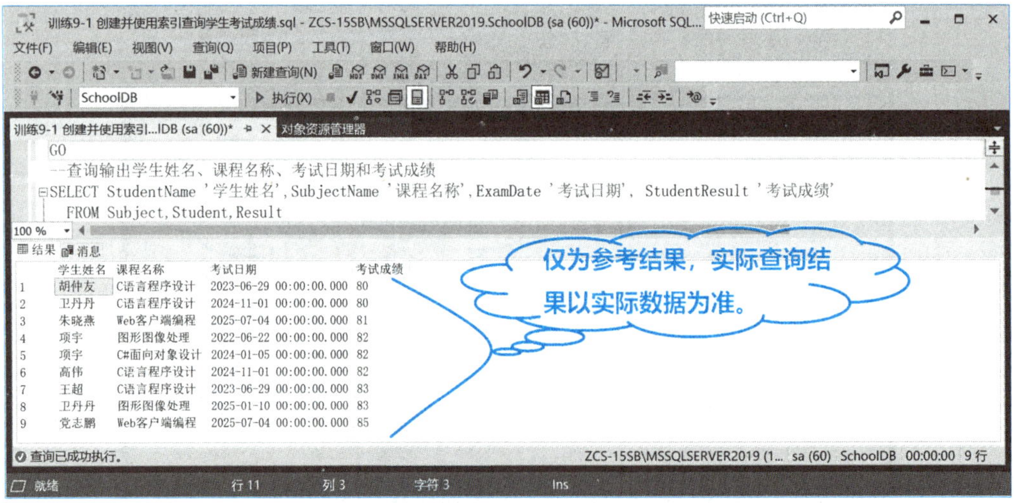

图 9-4　创建并使用索引查询学生考试成绩

关键点分析

（1）由于在 SchoolDB 的 Result 表中，考试成绩不唯一，只能在 StudentResult 字段上创建可重复索引，不能指定为“唯一索引”。

（2）使用所创建的索引查找成绩为 80~85 分的所有记录。

补充说明

（1）若创建了唯一约束，则将自动创建唯一索引。尽管唯一索引有助于找到信息，但为了获得最佳性能，仍建议使用主键约束。

（2）在 SQL Server 中，一个表只能创建一个聚集索引，但可以有多个非聚集索引。若设置某列为主键，则该列默认为聚集索引。

9.1.4　查看索引

在 SQL Server 中，可以利用两种方式查看自己建立的索引信息。

1. 用系统存储过程sp_helpIndex查看

使用系统存储过程 sp_helpIndex 查看索引信息语法如下：

```
sp_helpIndex Table_name
```

【演示示例 9-3】用系统存储过程 sp_helpIndex 查看成绩表中创建的索引。

需求说明

查看成绩表中创建的索引。

代码如下

```
USE SchoolDB
GO
-- 系统存储过程 sp_helpIndex 查看有关表或视图上索引的信息
EXEC sp_helpIndex result
```

执行结果如图 9-5 所示。

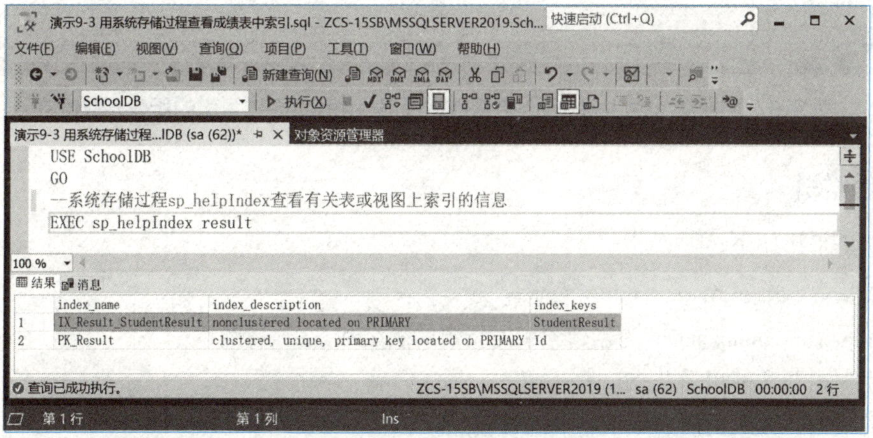

图 9-5　用系统存储过程 sp_helpIndex 查看 Result 表中索引信息

2. 用视图sys.indexes查看

使用视图 sys.indexes 查看索引信息语法如下：

```
SELECT * FROM sys.indexes
```

【演示示例 9-4】用视图 sys.indexes 查看数据库 SchoolDB 中已建立的索引。

需求说明

用视图 sys.indexes 查看数据库 SchoolDB 中已建立的索引。

代码如下

```
USE SchoolDB
GO
--使用视图 sys.indexes 查看索引
SELECT * FROM sys.indexes
```

执行结果如图 9-6 所示。

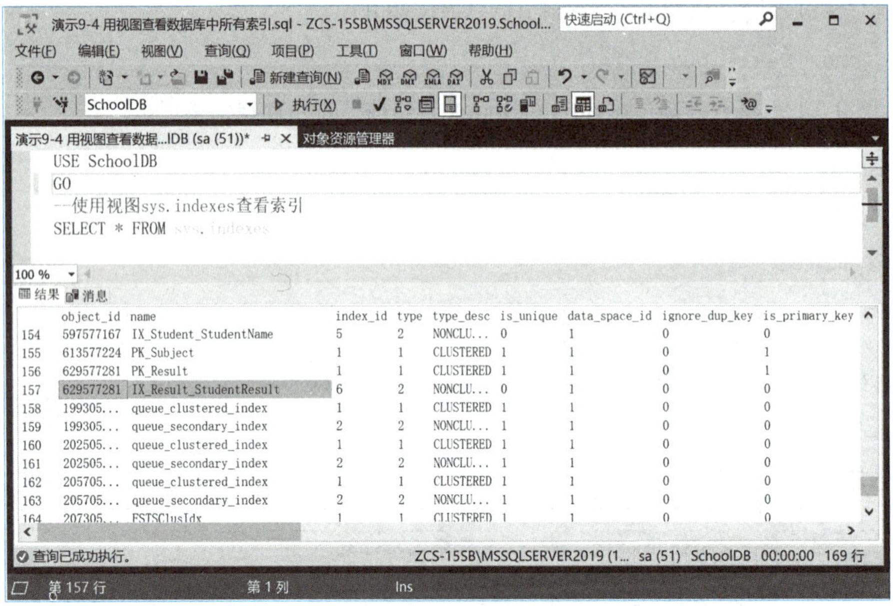

图 9-6 用视图 sys.indexes 查看数据库 SchoolDB 中索引的所有参数信息

9.1.5 删除索引

删除索引的语法如下：

```
DROP INDEX table_name.index_name
```

其中：table_name.index_name 为创建索引时指定的表名和索引名称。

删除索引时需要注意以下几点。

（1）删除表时，该表的所有索引将同时被删除。

（2）如果要删除表的所有索引，则先删除非聚集索引，再删除聚集索引。

【演示示例 9-5】删除在“演示示例 9-1”中为 Student 表中学生姓名列创建的索引。

需求说明

删除 Student 表中学生姓名列的索引。

代码如下

```
USE SchoolDB
GO
-- 系统存储过程 sp_helpIndex 查看有关表或视图上索引的信息
EXEC sp_helpIndex student
GO
-- 检测是否存在该索引（索引存放在系统表 sysindexes 中）
IF EXISTS (SELECT name FROM sysindexes
  WHERE name = 'IX_Student_StudentName')
  DROP INDEX Student.IX_Student_StudentName  -- 删除索引
GO
EXEC sp_helpIndex student
GO
```

执行结果如图 9-7 所示。

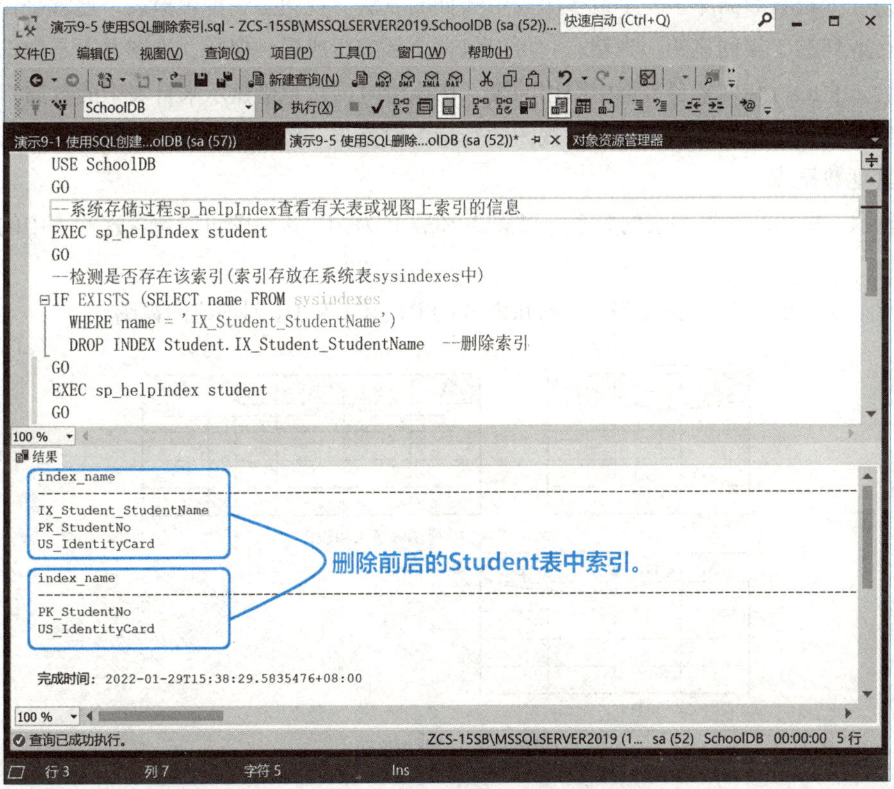

图 9-7　使用 T-SQL 删除索引

【技能训练 9-2】删除学生表 Student 表中的全部索引

技能要点

（1）查看表 Student 中的索引。

（2）删除表 Student 中的索引。

需求说明

（1）使用系统存储过程 sp_helpIndex 查看 Student 表中的索引。

（2）删除 Student 表中的所有索引。

（3）查看删除索引是否成功。

（4）保存为“删除索引 .sql”文件。

关键点分析

如果删除的表包含聚集索引和非聚集索引，要先删除非聚集索引，再删除聚集索引。

9.2 视图

9.2.1 什么是视图

视图是另一个查看数据库中一个或多个表中数据的方法。视图是一种虚拟表，通常是作为来自一个或多个表的行或列的子集创建的。当然，它可以包含全部的行或列。但是，视图并不是数据库中存储的数据值的集合，它的行和列来自查询中引用的表。在执行时，它直接显示来自表中的数据。

视图充当着查询中指定筛选器。定义视图的查询可以基于一个或多个表，也可以基于其他视图、当前数据库或其他数据库。

图 9-8 显示了视图与数据库表的关系。以表 A 和表 B 为例，该视图可以包含这些表中的全部列或选定的部分列。

图 9-8 所示为一个用表 A 的 A 列、B 列和表 B 的 B1、C1 和 D1 列创建的视图。

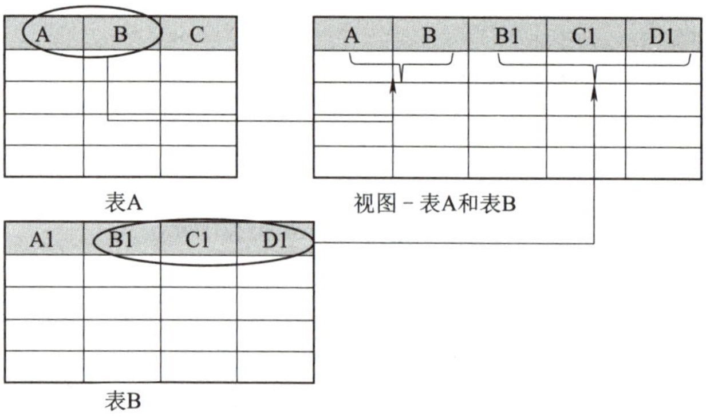

图 9-8 创建视图

视图通常用来进行以下 3 种操作。

（1）筛选表中的行。

（2）防止未经许可的用户访问敏感数据。

（3）将多个物理数据表抽象为一个逻辑数据表。

使用视图可以给用户和开发人员带来很多有益之处，具体如下：

1. 对最终用户的益处

（1）结果更容易理解。创建视图时，可以将列名改为有意义的名称，使用户理解列所代表的内容。在视图中修改列名不会影响基表的列名。

（2）获得数据更容易。很多人对 SQL 不太了解，因此对他们来说，创建对多个表的复杂查询很困难，可以通过创建视图来方便用户访问多个表中的数据。

2. 对开发人员的益处

（1）限制数据检索更容易。开发人员有时候需要隐藏某些行或列中的信息。通过使用视图，用户可以灵活地访问他们需要的数据，同时保证同一个表或其他表中的其他数据的安全性。要实现这一目标，可以在创建视图时将对用户保密的列排除在外。

（2）维护应用程序更方便。调试视图比调试查询更容易，跟踪视图中各个步骤的错误更为容易，这是因为所有的步骤都是视图的组成部分。

9.2.2 创建和使用视图

以“学生信息管理系统”为例，假定任课老师需要查看学生的考试情况，辅导员比较关心学生的档案。可以采用视图分别为任课老师提供“查看学生考试成绩”的视图，数据包括学生姓名、学号、成绩、课程名称和最后一次参加这门课程考试的日期。为辅导员提供“查看学生档案”的视图，数据包括学生姓名、学号、联系电话、学期和该学生参加该学期所有课程考试的总成绩。

在 SQL Server 中，创建视图的方法有两种：使用 Microsoft SQL Server Management Studio 集成化开发环境和使用 T-SQL 语句创建。

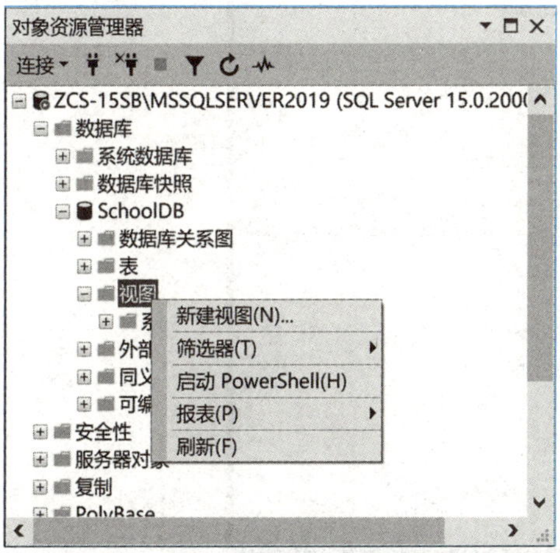

图 9-9　使用 SSMS 创建视图（一）

1. 使用SSMS创建视图

使用 Microsoft SQL Server Management Studio 创建视图的具体步骤如下：

（1）展开数据库 SchoolDB，如图 9-9 所示，选择“视图”选项并右击，在弹出的快捷菜单中选择“新建视图”菜单项。

（2）在弹出的对话框中单击“添加”按钮添加表，如图 9-10 所示。选择表 Grade、Result、Student 和 Subject，因为这 4 个表之间分别已建立关系（主外键约束），所以这 3 个表之间会自动出现连接（默认为内连接），窗口下方自动生成相应的 T-SQL 语句。

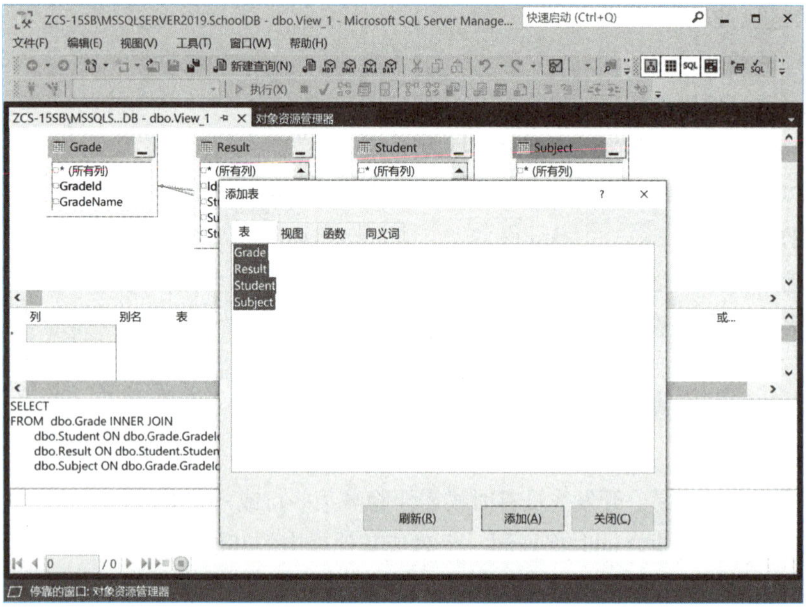

图 9-10 使用 SSMS 创建视图（二）

（3）选择希望查看的列：学号、姓名、课程名称、成绩和考试日期，并在“别名”一栏中填写对应的别名，然后单击“执行”按钮运行，结果如图 9-11 所示。

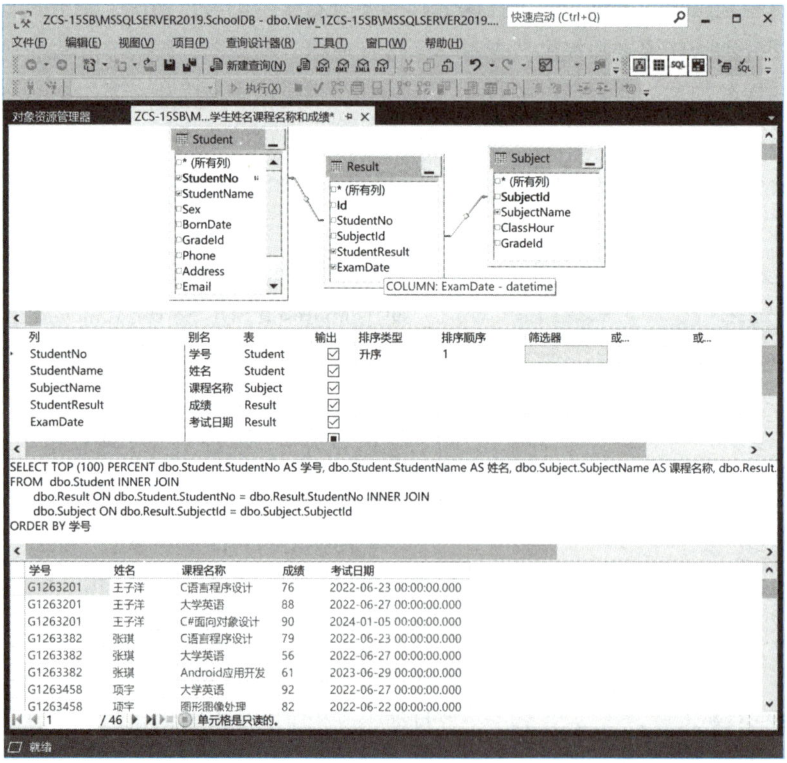

图 9-11 使用 SSMS 创建视图（三）

还可以直接修改下方窗格中的 T-SQL 语句，直到满意为止，最后单击“保存”按钮保存视图。

展开“视图”节点下可以看见新创建的视图“View_1 学生姓名课程名称和成绩”，如图 9-12 所示。

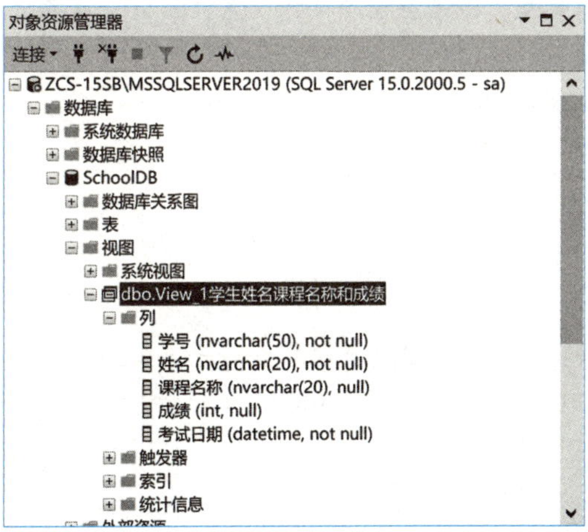

图 9-12　成功创建视图“View_1 学生姓名课程名称和成绩”

SQL Server 将如图 9-11 所示的记录结果保存为虚拟表，然后即可像开普通表一样使用它。

2. 使用T-SQL语句创建视图

（1）使用 T-SQL 语句创建视图的语法如下：

```
CREATE VIEW view_name
  AS
  <SELECT 语句 >
```

其中：

① “view_name”为视图的名称。

② 如果需要对已经创建的视图进行查询代码修改，需要删除已存在的同名视图，再重新创建视图。

③ 视图的“<SELECT 语句 >”部分一般为一条查询语句。

（2）使用 T-SQL 语句查看视图数据如下：

```
SELECT col_name1,col_name2,…FROM view_name
```

使用查询语句 SELECT 执行视图的 SQL 代码，可以获得数据结果集。

（3）使用 T-SQL 语句删除视图的语法如下：

```
DROP VIEW view_name
```

其中：“view_name”为创建视图时指定的视图名称。

视图一旦创建成功，在当前数据库的系统表 sysobjects 中就会插入一条该视图的记录。通常，可以通过 EXISTS 关键字检测 sysobjects 表中是否存在特定的视图。如果存在，则可以利用 DROP VIEW 语句删除，代码如下：

```
IF EXISTS (SELECT * FROM sysobjects WHERE name='view_name')
  DROP VIEW view_name
```

【演示示例 9-6】创建和应用视图解决实际问题。

需求说明

（1）使用 T-SQL 语句创建查看“C 语言程序设计”课程最近一次考试成绩的视图。

（2）视图名称为“vw_student_result”。

（3）通过视图获得查询结果。

代码如下

```
-- 当前数据库
USE SchoolDB
GO
-- 检测视图是否存在并删除：视图记录存放在系统表 sysobjects 中
IF EXISTS (SELECT * FROM sysobjects WHERE name='vw_student_result ')
  DROP VIEW vw_student_result
GO
-- 创建视图
CREATE VIEW vw_student_result
AS
  SELECT 姓名 =StudentName, 学号 =Student.StudentNo, 成绩 =StudentResult,
    课程名称 =SubjectName, 考试日期 =ExamDate
    FROM Student
      INNER JOIN Result ON Student.StudentNo=Result.StudentNo
      INNER JOIN Subject ON Result.SubjectId=Subject.SubjectId
    WHERE Subject.SubjectId = (
        SELECT SubjectId FROM Subject WHERE SubjectName='C 语言程序设计 ')
      AND ExamDate = (
          SELECT MAX(ExamDate) FROM Result,Subject
            WHERE Result.SubjectId = Subject.SubjectId
              AND SubjectName='C 语言程序设计 ')
GO
-- 使用视图
SELECT * FROM vw_student_result
SELECT * FROM vw_student_result WHERE 姓名 =' 高伟 '
```

执行结果如图 9-13 所示。

3. 使用视图的注意事项

（1）每个视图中可以使用多个表。

（2）与查询类似，一个视图可以嵌套另一个视图，但最好不要超过 3 层。

（3）视图定义中的 SELECT 语句不能包括下列内容。

① ORDER BY 子句，除非在 SELECT 语句的选择列表中也有一个 TOP 子句。

② INTO 关键字。

③ 引用临时表或表变量。

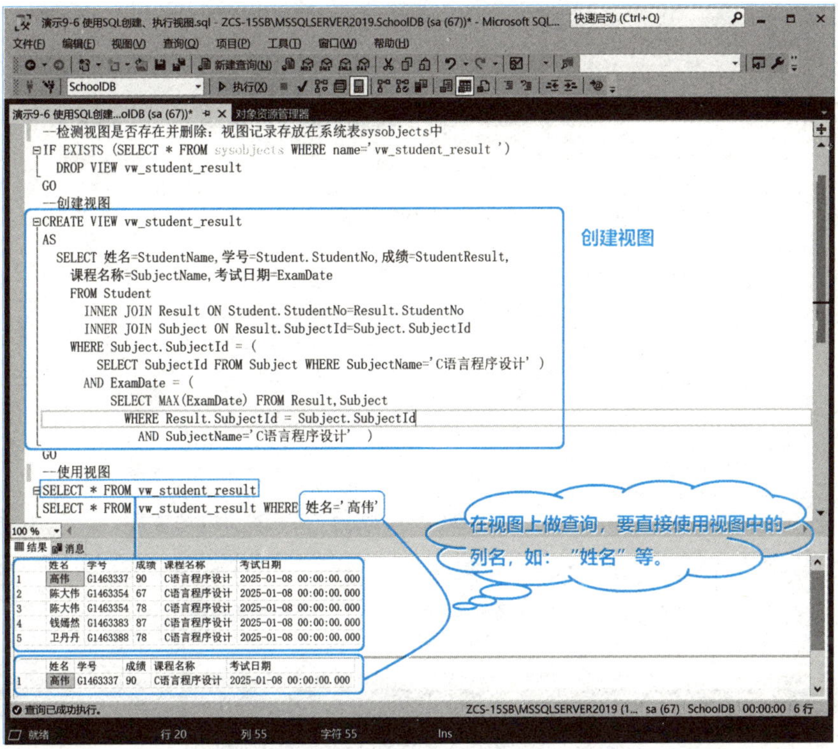

图 9-13　“C 语言程序设计”最近一次考试成绩的视图

【技能训练 9-3】创建并使用视图查看学生各学期考试成绩

技能要点

（1）创建视图使用视图获取多表中的数据。

（2）应用视图查询数据。

需求说明

（1）创建视图，统计每个学生各学期（S1-S6）所有科目的总分。

（2）在视图上做查询，检测视图的正确性，结果如图 9-14 所示。

（3）保存为“训练 9-3 使用视图获取表数据 .sql”。

关键点分析

（1）创建视图，实现查询学生各学期参加考试的总成绩，每门科目的成绩以该学生参加的最后一次考试为准。

（2）需要多表的数据，不能使用子查询，只能使用多表连接查询。

（3）编码查看视图的运行结果，获得学生各学期考试的总成绩。

补充说明

（1）从一个或者多个表或视图中导出的虚拟表，其结构和数据是建立在对表的查询基础上的。

（2）利用视图更新数据实际上是对数据库中的原始数据表进行更新操作，因为使用视图修改数据库会有许多限制，所以一般在实际开发中视图仅用作查询。

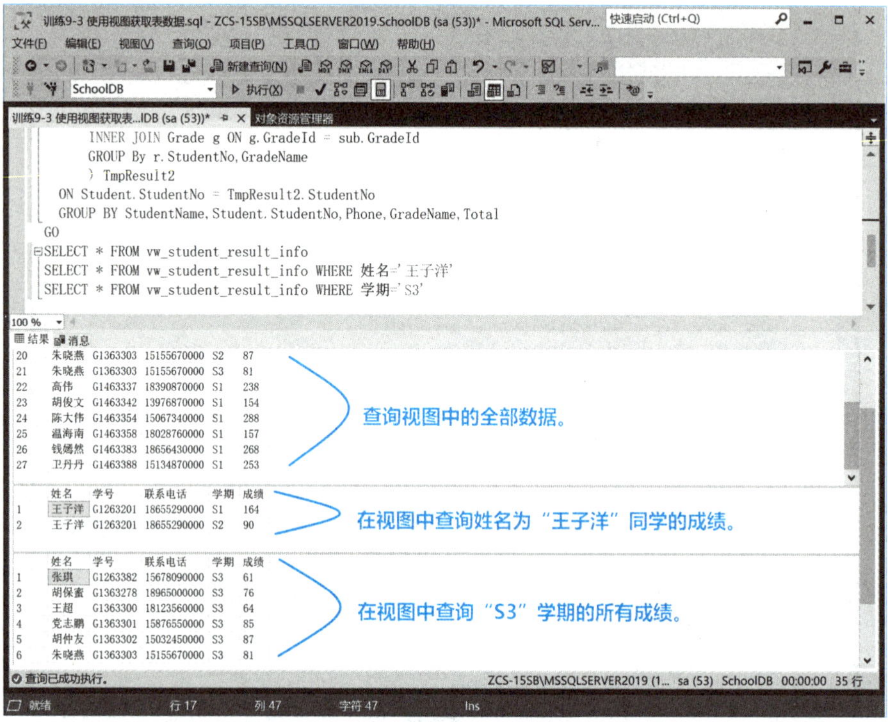

图 9-14　学生各学期考试总成绩的视图

9.3 事务

9.3.1 事务的价值

在实际生活中，去银行办理业务，有一条记账原则，即“有借有贷，借贷相等”。为了保证这种原则，每发生一笔银行业务，就必须确保会计账目上借方和贷方至少各记录一笔，并且这两笔账要么同时提交成功，要么同时失败。如果出现只记录了借方，或者只记录了贷方的情况，就违反了记账原则，会出现记错账的情况。

在 SQL Server 中通过事务机制来保证事务的一致性。

【演示示例 9-7】创建账户表 bank 并添加约束和测试数据。

需求说明

（1）为了简化操作，在现有的数据库 SchoolDB 中，创建账户表，存放用户张三和李四的账户信息，为了简化，账户只设计 2 个字段：姓名和余额。

（2）添加约束“账户余额不能少于 1 元”。

（3）插入 2 条测试数据。

代码如下

```
-- 建表
```

```
USE SchoolDB
GO
--创建账户表 bank
IF EXISTS(SELECT * FROM sysobjects WHERE name='bank')
  DROP TABLE bank
GO
CREATE TABLE bank
(
  customerName CHAR(10),                --顾客姓名
  currentMoney MONEY                    --当前余额
)
GO
--添加约束：根据银行规定，账户余额不能少于 1 元，除非销户
ALTER TABLE bank
  ADD CONSTRAINT CK_currentMoney CHECK(currentMoney>=1)
GO
--插入测试数据：张三开户金额为 1000 元；李四开户金额为 1 元
INSERT INTO bank(customerName,currentMoney) VALUES('张三',1000)
INSERT INTO bank(customerName,currentMoney) VALUES('李四',1)
GO
--查看结果
SELECT * FROM bank
GO
```

执行结果如图 9-15 所示。

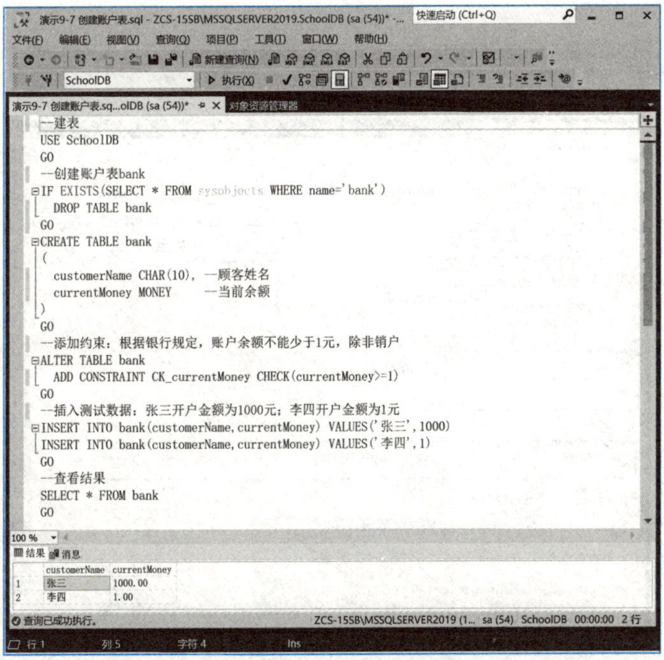

图 9-15　建表并添加张三和李四的账户信息

【演示示例 9-8】从张三账户转账 1000 元到李四账户。

需求说明

（1）从张三的账户直接转账 1000 元到李四的账户。

（2）使用 UPDATE 语句修改张三的账户和李四的账户，张三的账户减少 1000 元，李四的账户增加 1000 元。

（3）转账后的余额总和应保持不变，仍然为 1001 元。

（4）如果发生错误，要分析错误发生的原因。

代码如下

```
USE SchoolDB
GO
-- 转账测试：张三希望通过转账，直接汇钱给李四 1000 元
-- 可能会这样编写语句
-- 张三的账户少 1000 元，李四的账户多 1000 元
UPDATE bank SET currentMoney=currentMoney-1000
WHERE customerName='张三'
UPDATE bank SET currentMoney=currentMoney+1000
WHERE customerName='李四'
GO
-- 再次查看转账的结果
SELECT * FROM bank
GO
```

执行结果如图 9-16 所示。

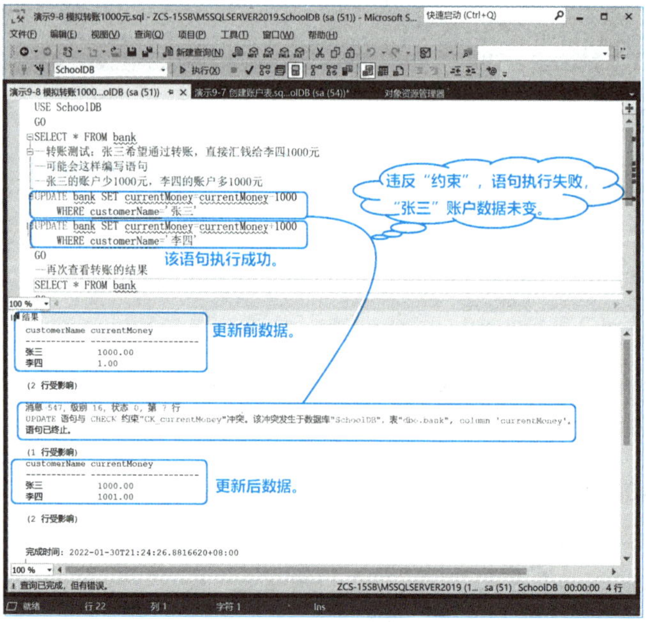

图 9-16 转账测试运行结果

补充说明

（1）代码出现了错误，转账前后总额不等。

（2）查看 SQL Server 给出错误提示，显示 UPDATE 语句有错，执行时违反了 CK_currentMoney 约束，即余额不能少于 1 元。有两条 UPDATE 语句，更新张三账户的 UPDATE 语句出错了。因为张三的账户原有余额为 1000 元，减少了 1000 元后即为 0 元，违反了上述约束，所以终止执行，余额保持不变，仍为 1000 元。根据 SQL Server 的特点，后面的语句并没有中断执行，修改李四账户的 UPDATE 语句继续执行，李四的账户增加了 1000 元，变为 1001 元。所以两人账户的余额最终出现了图 9-16 所示的结果。

（3）如果需要解决这个问题，必须使用事务。将转账过程做成一个事务，它需要两条 UPDATE 语句来完成，这两条语句是一个整体。如果其中任何一条出现错误，则整个转账业务也应取消，两个账户的余额应恢复为原来的数据，从而确保转账前和转账后的余额总和保持不变，即都是 1001 元。

9.3.2　什么是事务

事务是单个的工作单元。如果某一事务成功，则在该事务中进行的所有数据更改均会提交，成为数据库中的永久组成部分。如果事务遇到错误且必须取消或回滚，则所有数据更改均被清除。

事务是一种机制、一个操作序列，它包含了一组数据库操作命令，并且把所有的命令作为一个整体一起向系统提交或撤销操作请求，即这一组数据库命令要么都执行，要么都不执行。因此事务是一个不可分割的工作逻辑单元，在数据库系统上执行并发操作时，事务是作为最小的控制单元来使用的，它特别适用于多用户同时操作的数据库系统。例如，航空公司的订票系统、银行、保险公司及证券交易系统等。

事务是作为单个逻辑工作单元执行的一系列操作。一个逻辑工作单元有 4 个属性，即原子性（Atomicity）、一致性（Consistency）、隔离性（Isolation）及持久性（Durability），这些特性通常简称 ACID。

1．原子性

事务是一个完整的操作。事务的各元素是不可分的（原子的）。事务中所有元素必须作为一个整体提交或回滚。如果事务中的任何元素失败，则整个事务将失败。

以银行转账事务为例，如果事务提交了，则这两个账户的数据会更新。如果由于某种原因，事务在成功更新这两个账户之前终止了，则不会更新这两个账户的余额，并且会撤销对任何账户余额的修改，事务不能部分提交。

2．一致性

当事务完成时，数据必须处于一致状态。也就是说，在事务开始之前，数据库中存储的数据处于一致状态。在正在进行的事务中，数据可能处于不一致的状态，如数据可能有部分被修改。然而，当事务成功完成时，数据必须再次回到已知的一致状态。通过事务对数据所做的修改不能损坏数据或者说不能使数据存储处于不稳定的状态。

以银行转账事务为例，在事务开始之前，所有账户余额的总额处于一致状态。在事务进行的过程中，一个账户余额减少了，而另一个账户余额尚未修改。因此，所有账户余额的总额处于不一致状态。事务完成以后，账户余额的总额再次恢复到一致状态。

3．隔离性

对数据进行修改的所有并发事务是彼此隔离的，这表明事务必须是独立的，它不应以任何方式依赖或影响其他事务。修改数据的事务可以在另一个使用相同数据的事务开始之前访问这些数据或者在另一个使用相同数据的事务结束之后访问这些数据。另外，当事务修改数据时，如果任何其他进程正在同时使用相同的数据，则直到该事务成功提交之后，对数据的修改才能生效。张三和李四之间的转账与王五和赵二之间的转账，永远是相互独立的。

4. 持久性

事务的持久性指不管系统是否发生了故障，事务处理的结果都是永久的。

一个事务成功完成之后，它对于数据库的改变是永久性的，即使系统出现故障也是如此。就是说，一旦事务被提交，事务的效果会被永久性地保留在数据库中。

如果系统 SQL Server 数据库或者某些组件发生了故障，则数据库会在系统重新启动的时候自动恢复。SQL Server 使用事物日志保存受到故障影响的事务并重新运行未提交的事务。

9.3.3 执行事务

1. 执行事务的语法

（1）开始事务

```
BEGIN TRANSACTION
```

这个语句显式地标记一个事务的起点。

（2）提交事务

```
COMMIT TRANSACTION
```

这个语句标志一个事务成功结束。自事务开始至提交语句之前执行的所有数据更新将永久性地保存在数据库数据文件中，并释放连接时占用的资源。

（3）回滚（撤销）事务

```
ROLLBACK TRANSACTION
```

清除自事务起点至该语句所做的所有数据更新操作，将数据状态回滚到事务开始前，并释放由事务控制的资源。

BEGIN TRANSACTION 语句后面的 SQL 语句对数据库数据的更新操作记录都将记录在事务日志中，直至遇到 ROLLBACK TRANSACTION 语句或 COMMIT TRANSACTION 语句。如果事务中某一操作失败且执行了 ROLLBACK TRANSACTION 语句，那么在 BEGIN TRANSACTION 语句之后所有更新的数据都能回滚到事务开始前的状态。如果事务中的所有操作都全部正确完成，并且使用了 COMMIT TRANSACTION 语句向数据库提交更新数据，则此时的数据又处在新的一致状态。

2. 事务分类

在 SQL Server 中，事务有以下 3 种类型。

（1）显式事务

用 BEGIN TRANSACTION 明确指定事务的开始。

（2）隐式事务

通过设置 SET IMPLICIT_TRANSACTIONS ON 语句，将隐式事务模式设置打开。当以隐式事务操作时，SQL Server 将在提交或回滚事务后自动启动新事务。不需要描述每个事务的开始，只要提交或回滚每个事务即可。

（3）自动提交事务

这是 SQL Server 的默认模式，它将每条单独的 T-SQL 语句视为一个事务，如果成功执行，则自动提交。如果有错误，则自动回滚。

实际开发中最常用的就是显式事务，它明确地指定事务的开始边界。

3. 事务的使用

在事务处理的过程中，如何通过代码判断 T-SQL 语句是否有误，实现提交事务或回滚事务操作呢？可以在事务的每个操作之后，使用曾经学过的全局变量 @ERROR，以检查判断当前 T-SQL 语句执行是否有误。如果有错误返回非零值。

【演示示例 9-9】应用显式事务来解决转账问题。

需求说明

（1）从张三的账户直接转账 1000 元到李四的账户。

（2）使用全局变量 @@ERROR 判断 T-SQL 语句执行是否有误。

（3）使用事务实现正确的转账操作。

代码如下

```
USE SchoolDB
SET NOCOUNT ON     --不显示受影响的行数信息
PRINT '查看转账事务前的余额'
SELECT * FROM bank
GO
--开始事务（指定事务从此处开始，后续的 T-SQL 语句是一个整体）
BEGIN TRANSACTION
--定义变量，用于累计事务执行过程中的错误
DECLARE @errorSum INT
SET @errorSum=0                                          --初始化为 0，即无错误
--转账：张三的账户减少 1000 元，李四的账户增加 1000 元
UPDATE bank SET currentMoney = currentMoney - 1000
  WHERE customerName = '张三'
SET @errorSum = @errorSum + @@ERROR                      --累计是否有错误
UPDATE bank SET currentMoney = currentMoney + 1000
  WHERE customerName = '李四'
SET @errorSum = @errorSum + @@ERROR                      --累计是否有错误
PRINT '查看转账事务过程中的余额'
SELECT * FROM bank
--根据是否有误，确定事务是提交还是撤销
IF @errorSum<>0                                          --如果有误
  BEGIN
    PRINT '交易失败，回滚事务'
    ROLLBACK TRANSACTION
```

```
    END
ELSE
    BEGIN
        PRINT '交易成功，提交事务，数据永久的保存'
        COMMIT TRANSACTION
    END
GO
PRINT '查看转账事务后的余额'
SELECT * FROM bank
GO
```

执行结果如图 9-17 所示。

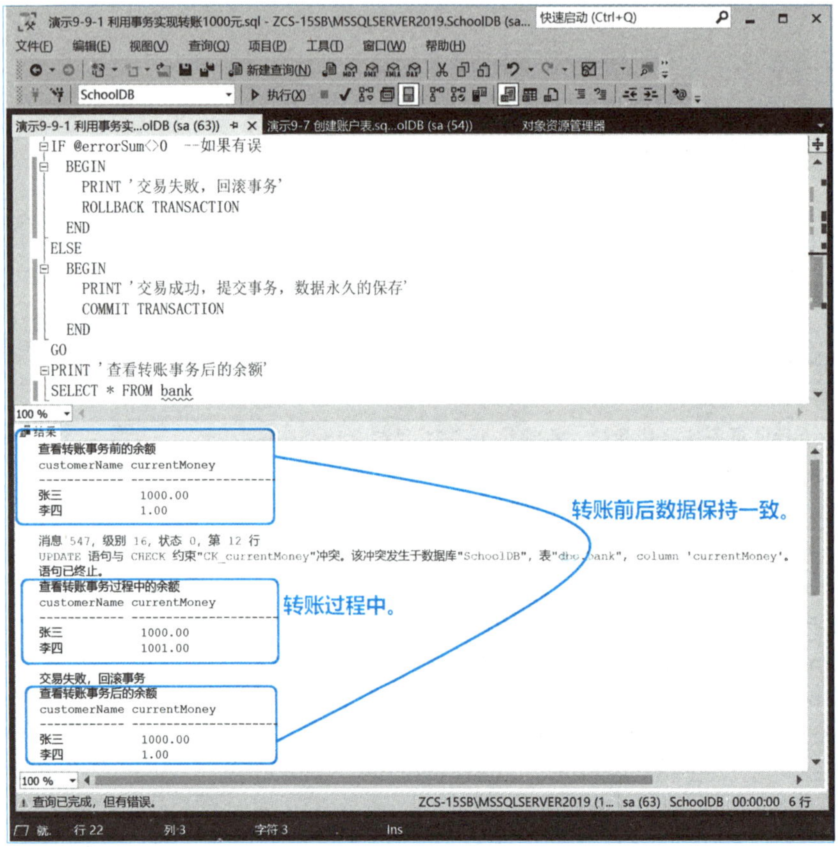

图 9-17　事务处理：交易失败的情况

在案例中，将转账金额设置为 1000 元，因为张三的账户余额为 0，违反了约束而出错。如果修改转账金额为 800 元，关键代码如下：

关键代码

```
……
BEGIN TRANSACTION
```

```
-- 定义变量，用于累计事务执行过程中的错误
DECLARE @errorSum INT
SET @errorSum=0                                    -- 初始化为 0，即无错误
-- 转账：张三的账户减少 800 元，李四的账户增加 800 元
UPDATE bank SET currentMoney=currentMoney-800
  WHERE customerName='张三'
SET @errorSum = @errorSum + @@ERROR                -- 累计是否有错误
UPDATE bank SET currentMoney=currentMoney+800
  WHERE customerName='李四'
SET @errorSum = @errorSum+@@ERROR                  -- 累计是否有错误
PRINT '查看转账事务过程中的余额'
SELECT * FROM bank
……
```

执行结果如图 9-18 所示。

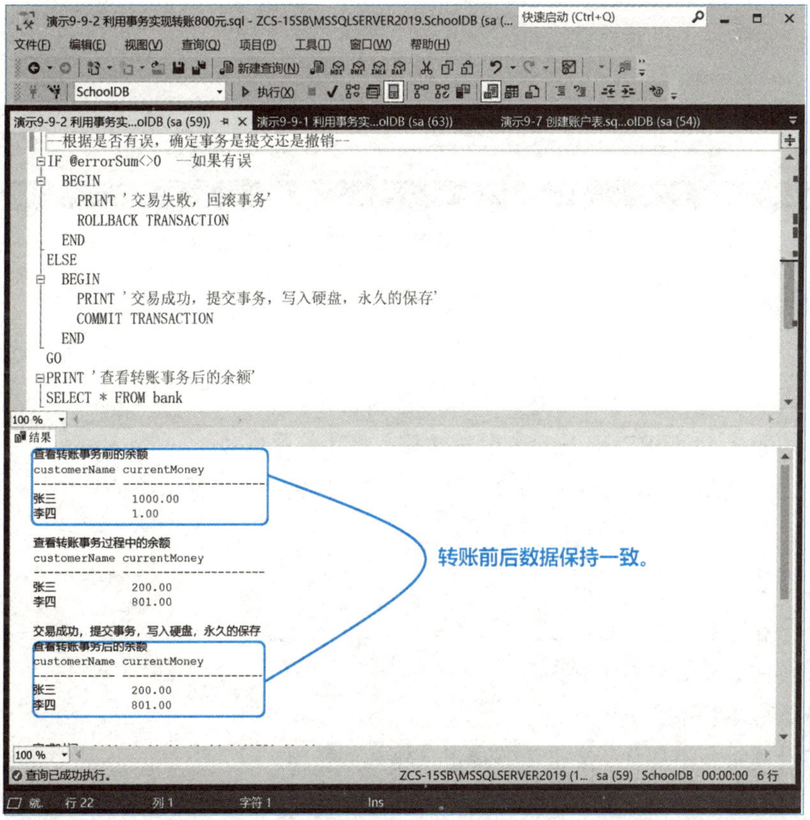

图 9-18　事务处理：交易成功的情况

【技能训练 9-4】使用事务批量插入学生考试成绩

技能要点

使用事务向表中插入多条记录。

需求说明

（1）批量插入参加 Web 客户端编程科目考试的 3 名学生的成绩。

（2）如果输入的成绩大于 100 分，则将违反约束。具体操作过程如图 9-19 所示。

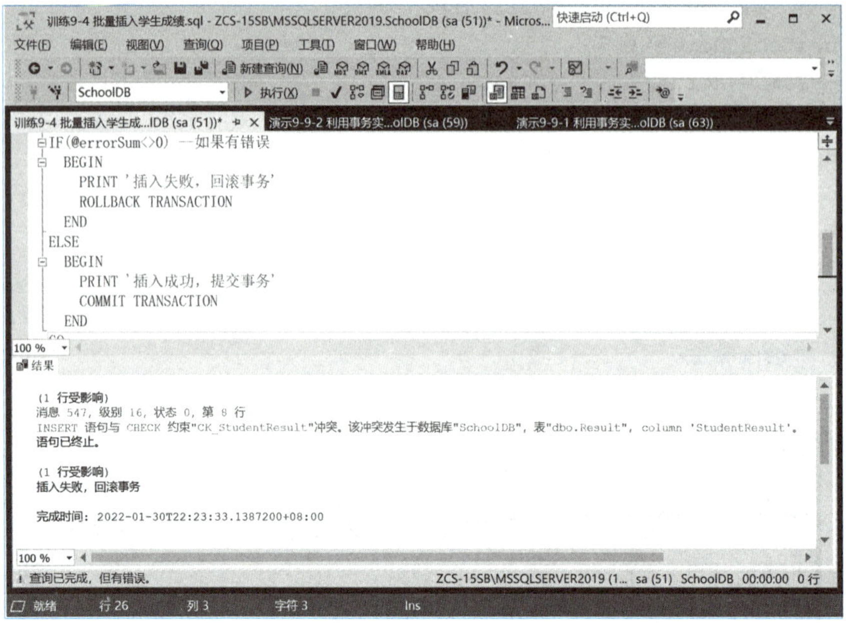

图 9-19　事务执行过程参考图

（3）保存为“训练 9-4 批量插入学生成绩 .sql”。

关键点分析

（1）使用显式事务完成批量插入 3 名学生考试成绩的操作。

（2）使用全局变量 @@ERROR 检查判断每次插入操作是否成功。

（3）使用 IF 语句判断 @@ERROR 的值，并以此确定提交事务或回滚事务。

补充说明

编写事务时需要注意以下几点：

（1）事务尽可能简短。

（2）事务中访问的数据量尽量最少。

（3）查询数据时尽量不要使用事务。

（4）在事务处理过程中尽量不要出现等待用户输入的操作。

本章总结

本章主要介绍索引、视图和事务。建立索引有助于快速检索数据，索引分为唯一索引、主键索引、聚集索引、非聚集索引、复合索引、全文索引。聚集索引决定了表中数据的存储顺序。一个表只能有一个聚集索引，这是因为聚集索引决定数据的物理存储顺序。非聚集索引指定表中数据的逻辑顺序。一个表可以有多个非聚集索引。

视图是一种查看数据库一个或多个表中数据的方法。视图是一种虚拟表，通常是作为执行查询的结果而创建的。视图充当着对查询中指定表的筛选器。使用 CREATE VIEW 语句创建视图。使用 SELECT 语句查看视图的查询结果。

数据库事务具有原子性、一致性、隔离性和持久性的特征，被称为 ACID 特性。事务主要有显式事务、隐式事务和自动提交事务等类型。T-SQL 使用管理事务的语句包括:（1）开始事务 BEGIN TRANSACTION;（2）提交事务 COMMIT TRANSACTION;（3）回滚事务 ROLLBACK TRANSACTION。

在事务中必须使用全局变量 @@ERROR 判断事务操作是否成功。@@ERROR 保存最近一条 SQL 语句的执行结果；如果 SQL 语句执行成功，则 @@ERROR 值为零；如果 SQL 语句执行出错，则 @@ERROR 值为非零。

本章知识技能体系结构如图 9-20 所示。

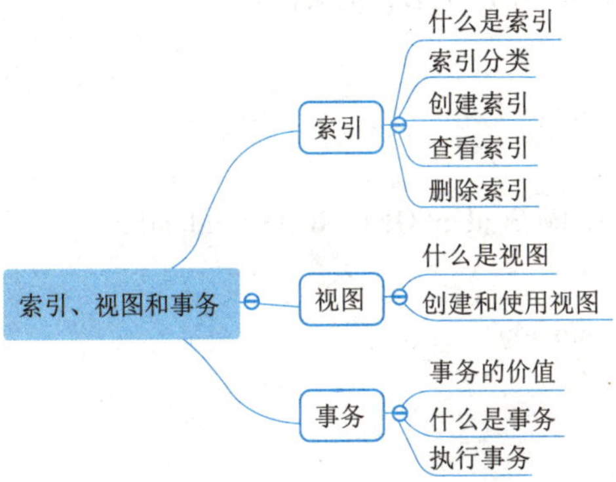

图 9-20 知识技能体系结构图

习题

一、选择题

1. （　　）包含了一组数据库操作命令，并且所有的命令作为一个整体一起向系统提交或撤销操作的请求。

　A. 事物　　B. 更新
　C. 插入　　D. 以上都不是

2. 对数据库的修改必须遵循的规则:要么全部完成,要么全部不修改。这点可以认为是事物的(　　)。

　A. 一致性　　B. 持久性　　C. 原子性　　D. 隔离性

3. 当一个事物提交或回滚时，数据库中的数据必须保持在（　　）状态。

　A. 隔离的　　B. 原子的　　C. 一致的　　D. 持久的

4. 下列的（　　）语句用于清除自最近的事物语句以来所做的所有修改。

　A. COMMIT TRANSACTION　　B. ROLLBACK TRANSACTION
　C. BEGIN TRANSACTION　　D. SAVE TRANSACTION

5. 下列关于视图的说法，错误的是（　　）。

A. 可以使用视图集中数据、简化和定制不同用户对数据库的不同要求

B. 视图可以使用户只关心其感兴趣的某些特定数据和他们所负责的特定任务

C. 视图可以让不同的用户以不同的方式看到不同的或者相同的数据集

D. 视图不能用于连接多表

6. 下面的（　　）语句是正确的。

A.
```
CREATE VIEW view_student
AS
SELECT * INTO #Tmp FROM Student
GO
```

B.
```
CREATE VIEW view_student
AS
SELECT * FROM Student ORDER BY StudentID
GO
```

C.
```
CREATE VIEW view_student
AS
SELECT TOP 100 * FROM Student ORDER BY StudentID
GO
```

D.
```
CREATE VIEW view_student
AS
DECLARE StuID int
SET @stuID=10001
SELECT * FROM Student WHERE StudentID=@stuID
GO
```

7. 下列的（　　）总要对数据进行排序。

A. 聚集索引　　B. 非聚集索引

C. 组合索引　　D. 唯一索引

8. 在 SQL Server 中，下面关于视图的描述，说法正确的是（　　）。

A. 使用视图可以筛选原始物理表中的数据，增加了数据访问的安全性

B. 视图是一种虚拟表，数据只能来自一个原始物理表

C. CREATE VIEW 语句中只可以有 SELECT 语句

D. 为了安全起见，一般只对视图执行查询操作，不推荐在视图上执行修改操作

9. 为数据表创建索引的目的是（　　）。

A. 提高查询的检索性能　　B. 创建唯一索引

C. 创建主键　　D. 归类

10. 在 SQL Server 中，索引的顺序和数据表的物理顺序相同的索引是（　　）。

A. 聚集索引　　B. 非聚集索引

C．主键索引　　D．唯一索引

11．视图是一种常用的数据对象，它是提供（　　）数据的另一种途径，可以简化数据库操作。

A．查看，存放　　B．查看，检索　　C．插入，更新　　D．检索，插入

12．对视图的描述错误的是（　　）。

A．是一张虚拟的表　　B．在存储视图时存储的是视图的定义

C．在存储视图时存储的是视图中的数据　　D．可以像查询表一样来查询视图

13．记录数据库事务操作信息的文件是（　　）。

A．数据文件　　B．索引文件

C．辅助数据文件　　D．日志文件

14．下面对索引的相关描述正确的是（　　）。

A．经常被查询的列不适合建索引　　B．列值唯一的列适合建索引

C．有很多重复值的列适合建索引　　D．是外键或主键的列不适合建索引

15．下面关于事务的描述，错误的是（　　）。

A．事务可用于保持数据的一致性　　B．事务应该尽量小且尽快提交

C．应避免人工输入操作出现在事务中　　D．在事务中可以使用 ALTER DATEABSE

16．对事务描述错误的是（　　）。

A．一个事务中的所有命令作为一个整体提交或回滚

B．如果两个并发事务要同时修改同一个表，有可能产生死锁

C．SQL Server 默认每条单独的 T-SQL 语句视为一个事务

D．事务必须使用 BEGIN TRANSACTION 来明确指定事务的开始

17．要删除 mytable 表中的 myindex 索引，可以使用（　　）语句。

A．DROP myindex　　B．DROP mytable.myindex

C．DROP INDEX myindex　　D．DROP INDEX mytable.myindex

18．在“学生”表中基于“学号”字段建立的索引属于（　　）。

A．唯一索引 非聚集索引　　B．非唯一索引 非聚集索引

C．聚集索引 非唯一索引　　D．唯一索引 聚集索引

19．在（　　）的列上更适合创建索引。

A．需要对数据进行排序　　B．具有默认值

C．频繁更改　　D．具有检查约束

20．SQL Server 数据库中，包含：订单表 order 和订单子项目表 item，当一个新订单被加入时，数据要分别保存到 order 和 item 表中，要保证数据完整性，可以使用以下（　　）语句。

A．
```
BEGIN TRANSACTION
INSERT INTO(order)VALUES(...)
INSERT INTO(item)VALUES(...)
END TRANSACTION
```

B．
```
BEGIN TRANSACTION
INSERT INTO(order)VALUES(...)
```

```
    INSERT INTO(item)VALUES(...)
    IF(@@Error=0)
    COMMIT TRANSACTION
    ELSE
    ROLLBACK TRANSACTION
C. BEGIN TRANSACTION
    INSERT INTO(order)VALUES(...)
    IF(@@Error=0)
    INSERT INTO(item)VALUES(...)
    IF(@@Error=0)
    COMMIT TRANSACTION
    ELSE
    ROLLBACK TRANSACTION
    ELSE
    ROLLBACK TRANSACTION
D. BEGIN TRANSACTION
    INSERT INTO(order)VALUES(...)
    INSERT INTO(item)VALUES(...)
    IF(@@Error<>0)
    ROLLBACK TRANSACTION
```

二、操作题

1. 在之前的数据库基础上为读者“张无忌”办理借阅《深入 .NET 平台和 C# 编程》书籍的手续，要求编码实现。提示：在图书借阅表中增加一条图书借阅记录的同时，将图书信息表中此书的当前数量减 1，在读者信息表中为“张无忌”记录已借书数量列加 1。

2. 编码实现读者“刘冰冰”缴纳罚金归还图书的手续，要求一次完成以下功能。

（1）在罚款记录表中增加一条记录，记录“刘冰冰”因延期还《西游记》一书而缴纳滞纳金 5.6 元。

（2）在图书借阅表中修改归还日期为当前日期。

（3）将读者信息表中已借书数量减 1。

（4）将图书信息表中现存数量加 1。

3. 在图书馆日常工作中，图书管理员希望及时得到最新的到期图书清单，包括图书名称、到期日期和读者姓名等信息；而读者则关心各种图书信息，如图书名称、馆存量和可借阅数量等。请编写代码按上面的需求在图书名称字段创建索引，为图书馆管理员和读者分别创建不同的查询视图，并利用所创建的索引和视图获得相关的数据。（使用子查询获得已借出图书的数量。可借阅数量 = 馆存量 − 已借出数量）

第10章 存储过程

工作任务

- 使用存储过程查看各学期的科目信息
- 使用存储过程查看指定学期开设的科目信息
- 使用存储过程获得指定学期开设的科目信息及课时总数
- 使用存储过程插入新课程记录

知识技能目标

- 了解存储过程的概念及优点
- 理解存储过程的工作过程
- 掌握常用的系统及扩展存储过程
- 理解存储过程中参数的概念和应用
- 掌握存储过程的创建和调用
- 使用存储过程封装业务逻辑

重点难点

- 存储过程的创建和调用
- 使用存储过程解决实际问题

10.1 存储过程概述

10.1.1 什么是存储过程

存储过程（Procedure）是 SQL 语句和控制语句的预编译集合，保存在数据库里，可由应用程序调用执行，而且允许用户声明变量、逻辑控制语句及其他强大的编程功能。

存储过程可包含逻辑控制语句和数据操作语句，它可以接收参数、输出参数、返回单个或多个结果集及返回值。

存储过程可以只包含一条 SELECT 语句，也可以包含一系列使用控制流的 SQL 语句，如图 10-1 所示。存储过程可以包含个别或全部的控制流结构。

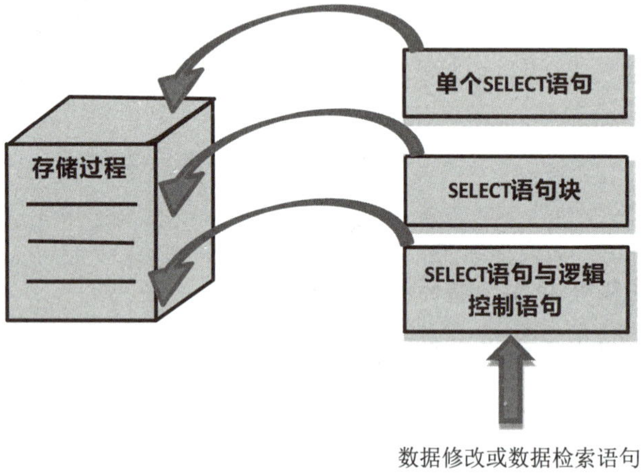

图 10-1　存储过程中的语句

10.1.2 存储过程的优点

使用存储过程有下列优点。

（1）模块化程序设计

只需创建一次存储过程并将其存储在数据库中，以后即可在程序中反复调用该存储过程。存储过程可由在数据库编程方面有专长的人员创建，并可独立于程序源代码而单独修改。

（2）执行速度快，效率高

如果某操作需要大量的 T-SQL 代码或需要重复执行，则存储过程将比 T-SQL 批处理代码的执行速度要快。SQL Server 在创建存储过程时对其代码进行分析和优化，并可在首次执行该存储过程后使用该存储过程内存中的版本。此后每次调用 T-SQL 批处理代码时，都不需要从客户端重复发送，并且在 SQL Server 每次执行这些语句时，都不需要再对其进行编译和优化。

（3）减少网络流量

使用存储过程后，一个需要数百行 T-SQL 代码的操作，由一条执行过程代码的单独语句即可实现，而不需要在网络中发送数百行代码。

（4）具有良好的安全性

即使对于没有直接执行存储过程中语句的权限的用户，也可授予它们执行该存储过程的权限。不同权限的用户使用不同的存储过程。另外，存储过程保存在数据库中，用户只需要提交存储过程名称即可直接执行，避免了攻击者非法截取 SQL 代码获得用户数据的可能性。

存储过程分为以下两类：系统存储过程（System Stored Procedures），用户自定义的存储过程（User-defined Stored Procedures）。

10.2 系统存储过程

10.2.1 常用的系统存储过程

SQL Server 的系统存储过程的名称以“sp_”开头，并存放在 Resource 数据库中。系统管理员拥有这些存储过程的使用权限。可以在任何数据库中运行系统存储过程，但执行的结果会反映在当前数据库中。

表 10-1 列出了一些常用的系统存储过程。

表 10-1 常用的系统存储过程

系统存储过程	说明
sp_databases	列出服务器上的所有数据库信息 包括数据库名称和数据库大小
sp_helpdb	报告有关指定数据库或所有数据库信息
sp_renamedb	更改数据库名称
sp_tables	返回当前环境下可查询的表或视图的信息
sp_columns	返回某个表或视图的列信息，包括列的数据类型和长度等
sp_help	查看某个数据库对象的信息 如列名、主键、约束、外键、索引等
sp_helpconstraint	查看某个表的约束
sp_helpindex	查看某个表的索引
sp_stored_procedures	显示存储过程的列表
sp_password	添加或修改登录账户的密码
sp_helptext	显示默认值、未加密的存储过程、用户自定义的存储过程等信息

使用 T-SQL 语句调用执行存储过程的语法如下：

```
EXEC[UTE] 存储过程名 [参数值]
```

其中，EXEC 是 EXECUTE 的简写。

例如：

EXEC sp_databases

执行结果如图 10-2 所示。

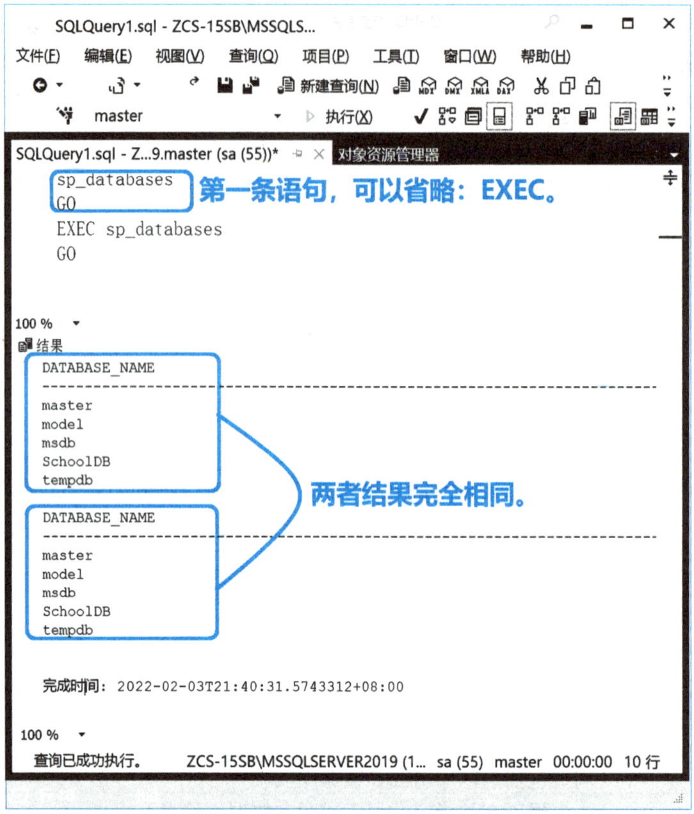

图 10-2 调用存储过程查看服务器上的所有数据库信息

如果执行存储过程的语句是批处理中的第一个语句，则可以不指定 EXECUTE 关键字，如图 10-2 所示。

【演示示例 10-1】常用系统存储过程的用法。

需求说明

（1）理解常用系统存储过程的价值。

（2）使用 T-SQL 语句调用执行一些常用的系统存储过程。

代码如下

```
sp_databases
EXEC sp_renamedb 'MyBank','Bank'
USE SchoolDB
GO
EXEC sp_tables
EXEC sp_columns Student
EXEC sp_help Student
EXEC sp_helpconstraint Student
EXEC sp_helptext 'view_Student_ Result_Info'
EXEC sp_stored_procedures
```

10.2.2 常用的扩展存储过程

根据系统存储过程的不同作用，可以将系统存储过程分为不同类。扩展存储过程（Extended Stored Procedures）是 SQL Server 提供的各类系统存储过程中的一类。

扩展存储过程允许使用其他编程语言（如 C# 语言）创建外部存储过程，为数据库用户提供从 SQL Server 实例到外部程序的接口，以便进行各种维护活动。它通常以“xp_”作为前缀，以 DLL 形式单独存在。

一个常用的扩展存储过程为 xp_cmdshell，它可以完成 DOS 命令下的一些操作，诸如创建文件夹、列出文件列表等。例如，在 SQL Server Management Studio 中，希望把创建的数据库文件保存在“D:\bank”目录下。如果当前没有此目录，则使用 CREATE DATABASE 语句创建时会报错。

使用 T-SQL 语句创建文件夹的语法如下：

```
EXEC xp_cmdshell DOS命令 [NO_OUTPUT]
```

其中，EXEC 表示调用存储过程，NO_OUTPUT 为可选参数，设置执行 DOS 命令后是否输出返回信息。

【演示示例 10-2】使用 T-SQL 语句创建文件夹。

需求说明

在 D 盘创建文件夹 bank。

创建数据库 bankDB。

代码如下

```
USE master
GO
--若 xp_cmdshell 作为服务器安全配置的一部分而被关闭，则请使用以下语句启用
EXEC sp_configure 'show advanced options',1                --显示高级配置信息
GO
RECONFIGURE                                                --重新配置
GO
EXEC sp_configure 'xp_cmdshell',1                          --打开 xp_cmdshell 选项
GO
RECONFIGURE                                                --重新配置
GO
--创建数据库 bankDB，要求保存在 "D:\bank" 目录下
EXEC xp_cmdshell 'mkdir D:\bank',NO_OUTPUT                 --创建文件夹 D:\bank
--创建数据库 bankDB
IF EXISTS(SELECT * FROM sysdatabases WHERE name='bankDB')
  DROP DATABASE bankDB
GO
CREATE DATABASE bankDB
ON
(
  NAME='bankDB_data',
  FILENAME='D:\bank\bankDB_data.mdf',
```

```
    SIZE=3MB,
    FILEGROWTH=15%
)
LOG ON
(
    NAME='bankDB_log',
    FILENAME='D:\bank\bankDB_log.ldf',
    SIZE=3MB,
    FILEGROWTH=15%
)
GO
EXEC xp_cmdshell 'dir D:\bank\'                    -- 查看文件
```

执行结果如图 10-3 所示。

图 10-3 扩展存储过程 xp_cmdshell 的使用

【技能训练 10-1】使用存储过程查看数据库表的信息

技能要点

（1）系统存储过程的应用。

（2）系统存储过程的调用方式和显示结果的查看。

需求说明

（1）查看 Student 表中的列和约束信息。

（2）比较下面 3 个系统存储过程输出的数据库信息的特点。

① sp_columns。

② sp_helpconstraint。

③ sp_help。

（3）执行参考结果如图 10-4 所示。

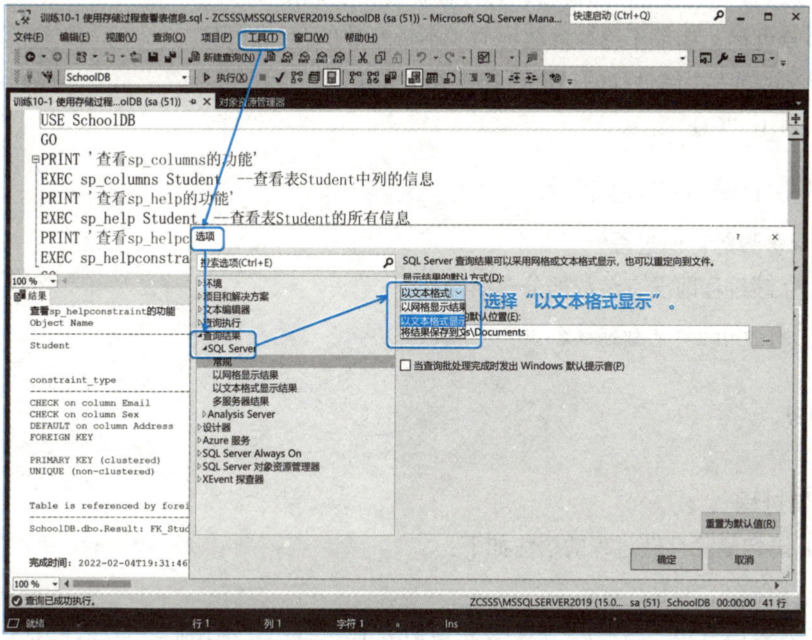

图 10-4　技能训练 10-1 需求参考结果图

（4）保存为“训练 10-1 使用存储过程查看表信息 .sql”。

关键点分析

（1）观察和分析这 3 个系统存储过程的运行结果。

（2）设计“PRINT”语句把 3 个存储过程的显示结果分开，便于对比。

（3）建议将显示结果的方式修改为：“以文本格式显示”。

10.3　用户自定义存储过程

在 SQL Server 数据库中，用户可以创建自己需要的存储过程，随数据库一起保存、分离和附加，可以把常用的功能设计为存储过程，需要时直接调用，提高数据处理的效率。

使用 T-SQL 语句创建存储过程的语法如下：

```
CREATE PROC[EDURE] 存储过程名
[
  {@参数1 数据类型 }[=默认值] [OUTPUT],…,
  {@参数n 数据类型 }[=默认值] [OUTPUT]
]
  AS
    SQL 语句
GO
```

其中：

（1）“存储过程名”由用户自己命名，符合标识符命名规则即可。

（2）参数部分可选，如果不选择参数称为“不带参数的存储过程”。

（3）“AS”后面的为存储过程的功能语句或者语句组。

（4）最后必须用“GO”结束。

10.3.1 创建不带参数的存储过程

1. 创建不带参数的存储过程

不带参数的存储过程即没有参数部分，结构如下：

```
CREATE PROC[EDURE] 存储过程名
  AS
    SQL 语句
GO
```

2. 删除存储过程

使用 T-SQL 语句删除存储过程的语法如下：

```
DROP PROC[EDURE] 存储过程名
```

成功创建一个存储过程对象之后，将在系统数据库表 sysobjects 中增加该存储过程的一条记录。因此，删除存储过程时最好先判断该存储过程是否存在，然后执行删除操作，其 T-SQL 语句如下：

```
IF EXISTS (SELECT * FROM sysobjects WHERE name= 存储过程名 )
  DROP PROCEDURE 存储过程名
```

【演示示例 10-3】查询“C 语言程序设计”科目最近一次考试的平均分，依据平均分对本次考试成绩给出评价。

需求说明

（1）平均分大于等于 70 分评价为：“考试成绩：优秀”，并输出达到 90 分的学生名单；低于 70 分评价为：“考试成绩：较差”，并输出不及格的学生名单（及格分为 60 分）。

（2）要输出学号、姓名和成绩。

（3）存储过程名称为“usp_GetAverageResult”。

关键点分析

（1）先创建存储过程，后调用存储过程测试结果。

（2）查询“C 语言程序设计”的课程编号。

（3）查询“C 语言程序设计”最近一次考试的日期。

（4）利用聚合函数 AVG() 获得“C 语言程序设计”最近一次考试的平均分。

（5）判断平均分是否大于等于 70 分。如果大于等于 70 分，则显示“考试成绩: 优秀”; 否则显示“考试成绩: 较差”。

（6）查询“C 语言程序设计”最近一次考试成绩低于 60 分的所有学生信息。

代码如下

```
USE SchoolDB
GO
--检测是否存在：存储过程存放在系统表 sysobjects 中
IF EXISTS (SELECT * FROM sysobjects WHERE name='usp_GetAverageResult')
  DROP PROCEDURE usp_GetAverageResult
GO
--创建存储过程
CREATE PROCEDURE usp_GetAverageResult
  AS
    DECLARE @SubjectId int                --课程编号
    DECLARE @date datetime                --最近考试时间
    SELECT @SubjectId=SubjectId FROM Subject
      WHERE SubjectName='C 语言程序设计'
    SELECT @date=max(ExamDate) FROM Result
      INNER JOIN Subject ON Result.SubjectId=Subject.SubjectId
      WHERE Result.SubjectId=@SubjectId
    DECLARE @avg decimal(18,2)            --平均分变量
    SELECT @avg=AVG(StudentResult) FROM Result
      WHERE ExamDate=@date and SubjectId=@SubjectId
    PRINT '平均分:'+CONVERT(varchar(5),@avg)
    IF (@avg>70)
      BEGIN
        PRINT '考试成绩：优秀'
        PRINT '---------------------------------------------------'
        PRINT '参加本次考试达到 90 分的学生名单'
        SELECT Student.StudentNo AS 学号,StudentName AS 姓名,StudentResult AS 成绩
          FROM Student INNER JOIN Result ON Student.StudentNo=Result.StudentNo
          WHERE StudentResult>=90 AND ExamDate=@date and SubjectId=@SubjectId
      END
    ELSE
      BEGIN
        PRINT '考试成绩：较差'
        PRINT '---------------------------------------------------'
        PRINT '参加本次考试不及格的学生名单'
```

```
            SELECT Student.StudentNo AS 学号,StudentName AS 姓名,StudentResult AS 成绩
              FROM Student INNER JOIN Result ON Student.StudentNo=Result.StudentNo
              WHERE StudentResult<60 AND ExamDate=@date and SubjectId=@SubjectId
        END
GO
```

执行结果如图 10-5 所示。

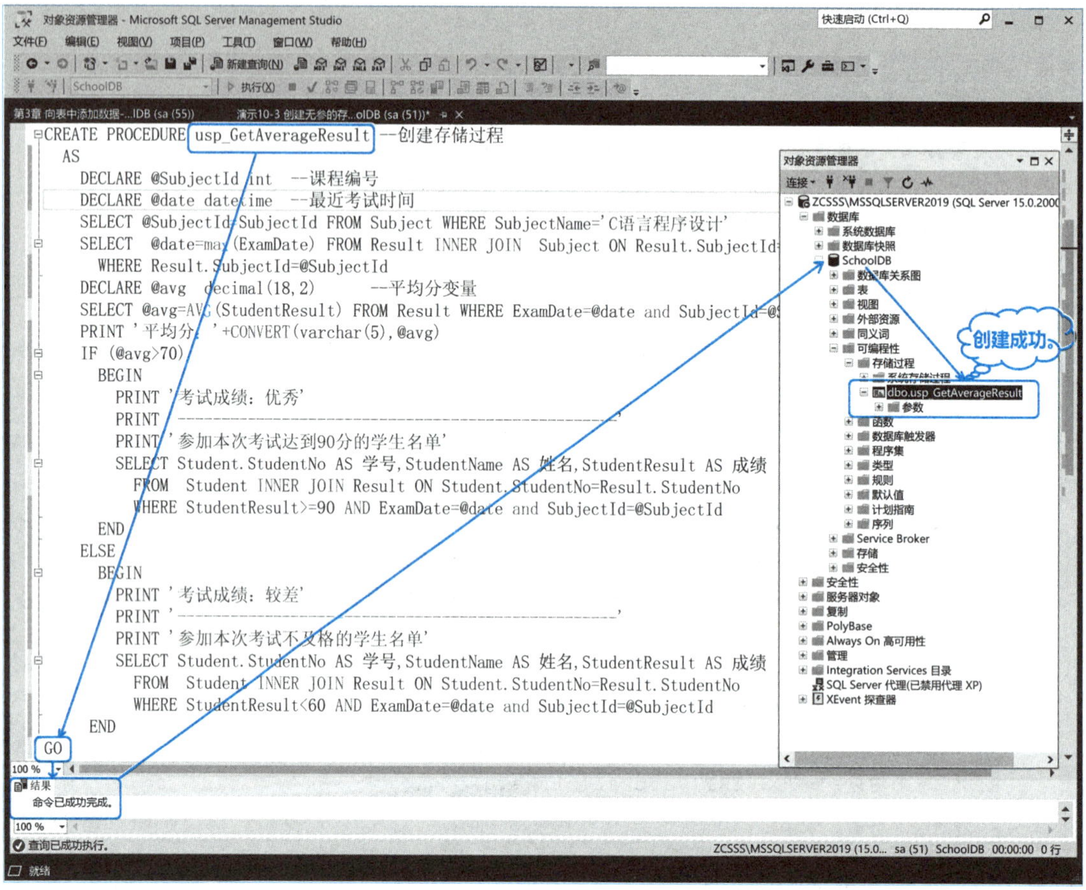

图 10-5　创建存储过程的示意图

代码分析

（1）创建后仍然无法看到存储过程的运行结果，只有调用和执行存储过程后才能得到存储过程的执行结果。

调用和执行存储过程“usp_GetAverageResult”的代码如下：

```
EXEC usp_GetAverageResult
```

执行结果如图 10-6 所示。

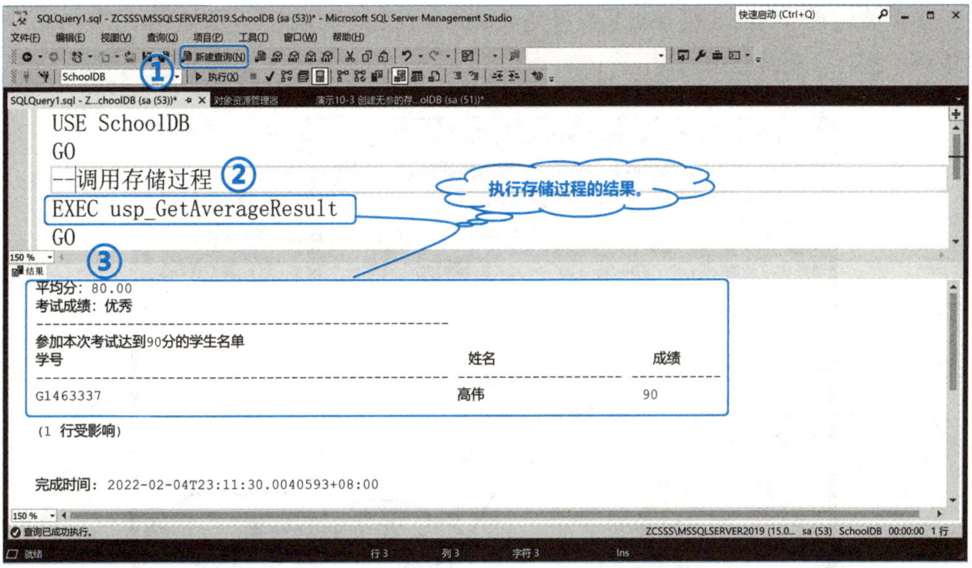

图 10-6　调用和执行存储过程"usp_GetAverageResult"的结果参考图

（2）创建存储过程的最后一定要使用"GO"语句结束，如以下代码会出现错误。

很容易出现以下错误。

```
CREATE PROC usp_SelectStudent
  AS
    SELECT * FROM Student
EXEC usp_SelectStudent
```

存储过程结束时未提交 GO 指令，使得调用该存储过程语句"EXEC usp_SelectStudent"被包含在存储过程的创建代码中，造成该存储过程被递归调用。

补充说明

（1）创建存储过程成功后可以在对应的数据库的"可编程性"节点中查看，如图 10-5 所示。

（2）执行存储过程的代码建议新建一个新的查询，更体现调用存储过程的价值，如图 10-6 所示。

【技能训练 10-2】使用不带参数的存储过程查询获得各学期的课程名称和课时数

技能要点

（1）创建无参存储过程。

（2）调用创建的存储过程。

需求说明

（1）利用存储过程查询各学期开设的课程名称和每门科目的课时。

（2）输出学期名称、课程名称和课时数，参考结果如图 10-7 所示。

（3）保存为"训练 10-2 无参存储过程查询获得各学期课程信息 .sql"。

关键点分析

（1）在创建存储过程之前要检测并输出已经存在的同名的存储过程。

（2）创建存储过程，利用连接查询获得每个学期的课程名称和课时。

（3）编译、执行，获得结果。

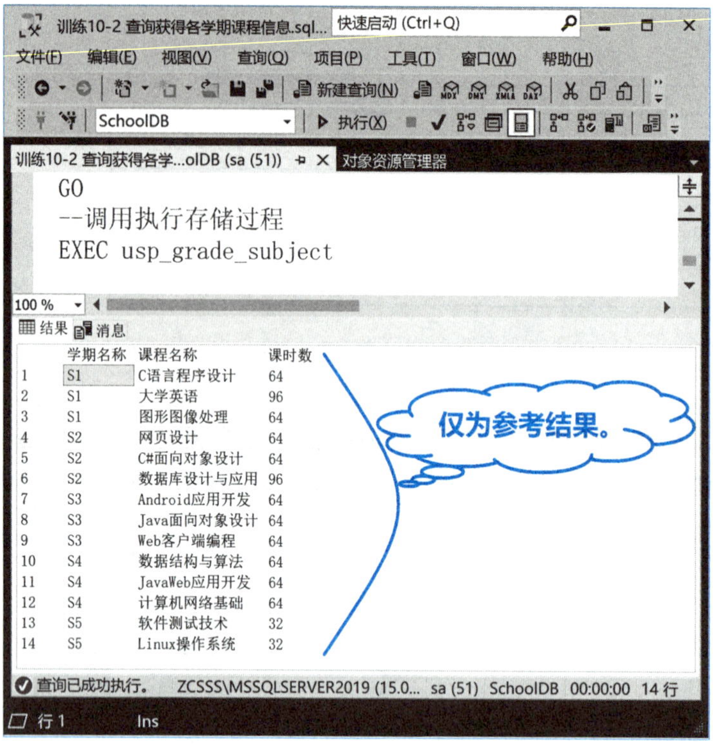

图 10-7 查询各学期开设的课程名称和课时数

微 课

创建带输入参数的存储过程

10.3.2 创建带输入参数的存储过程

1. 创建带输入参数的存储过程

如果存储过程的参数后面有“OUTPUT”关键字，则表示此参数为输出参数；否则视为输入参数，输入参数还可以设置默认值。

创建带输入参数的存储过程语法如下：

```
CREATE PROC[EDURE] 存储过程名
  {@参数1 数据类型}[=默认值],…,
  {@参数n 数据类型}[=默认值]
  AS
    SQL 语句
GO
```

其中，如果有 2 个及以上输入参数，需要用逗号分隔。

2. 执行带参数的存储过程

执行带参数的存储过程语法如下：

```
EXEC[UTE] 储过程名 [@参数1=] 参数值1 [DEFAULT],
```

```
…,
[@参数n=] 参数值n [DEFAULT]
```

其中，DEFAULT 表示参数的默认值，如果是按照顺序给予参数值，则可以不指定参数的名称。

【演示示例 10-4】使用带参数的存储过程，查询指定课程最近一次考试的平均分，依据平均分对本次考试成绩给出评价。

需求说明

（1）创建带输入参数的存储过程，课程名称和及格线为输入参数。

（2）统计指定课程最近一次考试的平均分。

（3）如果大于 80 分，则显示“考试成绩：优秀”，并输出 90 分及以上的学生名单；否则显示“考试成绩：较好”，并输出不及格学生名单。

（4）调用和执行存储过程，指定课程名称和及格线，测试存储过程是否正确。

关键点分析

（1）查询由输入参数决定课程的编号。

（2）查询输入参数决定课程的最近一次考试的日期。

（3）利用聚合函数 AVG() 获得输入参数决定课程的最近一次考试的平均分。

（4）判断平均分是否大于 80 分。如果大于 80 分，则显示“考试成绩：优秀”，并输出达到 90 分以上的学生名单；否则显示“考试成绩：较好”，并输出由输入参数决定及格分以下的学生名单。

代码如下

```
USE SchoolDB
GO
--检测是否存在：存储过程存放在系统表 sysobjrcts 中
IF EXISTS(SELECT * FROM sysobjects WHERE name='usp_unpass')
  DROP PROCEDURE usp_unpass
GO
CREATE PROCEDURE usp_unpass             --创建存储过程
  @subName varchar(50),
  @score int
  AS
    DECLARE @SubjectId int              --课程编号
    DECLARE @date datetime              --最近考试时间
    SELECT @SubjectId=SubjectId FROM Subject
      WHERE SubjectName=@subName
    SELECT  @date=MAX(ExamDate) FROM Result
      INNER JOIN Subject ON Result.SubjectId=Subject.SubjectId
      WHERE Result.SubjectId=@SubjectId
    DECLARE @avg decimal(18,2)          --平均分变量
    SELECT @avg=AVG(StudentResult) FROM Result
      WHERE ExamDate=@date and SubjectId=@SubjectId
```

```
    PRINT '平均分:'+CONVERT(varchar(5),@avg)
    IF (@avg>80)
      BEGIN
        PRINT '考试成绩:优秀'
        PRINT '--------------------------------------------------'
        PRINT '参加本次考试达到 90 分的学生名单'
        SELECT Student.StudentNo AS 学号,StudentName AS 姓名,StudentResult AS 成绩
          FROM Student INNER JOIN Result ON Student.StudentNo=Result.StudentNo
          WHERE StudentResult>=90 AND ExamDate=@date and SubjectId=@SubjectId
      END
    ELSE
      BEGIN
        PRINT '考试成绩:较好'
        PRINT '考试及格线是:'+CAST(@score AS varchar(10))+'分'
        PRINT '--------------------------------------------------'
        PRINT '参加最近一次'+@subName+'考试没有达到分数线的学员:'
        SELECT Student.StudentNo AS 学号,StudentName AS 姓名,StudentResult AS 成绩
          FROM Student INNER JOIN Result ON Student.StudentNo=Result.StudentNo
          WHERE StudentResult<@score AND ExamDate=@date and SubjectId=@SubjectId
      END
GO
PRINT '测试 1:C 语言程序设计, 70 分及格'
EXEC usp_unpass 'C 语言程序设计',70
--EXEC usp_unpass @score=60, @subName='C 语言程序设计'
PRINT '----------------------------------------------------------------------'
PRINT '----------------------------------------------------------------------'
PRINT '测试 2: 大学英语, 60 分及格'
EXEC usp_unpass '大学英语',60
GO
```

执行结果如图 10-8 所示。

代码分析

（1）用 EXEC 调用执行存储过程时需要为存储过程的输入参数指定数值。

```
EXEC usp_unpass 'C语言程序设计',70
```

或者

```
EXEC usp_unpass @score=70,@subName='C语言程序设计'
```

调用带参数的存储过程时，参数“C 语言程序设计”和“70”将分别传给输入参数 @subName 和 @score。输入参数用于将实际参数值传入存储过程中。

（2）可以测试多门课和不同的及格线，以确保存储过程设计的准确性，比如测试“C 语言程序设计，70 分及格”和“大学英语，60 分及格”，如图 10-8 所示。

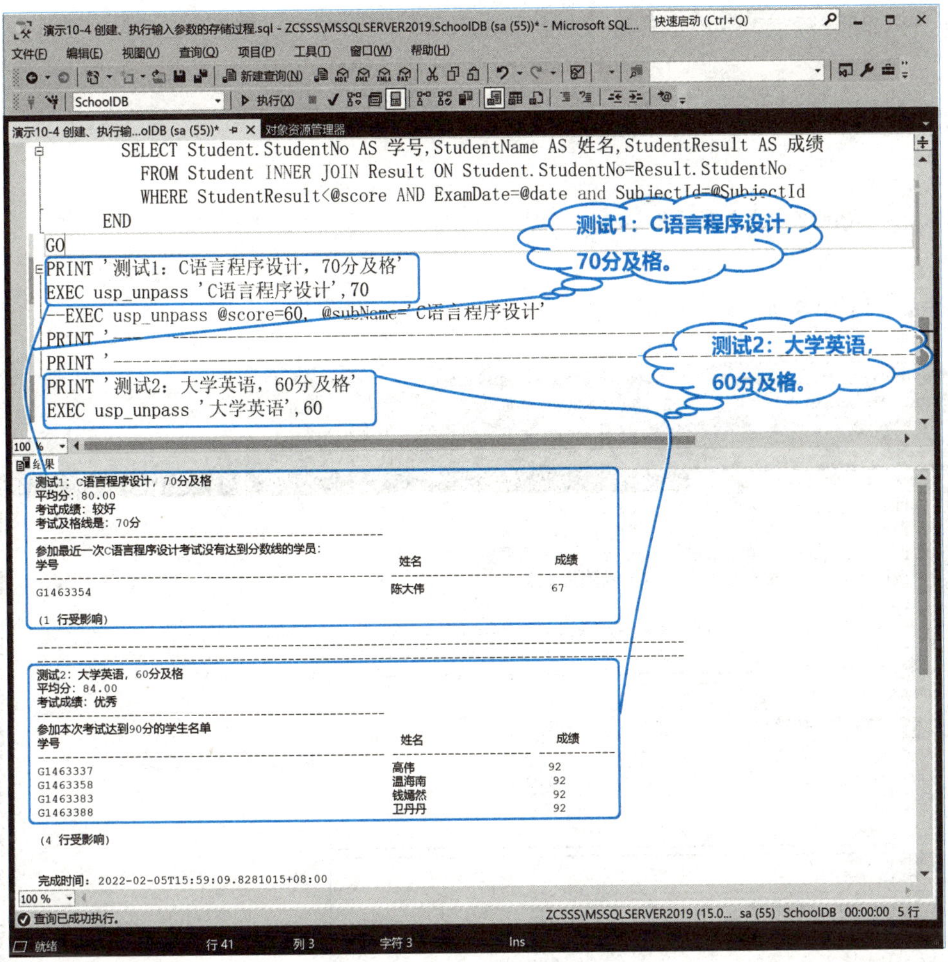

图 10-8 带输入参数的存储过程

3. 存储过程中输入参数的默认值

在设计输入参数时，可以为其指定一个默认值，比如考试的一般及格分为 60 分，可以将 60 分设置为输入参数的默认值，如果确定及格线为 60 分的情况下，就可以不需要为其指定参数值。

例如在“演示示例 10-4”中，为考试及格分数参数指定一个默认值 60 分的形式如下：

```
CREATE PROCEDURE usp_unpass -- 创建存储过程
  @subName varchar(50),
  @score int=60
  AS
    DECLARE @SubjectId int   -- 课程编号
    DECLARE @date datetime   -- 最近考试时间
    …
GO
```

如果考试试题难易程度比较合适，不需要调整及格分数，则调用存储过程的形式可以为：

```
EXEC usp_unpass '大学英语'
```

或者

```
EXEC usp_unpass @subName='大学英语'
```

或者

```
EXEC usp_unpass '大学英语',60
```

执行结果如图 10-9 所示。

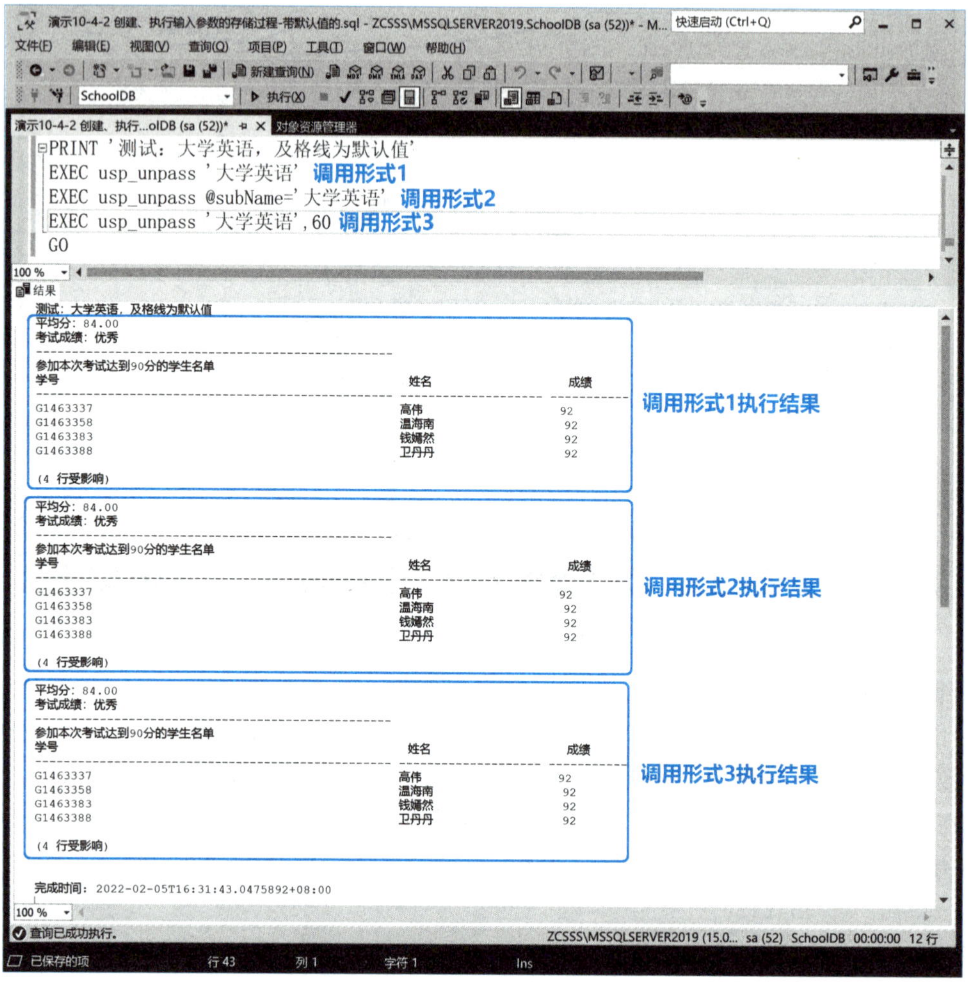

图 10-9 带默认值的存储过程

为了调用方便，一般将有默认值的参数放在存储过程参数列表的最后。

【技能训练 10-3】使用存储过程查看指定学期所开设的课程信息

技能要点

（1）创建带参数的存储过程。

（2）调用带参数的存储过程。

（3）默认值的应用。

需求说明

（1）学期为参数。

（2）查询输出指定学期总课时和开设的科目名称、每门科目的课时。

（3）如果没有指定学期名称，则查看每个学期的总课时和开设的科目名称、课时。

（4）运行结果如图 10-10 所示。

（5）保存为“训练 10-3 用存储过程查指定学期课程 .sql”。

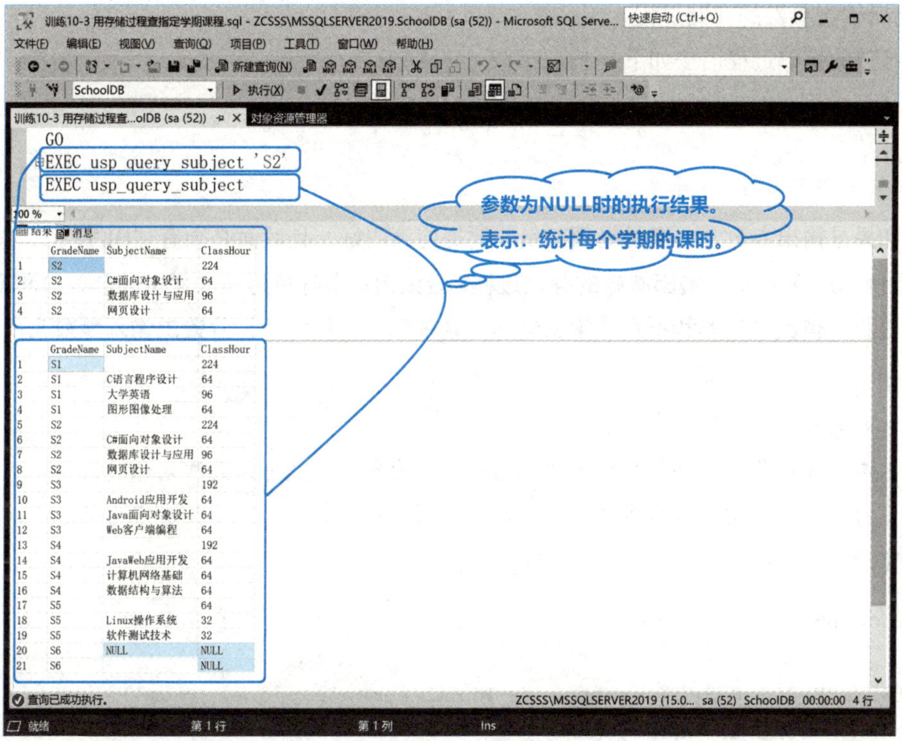

图 10-10　带输入参数存储过程的执行结果参考图

关键点分析

（1）设置输入参数，即学期名称指定默认值为 NULL。

（2）判断输入参数是否为 NULL。如果为 NULL 时表示统计每个学期的总课时。

（3）使用 UNION 关键字合并两个查询的记录集。

10.3.3　创建带输出参数的存储过程

微课

创建带输出参数的存储过程

调用存储过程后，需要返回一个或多个值，这时需要使用输出（OUTPUT）参数。

1. 创建带输出参数的存储过程

如果存储过程的参数后面有“OUTPUT”关键字，则表示此参数为输出参数，创建带输出参数的存储过程语法如下：

```
CREATE PROC[EDURE] 存储过程名
  {@参数 1 数据类型 }[=默认值 ] [OUTPUT],…,
  {@参数 n 数据类型 }[=默认值 ] [OUTPUT]
  AS
    SQL 语句
GO
```

其中，可以同时带输入参数和输出参数，即“OUTPUT”为可选择项，带“OUTPUT”关键字为输出参数，不带“OUTPUT”关键字为输入参数。

2. 执行带输出参数的存储过程

执行带参数的存储过程语法如下：

```
EXEC[UTE] 返回变量= 存储过程名 局部变量 1 OUTPUT,
…,
[局部变量 n OUTPUT]
```

其中，如果是输出参数，一般是局部变量，要提前声明好，且后面必须有“OUTPUT”关键字。

【演示示例 10-5】使用带输出参数的存储过程，查询指定课程最近一次考试的总人数和不及格人数，调用该存储过程，输出通过率和不及格学生信息，其中课程名称和及格分数由输入参数决定。

需求说明

（1）创建带输出参数和输入参数的存储过程。

（2）输入参数为课程名称和及格分数线，输出参数为参加考试总人数和未通过人数。

（3）调用存储过程，输出参加考试总人数、未通过人数、及格率和不及格学生信息。

代码如下

```
USE SchoolDB
GO
IF EXISTS(SELECT * FROM sysobjects WHERE name='usp_query_num')
  DROP PROCEDURE usp_query_num
GO
CREATE PROCEDURE usp_query_num
  @UnPassNum INT OUTPUT,                      --输出参数，未通过人数
  @TotalNum INT OUTPUT,                       --输出参数，参加考试总人数
  @SubjectName NCHAR(10),                     --输入参数，课程名称
  @Pass INT = 60                              --输入参数：及格线
  AS
    DECLARE @date datetime                    --最近考试时间
    DECLARE @SubjectId int                    --课程编号
    SELECT  @date=max(ExamDate) FROM Result INNER JOIN  Subject
      ON Result.SubjectId=Subject.SubjectId
      WHERE SubjectName=@SubjectName
```

```
    SELECT @SubjectId=SubjectId FROM Subject WHERE SubjectName=@SubjectName
    -- 输出课程名称、最近一次考试的日期和及格分数线
    PRINT @SubjectName+' 课程在 '+CONVERT(varchar(20),@date,102)+
      ' 考试的及格线是:'+CAST(@Pass AS varchar(10))
    -- 未通过的学员信息
    PRINT '--------- 不及格学生的信息如下 ------------'
    SELECT Result.StudentNo,StudentName,StudentResult  FROM  Result
      INNER JOIN Student ON Result.StudentNo = Student.StudentNo
      WHERE ExamDate=@date AND SubjectId=@SubjectId AND StudentResult<@Pass
      -- 获得未通过的学员人数
    SELECT @UnPassNum=COUNT(*) FROM Result
      WHERE ExamDate=@date AND SubjectId=@SubjectId AND StudentResult<@Pass
      -- 获得参加考试的学员总人数
    SELECT @TotalNum=COUNT(*) FROM Result
      WHERE ExamDate=@date AND SubjectId=@SubjectId
GO
```

执行结果如图 10-11 所示。

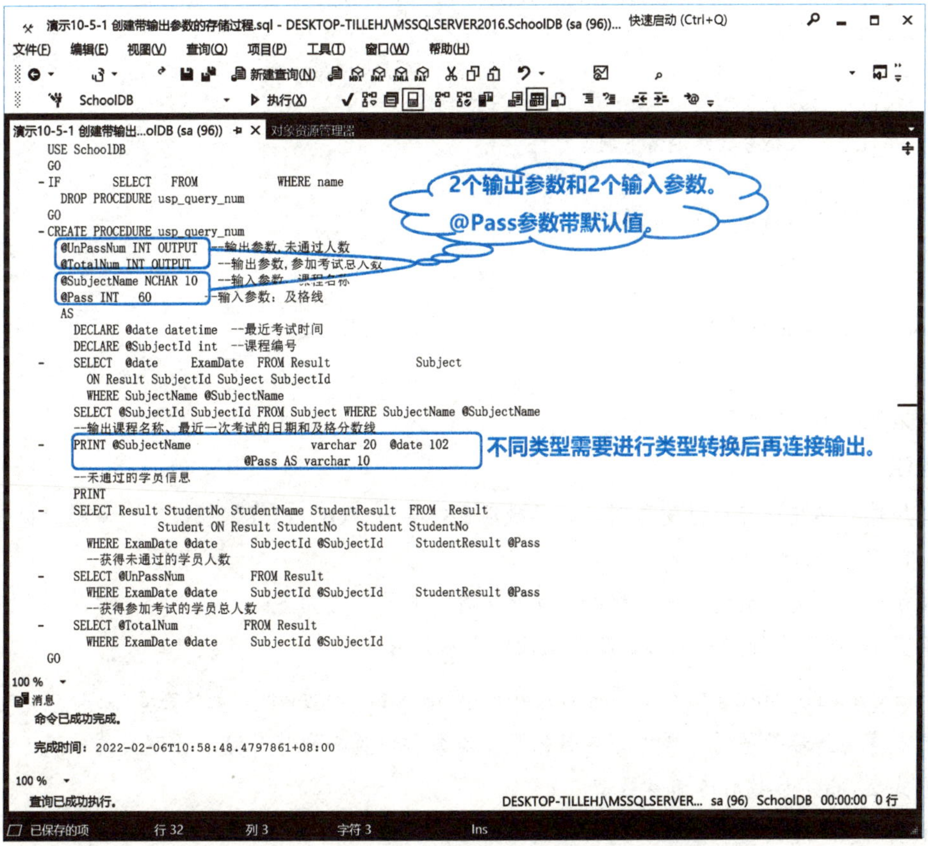

图 10-11 创建带输出参数的存储过程示意图

代码分析

（1）调用存储过程完成以下功能。

功能 1：计算考试的及格率 [(参加考试总人数 - 未通过人数)/ 参加考试总人数 *100] 并输出未通过人数、及格率。

功能 2：如果有未通过的学生，则判定及格率。若大于 60%，则显示信息“及格分数线不需要下调”；否则，显示信息“及格分数线应下调”。

（2）调用存储过程并根据获取的结果进行下一步处理，代码如下：

```
USE SchoolDB
GO
DECLARE @UnPassNum int                     -- 未通过人数
DECLARE @TotalNum int                      -- 参加考试总人数
EXEC usp_query_num @UnPassNum OUTPUT,@TotalNum OUTPUT,'大学英语',80
DECLARE @ratio decimal(10,2)                      -- 考试通过率
-- 计算考试的及格率 =（参加考试总人数 - 未通过人数）/ 参加考试总人数 *100
SET @ratio=CONVERT(decimal,(@TotalNum-@UnPassNum))/@TotalNum*100
PRINT '未通过人数:'+CAST(@UnPassNum AS varchar(10))+
  '人，及格率是:'+CAST(@ratio AS varchar(10))+'%'
IF @UnPassNum>0
  BEGIN
    IF @ratio>60
      PRINT '及格分数线不需下调。'
    ELSE
      PRINT '及格分数线应下调。'
  END
ELSE
  PRINT '恭喜！所有同学都通过了本次考试。'
GO
```

执行结果如图 10-12 所示。

补充说明

（1）使用输出参数创建存储过程时，在参数后面需要有“OUTPUT”关键字，调用时也需要在变量后有“OUTPUT”关键字。

（2）调用带有输出参数的存储过程的方法有多种，主要形式如下：

调用形式 1：按照存储过程的参数顺序依次传递参数值

```
EXEC usp_query_num @UnPassNum OUTPUT,@TotalNum OUTPUT,'大学英语',56
```

按参数顺序传递参数值时，要保证参数的数据类型和位置必须与存储过程定义的一致。

调用形式 2：指定参数名传递参数值

如果不按参数顺序传递参数值，则要指定参数名，例如：

```
EXEC usp_query_num @UnPassNum OUTPUT,@TotalNum OUTPUT,@Pass=56,@SubjectName='大学英语'
```

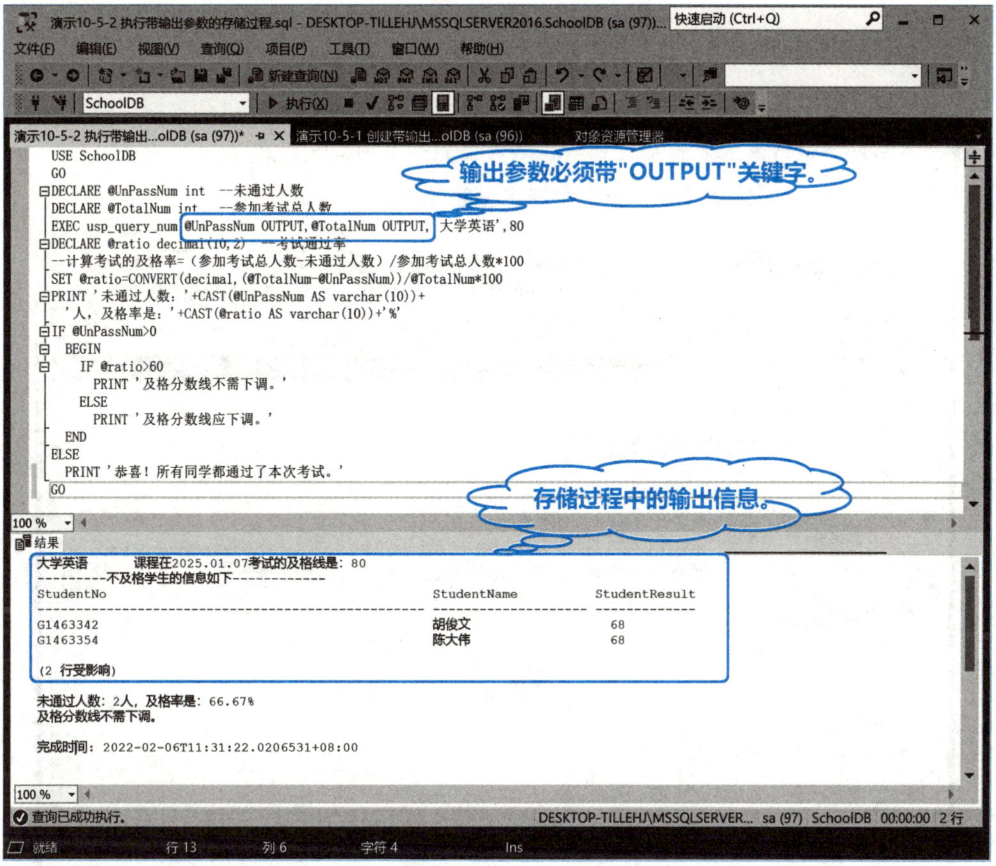

图 10-12 调用带输出参数存储过程执行参考结果

（3）一旦某个参数按“@ 参数名 = 参数值”格式传递数据，那么该参数之后的其他参数都必须以同样的格式传递参数值。

例如，下面的语句都是错误的。

```
EXEC usp_query_num @UnPassNum OUTPUT,@TotalNum OUTPUT,@Pass=56,'大学英语'
EXEC usp_query_num @UnPassNum OUTPUT,@TotalNum OUTPUT,@SubjectName='大学英语',default
```

（4）传递参数时，可以使用 DEFAULT 代表输入参数的默认值，例如：

```
EXEC usp_query_num @UnPassNum OUTPUT,@TotalNum OUTPUT,'大学英语',default
EXEC usp_query_num @UnPassNum OUTPUT,@TotalNum OUTPUT,@Pass=default,
@SubjectName='大学英语'
```

【技能训练 10-4】使用带输入和输出参数的存储过程，查询获得指定学期的课程名称和课时，统计该学期的课程数和总课时

技能要点

（1）使用输入、输出参数的存储过程完成数据查询，获得相关数据。

（2）利用输出参数获取的数据继续处理。

需求说明

（1）查询获得指定学期开设的课程名称和课时。

（2）如果学期名称为空，则显示“学期名称不能为空”，并返回。

（3）统计该学期的课程数和总课时，运行参考结果如图 10-13 所示。

（4）保存为“训练 10-4 存储过程获指定学期课程数 .sql”。

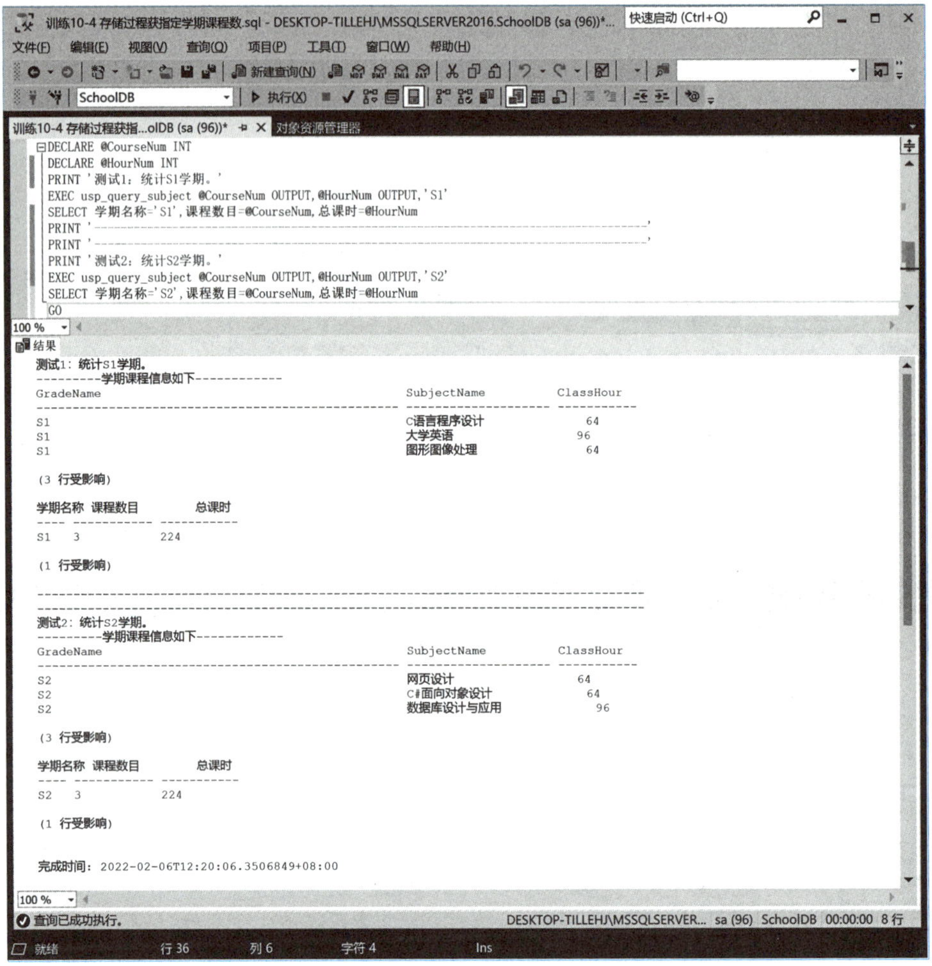

图 10-13 创建和调用带输入和输出参数存储过程参考结果图

关键点分析

（1）输入参数是学期名称。

（2）输出参数是指定学期开设的课程数和总课时数。

（3）查询获得指定学期所开设的课程和课时。

（4）统计并输出该学期的课程数和总课时。

补充说明

在 T-SQL 中，使用“/”运算符实现两个整型数值相除的结果仍是整型数，如果希望两个整型数值相除得到小数，则应该使用转换函数进行数据类型的强制转换，如“演示示例 10-5”中的代码如下：

```
SET @ratio=CONVERT(decimal,(@TotalNum-@UnPassNum))/@TotalNum*100
```

本章总结

本章主要介绍存储过程的创建和应用。存储过程是一组预编译的 SQL 语句，存储过程可以包含数据操作语句、逻辑控制语句和调用函数等。存储过程可加快查询的执行速度，提高访问数据的速度，帮助实现模块化编译，保持一致性和提高安全性。

存储过程分为系统存储过程和用户自定义的存储过程。CREATE PROCEDURE 语句用于创建用户自定义的存储过程。EXECUTE 语句用于执行存储过程。

存储过程的参数分为输入参数和输出参数，输入参数用来向存储过程中传入值，输出参数用于从存储过程中返回（输出）值，后面需要有“OUTPUT”关键字。

本章知识技能体系结构如图 10-14 所示。

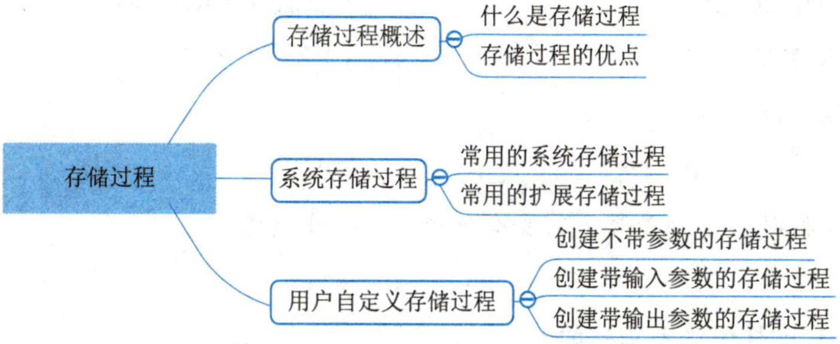

图 10-14　知识技能结构图

习题

一、选择题

1. 有关存储过程的参数默认值，下面说法正确的是（　　）。

   A. 输入参数必须有默认值

   B. 带默认值的输入参数，可方便用户调用

   C. 带默认值的输入参数，用户不能再传入参数，只能采用默认值

   D. 输出参数也可以带默认值

2. 下面有关存储过程的说法，（　　）是错误的。

   A. 它可以作为一个独立的数据库对象并作为一个单元供用户在应用程序中调用

   B. 存储过程可以传入和返回（输出）参数值

   C. 存储过程必须带参数，要么是输入参数，要么是输出参数

   D. 存储过程提高了执行效率

3．查阅 SQL Server 帮助，EXEC sp_pkeys buyers 的功能为（　　）。

A．查看表 buyers 的约束信息　　B．查看表 buyers 的列信息

C．查看表 buyers 的主键信息　　D．查看表 buyers 的存放位置信息

4．查阅 SQL Server 帮助，EXEC xp_logininfo 的功能为（　　）。

A．查看表 logininfo 的约束信息　　B．查看账户信息

C．查看当前登录信息　　D．查看当前权限

5．T-SQL 语言中，如果要删除一个存储过程，则可以使用（ ）语句。

A．create procedure　　B．drop database

C．drop procedure　　D．drop trigger

6．在 SQL Server 服务器上，存储过程是一组预先定义并（　　）的 Transact-SQL 语句。

A．保存　　B．编译　　C．解释　　D．编写

7．以下（　　）选项是创建存储过程的语句。

A．CREATE TRIGGER　　B．CREATE PROCEDURE

C．CREATE VIEW　　D．CREATE TABLE

8．系统存储过程的前缀是（　　）。

A．SP　　B．EX　　C．BP　　D．SX

9．在创建存储过程时，每个参数名前要有一个（　　）符号。

A．%　　B．#　　C．-　　D．@

10．以下关于存储过程说法不正确的是（　　）。

A．存储过程可以接收和传递参数

B．可以通过存储过程的名称来调用存储过程

C．存储过程每次执行的时候都会进行语法检查和编译

D．存储过程是放在服务器上，编译好的单条或多条 SQL 语句

二、操作题

1．使用存储过程查询并按每页 10 条记录进行分页显示图书借阅记录。要求：每页显示条数可以由输入参数指定，默认值为输出前 10 条记录。

2．使用存储过程统计显示以“北京”冠名的出版社出版的图书信息。要求：出版社名称作为参数传递给存储过程。

3．使用存储过程统计某一时间段内各种图书的借阅人次。要求：如果没有指定起始日期，则以前一个月当日作为起始日期；如果没有指定截止日期，则以当日作为截止日期。统计的总借阅人次作为存储过程的返回值返回。

4．存储过程实现插入借阅记录，输入参数为借书人 ID、借书人姓名、借阅的图书书名，要求同时完成如下操作。

（1）图书信息表 Book 对应的图书数量减 1。

（2）读者信息表 Reader 对应的读者已借书数量加 1。如果没有该借阅者的信息，则新加一条读者信息记录。

（3）向图书借阅表 Borrow 添加一条借阅记录，借阅日期、应归还日期和实际归还日期都采用默认值。

第 11 章 数据库设计与优化

工作任务

➢ 分析和设计数据库，并规范化数据

➢ 完成宾馆管理系统数据库的设计

➢ 完成图书管理系统数据库的设计

知识技能目标

➢ 了解数据库设计的重要性及步骤

➢ 理解三大范式，并能够规范化数据库的数据

➢ 掌握如何绘制数据库的 E-R 图

➢ 能够将 E-R 图转换为关系模型

➢ 掌握如何绘制数据库的模型图

➢ 能够独立完成一个简单应用系统的数据库设计

重点难点

➢ 绘制数据库的 E-R 图

➢ 绘制数据库的模型图

➢ 独立完成一个简单应用系统的数据库设计

早期的软件开发主要用于科学计算，在程序运行时输入数据，运算处理结束后得到结果输出，随着计算任务的完成，数据和程序会一起在内存中释放，不需要特别去保存数据。

如今的计算机存储数据量非常庞大，数据需要在多个程序中共享，并且还需要频繁地对存储的数据进行操作，就需要使用数据库对这些数据进行统一的管理“高校成绩管理系统”有一个学校所有学生的信息、开设课程的信息和考试成绩信息等数据，作为系统开发人员，需要先对上述数据进行收集，分析每个数据的特征、数据之间存在的关系以及定义的规则。根据收集到的数据，确定实体、实体的属性以及实体与实体之间的关系，画出实体联系图，开发人员即可通过实体联系图与用户进行良好的沟通，并指导后续开发工作。

11.1 数据库设计概述

数据库中存储的数据能否正确反映现实世界，在运行中能否及时、准确地为各个应用程序提供所需数据，与数据库的设计密切相关。

11.1.1 为什么需要数据库设计

数据库设计就是将数据库中的数据实体及这些实体之间的关系，进行规划和结构化的过程。图 11-1 所示为学生信息系统数据库的结构，该数据库包含学生及其测试成绩信息。图中还显示了 Student（学生）、Grade（年级）、Subject（科目）及 Result（成绩）这 4 个数据实体之间的关系。

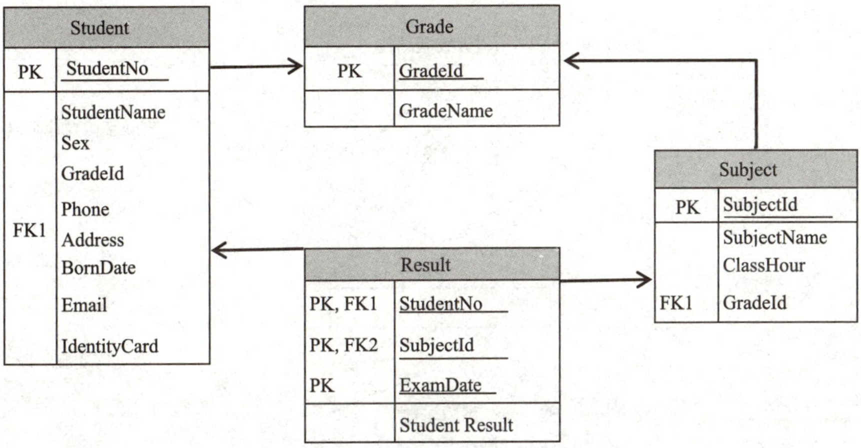

图 11-1　学生信息系统数据库的结构

数据库中创建的数据结构的种类，以及在数据实体之间建立的复杂关系是决定数据库系统效率的重要因素之一。

糟糕的数据库设计表现在以下几个方面。

（1）效率低下。

（2）数据完整性差。

（3）更新和检索数据时会出现许多问题。

良好的数据库设计表现在以下几方面。

（1）效率高。

（2）数据完整性好。

（3）便于进一步扩展。

（4）使得应用程序的开发变得更容易。

11.1.2 数据库设计步骤

1. 数据库设计步骤

数据库设计的基本步骤包括：需求分析阶段、概念结构设计阶段、逻辑结构设计阶段、物理结构设计阶段、数据库实施阶段、数据库运行与维护阶段，各步骤之间的关系如图 11-2 所示。

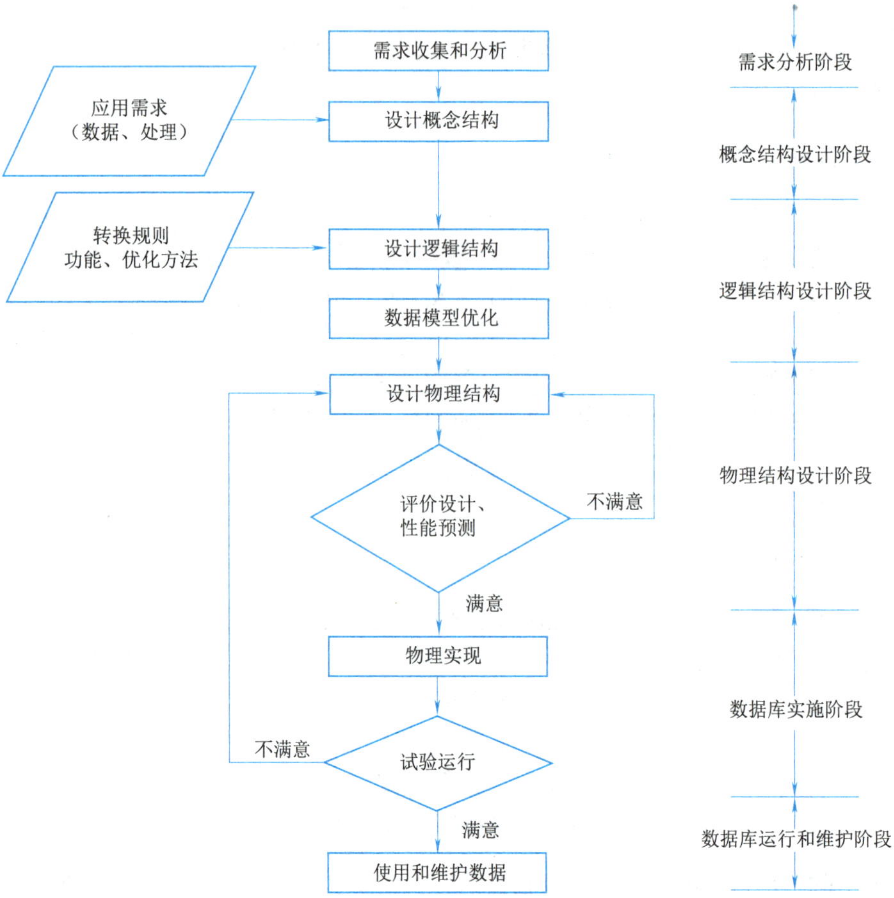

图 11-2 数据库设计步骤

（1）需求分析阶段

需求收集和分析，结果得到数据字典描述的数据需求（和数据流图描述的处理需求）。

（2）概念结构设计阶段

通过对用户需求进行综合、归纳与抽象，形成一个独立于具体数据库管理系统（Data Base

Management System，简称 DBMS）的概念模型，一般用 E-R 图来表示。

（3）逻辑结构设计阶段

将概念结构转换为某个 DBMS 所支持的数据模型（例如关系模型），并对其进行优化。

在数据库优化中需要将 E-R 图转换为多张表，进行逻辑设计，确认各表的主外键，并应用数据库设计的三大范式进行审核。经项目组开会讨论确定后，还需根据项目的技术实现，团队开发能力及项目的经费来源，选择具体的数据库（如 MySQL、SQL Server 或 Oracle 等）进行物理实现，包括创建库和创建表，并创建索引、事务和存储过程等。创建完毕后，开始进入代码编写阶段，开发前端应用程序。

（4）数据库物理设计阶段

为逻辑数据模型选取一个最适合应用环境的物理结构（包括存储结构和存取方法）。

（5）数据库实施阶段

运用 DBMS 提供的数据语言（例如 SQL）及其宿主语言（例如 C），根据逻辑设计和物理设计的结果建立数据库，编制与调试应用程序，组织数据入库，并进行试运行。

（6）数据库运行和维护阶段

数据库应用系统经过试运行后即可投入正式运行。在数据库系统运行过程中必须不断地对其进行评价、调整与修改。

需求分析和概念设计独立于任何 DBMS，逻辑设计和物理设计与选用的 DBMS 密切相关。

2. 需求分析阶段后台数据库设计

需求分析阶段的重点是调查、收集并分析客户业务的数据需求、处理需求、安全性与完整性需求。

常用的需求调研方法：在客户的公司跟班实习、组织召开调查会、邀请专人介绍、设计调查表请用户填写和查阅与业务相关的数据记录等。

常用的需求分析方法有调查客户的公司组织情况、各部门的业务需求情况、协助客户分析系统的各种业务需求和确定新系统的边界。

无论数据库的大小和复杂程度如何，在进行数据库的系统分析时，都可以参考下列基本步骤。

（1）收集信息。

（2）标识实体。

（3）标识每个实体需要存储的详细信息。

（4）标识实体之间的关系。

3. 收集信息

创建数据库之前，必须充分理解数据库需要完成的任务和功能。简单地说，就是需要了解数据库需要存储哪些信息（数据），实现哪些功能。以宾馆管理系统为例，需要了解宾馆管理系统的具体功能以及在后台数据库中保存的数据。

宾馆为客人准备充足的客房，后台数据库需要存放每间客房的信息，如客房号、客房类型、价格等。

客人在宾馆入住时要办理入住手续，后台数据库需要存放客人的相关信息，如客人姓名、身份证号等。

4. 标识实体

在收集需求信息后，必须标识数据库要管理的关键对象或实体。曾学习过对象的概念，实体可以是有形的事物，如人或产品；也可以是无形的事物，如商业交易、公司部门或发薪周期。在系统中标识这些实体以后，与它们相关的实体就会条理清楚。

以宾馆管理系统为例，需要标识出系统中的主要实体。

（1）客房：包括单人间、标准间、三人间、豪华间和总统套间。

（2）客人：入住宾馆客人的个人信息。

实体一般是名词，一个实体只描述一件事情，不能重复出现含义相同的实体。

数据库中的每个不同的实体都拥有一个与其相对应的表，也就是说，在宾馆管理系统的数据库中，会对应至少两张表，分别是客房表和客人表。

5. 标识每个实体需要的详细存储信息

将数据库中的主要实体标识为表的候选实体以后，就要标识每个实体存储的详细信息，也称为该实体的属性，这些属性将组成表中的列。简单地说，就是需要细分每个实体中包含的子成员信息。

下面以宾馆管理系统为例，逐步分解每个实体的子成员信息，如图 11-3 所示。

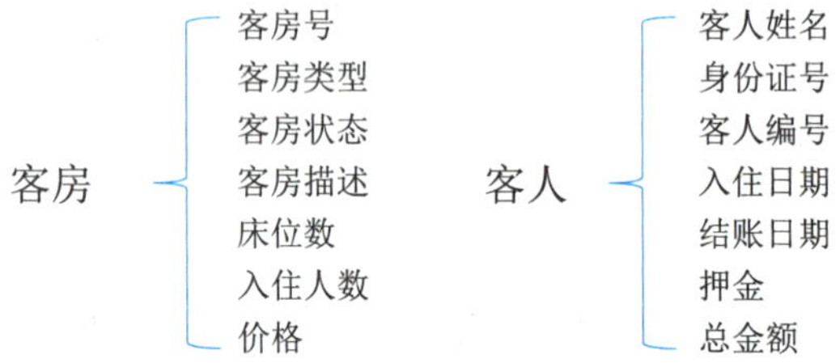

图 11-3　宾馆管理系统实体的信息

分解时，含义相同的成员信息不能重复出现，如联系方式和电话等。每个实体对应一张表，实体中的每个子成员对应表中的每一列。

例如，从上述的关系可以看出客人应该包含姓名和身份证号等。

6. 标识实体之间的关系

关系数据库有一项非常强大的功能：它能够关联数据库中各个项目的相关信息。不同类型的信息可以单独存储，但是如果需要，数据库引擎还可以根据需要将数据组合起来。在设计过程中，要标识实体之间的关系，需要分析数据库表，确定这些表在逻辑上是如何相关的，然后添加关系列建立起表之间的连接。以宾馆管理系统为例，客房与客人有主从关系，我需要在客人实体中标明他入住的客房号。

11.2 宾馆管理系统的概念设计

数据库的概念设计主要是设计数据库概念模型，概念模型实际上是现实世界到计算机世界的一个中间层次。数据库概念模型用于信息世界的建模，是现实世界到信息世界的第一层抽象，是数据库设计人员进行数据库设计的有力工具，也是数据库设计人员和用户之间进行交流的语言。

建立数据概念模型，就是从数据的观点出发，观察系统中数据的采集、传输、处理、存储、输出等，经过分析、总结之后建立起来的一个逻辑模型，它主要是用于描述系统中数据的各种状态。

11.2.1 实体 - 关系模型

1. 实体

所谓实体就是指现实世界中具有区分其他事物的特征或属性并与其他实体有联系的实体。

例如，宾馆管理系统中的客房（如：1008 客房、1018 客房等）、客人（如张山、李斯、王小二）等。

实体一般是名词，它对应表中的一行数据。

例如，张山用户是一个实体，他对应于“客人表”中“张山”所在的一行数据，包括客人姓名、身份证号等信息。

严格地说，实体是指表中一行特定数据，但在开发时，也常常把整个表称为一个实体。

2. 属性

属性可以理解为实体的特征。

例如，“客人”这一实体的属性有入住日期、结账日期和押金等。属性对应表中的列。

3. 联系

联系是两个或多个实体之间的关联关系。

图 11-4 所示为客人实体和客房实体之间的联系。

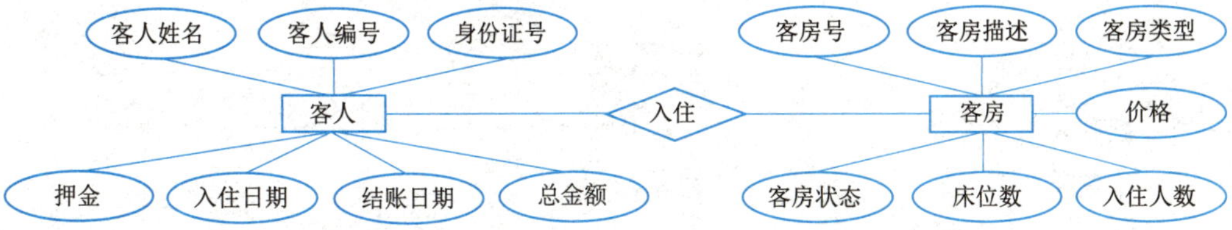

图 11-4　客人实体和客户实体之间的联系

4. 映射基数

映射基数表示通过联系与该实体关联的其他实体的个数。对于实体集 X 和 Y 之间的二元关系，映射基数必须为下列基数之一。

（1）一对一

X 中的一个实体最多与 Y 中的一个实体关联，并且 Y 中的一个实体最多与 X 中的一个实体关联。假定规定每个校长同一时刻只能在一所学校任职，同一时刻每个学校也只能有一个校长，那么，校长实体和学校实体之间就是一对一的关系。一对一关系也可以表示为 1∶1。

（2）一对多

X 中的一个实体可以与 Y 中的任意数量的实体关联，Y 中的一个实体最多与 X 中的一个实体关联。一个客房可以入住多个客人，所以，客房实体和客人实体之间就是典型的一对多关系。一对多关系也可以表示为 1∶N。

（3）多对一

X 中的一个实体最多与 Y 中一个实体关联，Y 中的一个实体可以与 X 中的任意数量的实体关联。客房实体和客人实体之间是典型的一对多关系，反过来说，客人实体和客房实体之间就是多对一的关系。多对一关系也可以表示为 N∶1。

（4）多对多

X 中的一个实体可以与 Y 中的任意数量的实体关联，反之亦然。例如，学校的每门课程可以有多个学生学习，每个学生可以学习多门课程，那么，课程实体和学生实体之间就是典型的多对多的关系。再如，产品和订单之间也是多对多关系，每个订单中可以包含多个产品，一个产品可能出现在多个订单中。

多对多关系也可以表示为 M : N。

5. 实体关系图

实体关系图又称 E-R 图。就是以图形的方式将数据库的整个逻辑结构表示出来。E-R 图的组成包括以下几部分。

（1）矩形：用于表示实体。

（2）椭圆形：用于表示属性。

（3）菱形：用于表示联系集。

（4）直线：用于连接属性和实体集，也用来连接实体集和联系集。

在本书中，直线可以是有方向的（在末端有一个箭头），用来表示联系集的映射基数，一对一、一对多和多对多的 E-R 形式如图 11-5 所示。

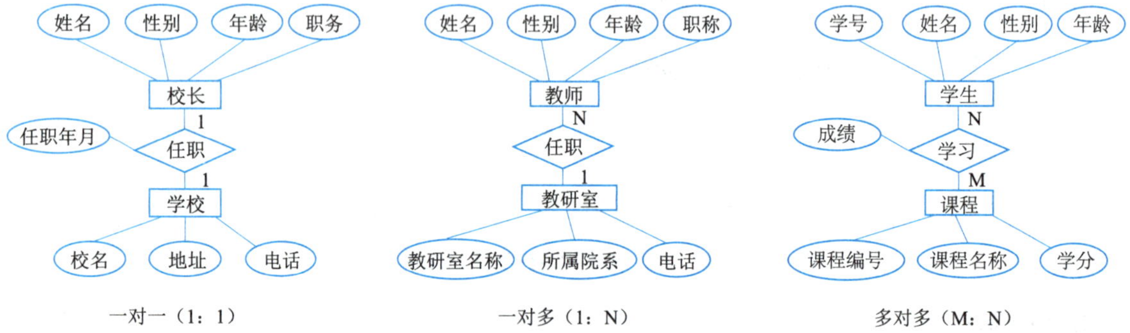

图 11-5　不同映射基数形式的 E-R 图

（1）一对一（1 : 1），1 个学校最多只有一个校长，并且每个校长最多只任职 1 所学校。

（2）一对多（1 : N），1 个教研室可以有多位老师，但是每位老师最多只归属 1 个教研室。

（3）多对多（M : N），1 个学生可以学习多门课程，1 门课程允许被多位学生学习。

根据 E-R 图的各种符号，可以绘制宾馆管理系统的 E-R 图，如图 11-6 所示。

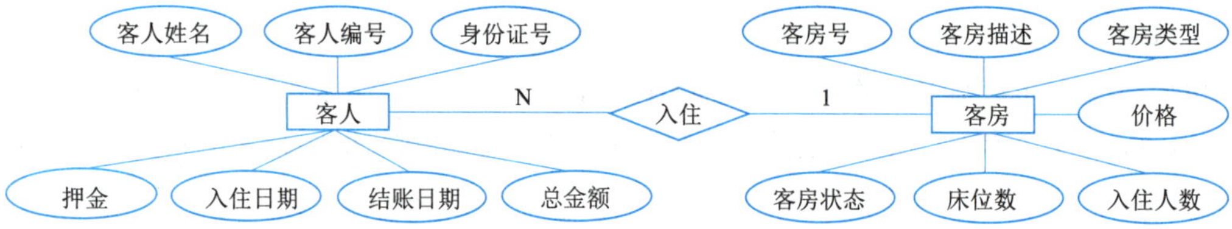

图 11-6　宾馆管理系统的 E-R 图

11.2.2　关系数据库模式

一个关系描述为属性名的集合称为关系模式。关系数据库模式是对关系数据库结构的描述，或者说是对关系数据库框架的描述。

以宾馆管理系统为例，实体“客人”和“客房”分别可以使用关系模式表示如下：

（1）客人：客人姓名、身份证号、客人编号、入住日期、结账日期、押金、总金额。

（2）客房：客房号、客房描述、客房类型、客房状态、床位数、入住人数、价格。

【技能训练 11-1】为图书管理系统绘制实体关系图（E-R 图）

技能目标

（1）按照设计数据库的步骤识别实体。

（2）描述实体之间的联系。

需求说明

（1）使用 Visio 工具绘制 E-R 图，标识图书管理系统实体、属性及实体之间的关系。

（2）在 E-R 图中明确标识出实体、实体属性及实体之间的关系。

（3）保存为“图书管理系统实体 - 关系图”。

关键点分析

（1）图书馆藏了多种图书，每种书籍有一本或一本以上的馆存量。

（2）每个读者一次可以借阅多本书籍，但每种书籍一次只能借一本。

（3）每次每本书籍的借阅时间是一个月。

（4）如果读者逾期不归还或丢失、损坏借阅的书籍，则必须按规定缴纳罚金。

11.3 宾馆管理系统的逻辑设计

11.3.1 E-R 图向关系模型的转化

E-R 图向关系模型的转换包括实体的转换和联系的转换。

1. 实体的转换规则

一个实体转换成一个关系模式。实体的属性就是关系的属性，实体的主键就是关系的主键。

例如：校长实体的转换如图 11-7 所示。

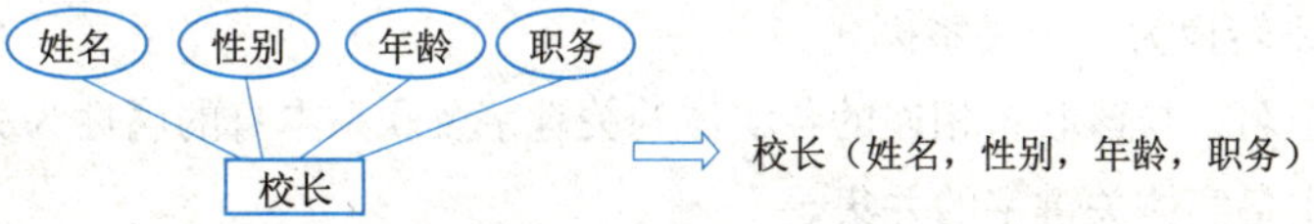

图 11-7 实体转换为关系

2. 联系的转换规则

（1）一对一联系

一对一 (1: 1) 联系有两种转换方式。

① 与任意一端的关系模式合并。可将相关的两个实体分别转换为两个关系，并在任意一个关系的属性中加入另一个关系的主关键字。

② 转换为一个独立的关系模式。联系名为关系模式名，与该联系相连的两个实体的关键字及联系本身的属性为关系模式的属性，其中每个实体的关键字均是该关系模式的候选键。

例如：校长与学校间存在 1: 1 的联系，其联系的转换如图 11-8 所示。

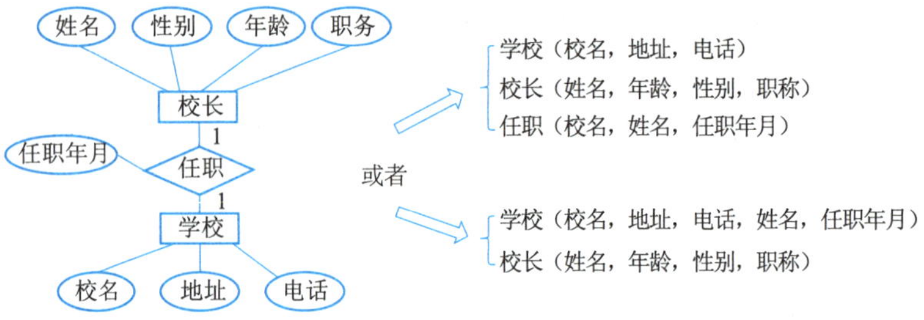

图 11-8　1：1 的联系转换为关系

（2）一对多联系

一对多 (1:N) 联系也有两种转换方式

① 将 1:N 联系与 N 端关系合并。1 端的关键字及联系的属性并入 N 端的关系模式即可。

② 将 1:N 联系转换为一个独立的关系模式。联系名为关系模式名，与该联系相连的各实体的关键字及联系本身的属性为关系模式的属性，关系模式的关键字为 n 端实体的关键字。

例如：教研室与教师间存在 1:N 的联系，其联系的转换如图 11-9 所示。

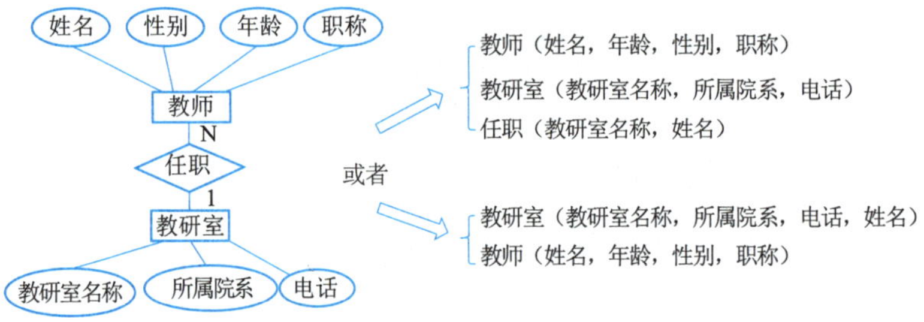

图 11-9　1：N 的联系转换为关系

（3）多对多联系

多对多 (M:N) 联系转换为一个关系模式。

关系模式名为联系名，与该联系相连的各实体的关键字及联系本身的属性为关系模式的属性，关系模式的关键字为联系中各实体关键字的并集。

例如：学生与课程间存在 M:N 的联系，其联系的转换如图 11-10 所示。

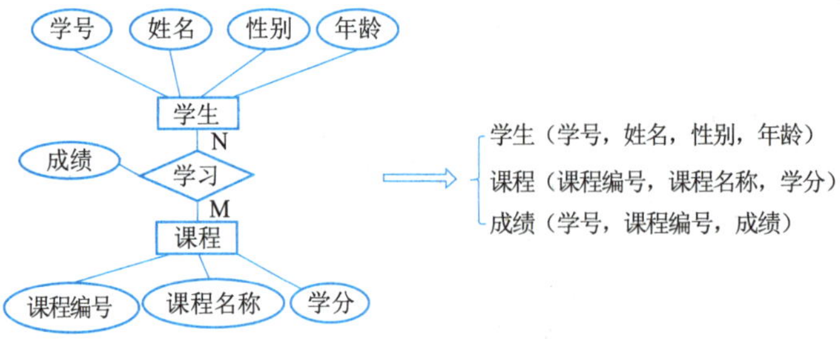

图 11-10　M：N 的联系转换为关系

11.3.2　绘制数据库模型图

设计良好的数据库模型可以通过图形化的方式显示数据库的存储信息以及表之间的关系，以确保数据库设计准确、完整且有效。

下面以宾馆管理业务为素材，演示如何将实体间的关系在 Microsoft Visio 中转化为数据库模型图。启动 Microsoft Visio 软件之后的操作步骤如下：

1. 新建数据库模型图

选择“文件”→“新建”→“数据库”→“数据库模型图”选项，出现一空白页面，可以看到绘图页面左侧是绘图模具，其中包含很多实体关系图。

2. 添加实体

在绘图窗口左侧的实体关系中选择实体并将其拖动到页面的适当位置，在“数据库属性”中定义数据表的物理名称及概念名称，如图 11-11 所示。

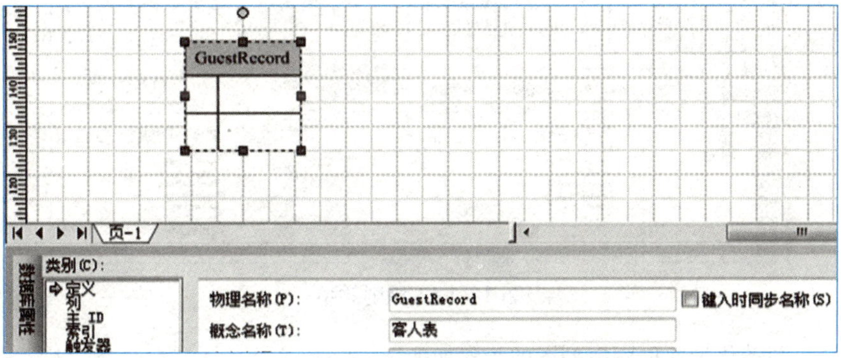

图 11-11　添加实体

3. 添加数据列及相应的属性

在“数据库属性”中选择类别为“列”，添加列、数据类型和注释等，如图 11-12 所示。

（1）物理名称：表示列名，一般输入英文，如 GuestID。

（2）PK：表示主键。

（3）必须的：表示是否可以为空。

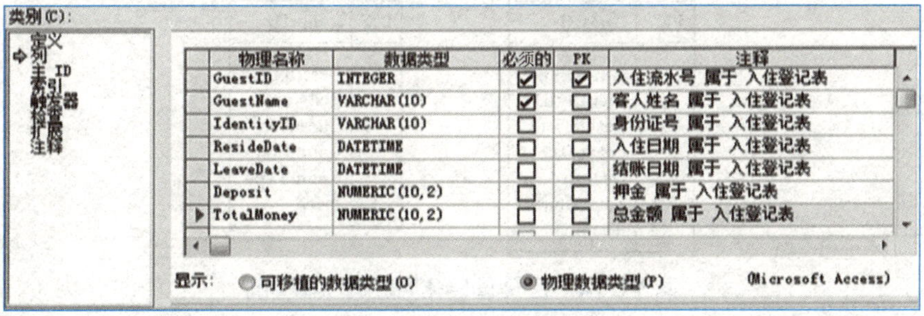

图 11-12　添加数据列

4．添加实体之间的映射关系

具体步骤如下：

（1）同添加 GuestRecord(客人)实体一样添加“客房”实体 Room。

（2）为 GuestRecord 添加外键约束列 RoomID(客房号)，对应 Room 表中的 RoomID 列。

单击左侧实体关系中的“连接线”工具，将“连接线”工具放在 Room 表的中心上，使表的四周出现方框，并拖动到 GuestRecord 表的中心。当 GuestRecord 表四周出现方框时，松开鼠标按键。两个连接点均变为红色，同时将 Room 表中主键 RoomID 作为外键添加到子表 GuestRecord 中，默认添加子表 GuestRecord 中的列 RoomID 与 Room 表中的列 RoomID 外键约束，如图 11-13 所示。

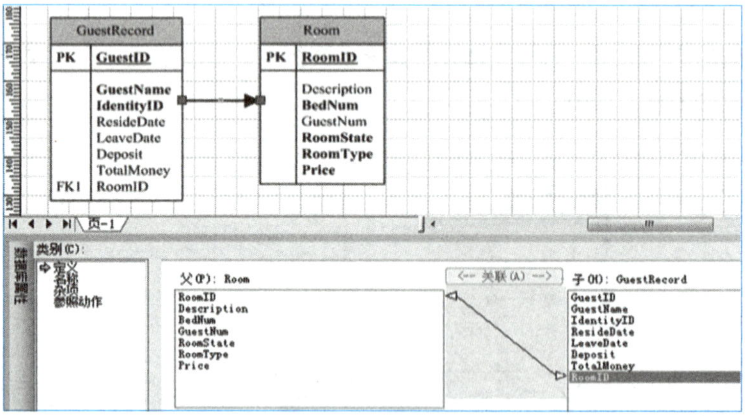

图 11-13　映射关系

总之，将 E-R 图转化为数据库模型图的步骤如下：

（1）将 E-R 图中各实体转化为对应的表，将各属性转化为各表对应的列。

（2）标识每个表的主键列，需要注意的是，要为没有主键的表添加 ID 编号列，该列没有实际含义，只用作主键或外键，如客人表中的“GuestID”列，客房表中添加的“RoomID”列。为了数据编码的兼容性，建议使用英文字段。为了直观可见，在英文括号内注明对应的中文含义，图 11-14 所示为将 E-R 图中的两个实体转换为数据库的两个表。

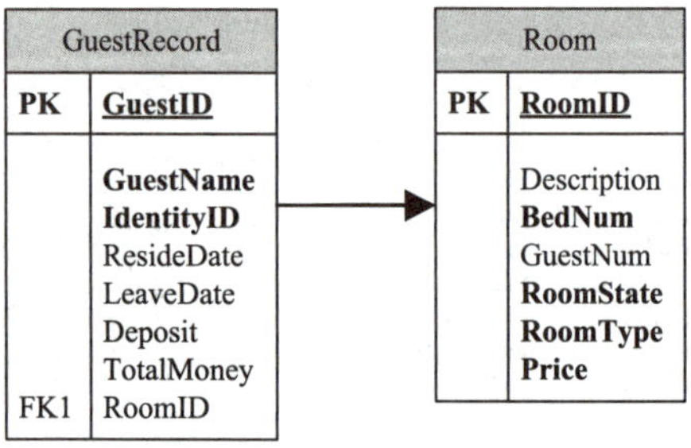

图 11-14　E-R 图转化为数据库模型图

（3）在数据库模型图中体现实体之间的映射关系。

客房和客人之间是一对多关系，对于一对多关系的两个实体表，一般会各自转换为一张表，并且后者对应的表引用前者对应的表，即客人（GuestRecord）表中的客房号来自客房（Room）表中的客房号，它们之间建立主键、外键关系。一般来说，一对多关系是一个表中的主键对应另一个表的非主键，主键的值是不能重复的，而非主键的值是可以重复的，就会存在一个值对应一个值或者一个值对应多个值两种可能，即一对多。而在一对一关系中，一般是一个主键对应一个主键，显然只有一个值对应一个值的可能。

多对多映射关系也是比较常见的，如课程和学生实体就是多对多关系。要表示多对多关系，除了将多对多关系中的两个实体各自转换为主表外，一般还会创建第 3 个表，称为连接表，它将多对多关系划分为两个一对多关系。将这两个表的主键都插入到第 3 个表中。因此，第 3 个表记录关系的每个匹配项或实例。例如，“订单”表和“产品”表有多对多关系，这种关系通常通过与“订单明细”表建立两个一对多关系来定义。一个订单可以有多个产品，每个产品可以出现在多个订单中。

【技能训练 11-2】绘制图书管理系统数据库模型图

技能目标

（1）掌握绘制数据库模型图的方法和步骤。

（2）完成图书管理系统数据库的模型图的绘制。

需求说明

（1）使用 Visio 工具，在训练 11-1 中绘制的图书管理系统的 E-R 图转化为数据库模型图，并体现出各实体之间的映射关系。

（2）保存为“数据库模型图”。

关键点分析

将实体转化为数据库表，实体属性转化为表中字段，实体之间的关系转化为主外键关系。

11.4 宾馆管理系统的数据规范化

11.4.1 设计中存在的问题

在概要设计阶段，同一个项目，10 个设计人员可能设计出 10 种不同的 E-R 图。不同的人从不同的角度，标识出不同的实体，实体又包含不同的属性，自然就设计出不同的 E-R 图。那么怎样审核这些设计图呢？怎样评审出最优的设计方案呢？下一步的工作就是规范化 E-R 图。

为了讨论方便，下面直接以表 11-1 的宾馆客人住宿信息表为例介绍，该表保存宾馆提供住宿的客房信息。

表 11-1　客人住宿信息表

客人编号	姓名	地址	……	客房号	客房描述	客房类型	客房状态	床位数	价格	入住人数
C1001	张山	Addr1	……	1001	A 栋 1 层	单人间	入住	1	128.00	1
C1002	李斯	Addr2	……	2002	B 栋 2 层	标准间	入住	2	168.00	0
C1003	王小二	Addr3	……	2002	B 栋 2 层	标准间	入住	2	168.00	2
C1004	赵六	Addr4	……	2003	B 栋 2 层	标准间	入住	2	158.00	1

续表

客人编号	姓名	地址	……	客房号	客房描述	客房类型	客房状态	床位数	价格	入住人数
……	……	……	……	……	……	……	……	……	……	……
C8006	A1	Addrm	……	8006	C 栋 3 层	总统套房	入住	3	1080.00	1
C8008	A2	Addrn	……	8008	C 栋 3 层	总统套房	空闲	3	1080.00	0

从用户的角度而言，将所有的信息放在一个表中很方便，因为这样查询数据可能会比较容易，但是表 11-1 具有下列问题。

1. 信息冗余高

表 11-1 中“客房类型”、“客房状态”和“床位数”列中有许多重复的信息，如“标准间”“入住”等。信息重复会造成存储空间的浪费及一些其他问题，如果不小心输入“标准间”和“标间”或“总统套房”和“总统套”，则在数据库中将表示两种不同的客房类型。

2. 更新异常

冗余信息不仅浪费存储空间，还会增加更新的难度。如果需要将“客房类型”修改为“标间”而不是“标准间”，则需要修改所有包含该值的行。如果由于某种原因，没有更新所有行，则数据库中会有两种类型的客房类型，一个是“标准间”，另一个是“标间”，这种情况被称为更新异常。

3. 插入异常

从表 11-1 中，我们会发现 2002 和 2003 客房的居住价格分别是 168 元和 158 元。尽管这两间客房都是标准间类型，但它们的“价格”却出现了不同，这样就造成了同一个宾馆相同类型的客房价格不同，这种问题被称为插入异常。

4. 删除异常

在某些情况下，当删除一行时，可能会丢失有用的信息。

例如，如果删除客房号为“1001”的行，就会丢失客房类型为“单人间”的账号信息，该表只剩下两种客房类型：“标准间”和“总统套房”。当希望查询有哪些客房类型时，将会误以为只有“标准间”和“总统套房”两种类型，这种情况被称为删除异常。

11.4.2 规范设计

需要重新规范设计表 11-1，有效避免上述诸多异常。

在数据库设计，有一些专门的规则，称为数据库的设计范式，遵守这些规则，将创建设计良好的数据库，下面将逐一讲解数据库中著名的三大范式理论。

1. 第一范式

第一范式（Normal Formate,1NF）的目标是确保每列的原子性。如果每列（或者每个属性值）都是不可再分的最小数据单元（也称为最小的原子单元），则满足第一范式。

例如：客人住宿信息表（姓名、客人编号、地址、客房号、客房描述、客房类型、客房状态、床位数、入住人数、价格等）。其中，“地址”列还可以细分为国家、省、市、区等，更多的程序甚至把“姓名”列也拆分为“姓”和“名”等。

如果业务需求中不需要拆分地址列，则该表已经符合第一范式；如果需要将地址列拆分，则符合第一范式的表为：客人住宿信息表（姓名、客人编号、国家、省、市、区、门牌号、客房号、客房描述、客房类型、客房状态、床位数、入住天数、价格等）。

2. 第二范式

第二范式（2NF）在第一范式的基础上更进一层，其目标是确保表中的每列都和主键相关。如果一个关系满足第一范式（1NF），并且除了主键以外的其他列都依赖于该主键，则满足第二范式（2NF）。

客人入住信息表数据主要用来描述客人住宿信息，所以该表主键为（客人编号、客房号）。但是:“姓名”列、“地址”列→“客人编号”列。“客房描述”列、“客房类型”列、“客房状态”列、“床位数”列、“入住人数”列、“价格”列→“客房号”列。

其中，“→”符号代表依赖。以上各列没有全部依赖于主键（客人编号、客房号），只是部分依赖于主键，违背了第二范式的规定，所以在使用第二范式对客人住宿信息进行规范化之后分解成以下两个表。

客人信息表（客人编号、姓名、地址、客房号、入住时间、结账日期、押金、总金额等），主键为“客人编号”列，其他列全部依赖于主键列。

客房信息表（客房号、客房描述、客房类型、客房状态、床位数、入住人数、价格等），主键为“客房号”列，其他列都全部依赖于主键列。

3. 第三范式

第三范式（3NF）在第二范式的基础上再进一层，第三范式的目标是确保每列都和主键列直接相关，而不是间接相关。如果一个关系满足第二范式（2NF）,并且除了主键以外的其他列都只能依赖于主键列，列和列之间不存在相互依赖关系，则满足第三范式（3NF）。

为了理解第三范式,需要根据 Armstrong 公理之一定义传递依赖。假设 A、B 和 C 是关系 R 的三个属性，如果 A → B 且 B → C，则从这些函数依赖 (FD) 中，可以得出 A → C。如上所述，依赖 A → C 是传递依赖。

以第二范式中的客房信息表为例，初看该表时没有问题，满足 2NF，每列都和主键列“客房号”相关，再细看会发现：

“床位数”列、“价格”列→“客房类型”列

“客房类型”列→“客房号”列

“床位数”列、“价格”列→“客房号”列

为了满足 3NF,应该去掉“床位数”列、“价格”列和“客房类型”列,将客房信息表分解为如下两个表。

客房表（客房号、客房描述、客房类型编号、客房状态、入住人数等）。

客房类型表（客房类型编号、客房类型名称、床位数、价格等）。

又因为第三范式也是对字段冗余性的约束，即任何字段都不能由其他字段派生出来，所以要求字段没有冗余。如何正确认识冗余呢？

主键与外键在多表中的重复出现不属于数据冗余，非主键字段的重复出现才是数据冗余。在客房表中客房状态存在冗余，需要进行规范化，规范化以后的表如下：

客房表（客房号、客房描述、客房类型编号、客房状态编号、入住人数等）。

客房状态表（客房状态编号、客房状态名称）。

了解了用于规范化的数据库设计的三大范式后，下面一起来审核表 11-1 客房实体。

（1）是否满足第一范式。

第一范式要求每列必须是最小的原子单元，即不能再细分。前面提及过，为方便查询，地址需要分

为省、市、区等，但目前还没有这方面的查询，因此本例已经符合第一范式。

（2）是否满足第二范式。

第二范式要求每列必须和主键相关，不相关的列放入到别的表中，即要求一个表只描述一件事情。也可以直接查看该表描述了哪几件事情，然后一件事情创建一个表。表 11-1 描述了两件事情。

第一件事：客人信息。

第二件事：客房信息。

即需要将其拆分两个表，对各列进行筛选，两个表即为表 11-2 和表 11-3。

表 11-2 客人信息表

客人编号	姓名	地址	……
C1001	张山	Addr1	……
C1002	李斯	Addr2	……
C1003	王小二	Addr3	……
C1004	赵六	Addr4	……
……	……	……	……
C8006	A1	Addrm	……
C8008	A2	Addrn	……

表 11-3 客房信息表

客房号	客房描述	客房类型	客房状态	床位数	价格	入住人数
1001	A 栋 1 层	单人间	入住	1	128.00	1
2002	B 栋 2 层	标准间	入住	2	168.00	0
2002	B 栋 2 层	标准间	入住	2	168.00	2
2003	B 栋 2 层	标准间	入住	2	158.00	1
……	……	……	……	……	……	……
8006	C 栋 3 层	总统套房	入住	3	1080.00	1
8008	C 栋 3 层	总统套房	空闲	3	1080.00	0

其中,“客人编号”“客房号”分别为这两表的主键。图 11-15 展示了符合第二范式的宾馆业务 E-R 图。

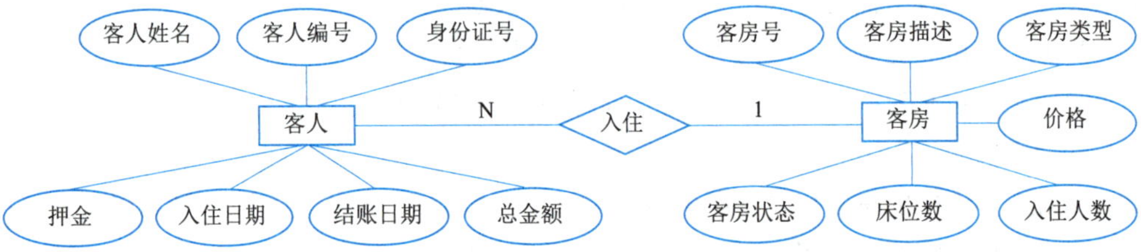

图 11-15 符合第二范式的宾馆业务 E-R 图

（3）是否满足第三范式。

第三范式要求表中各列必须和主键直接相关，不能间接相关，即需要拆分客房信息表为客房表、客房类型表和客房状态表，3 个表即为表 11-4 至表 11-6。

表 11-4　客房表

客房号	客房描述	客房类型编号	客房状态	入住人数
1001	A 栋 1 层	001	001	1
2002	B 栋 2 层	002	001	2
2003	B 栋 2 层	002	004	1
……	……	……	……	……
8006	C 栋 3 层	009	001	1
8008	C 栋 3 层	009	002	0

表 11-5　客房类型表

客房类型编号	客房类型名称	床位数	价格
001	单人间	1	128.00
002	标准间	2	168.00
003	三人间	3	188.00
……	……	……	……
009	总统套房	2	1080.00

表 11-6　客房状态表

客房状态编号	客房状态名称
001	入住
002	空闲
003	维修
……	……

按照第三范式的要求，在符合第二范式的宾馆业务 E-R 图上继续规范数据库表结构，得到了如图 11-16 所示的符合第三范式的宾馆业务 E-R 图，图 11-17 则是由图 11-12 的 E-R 图转化后的数据库模型图。

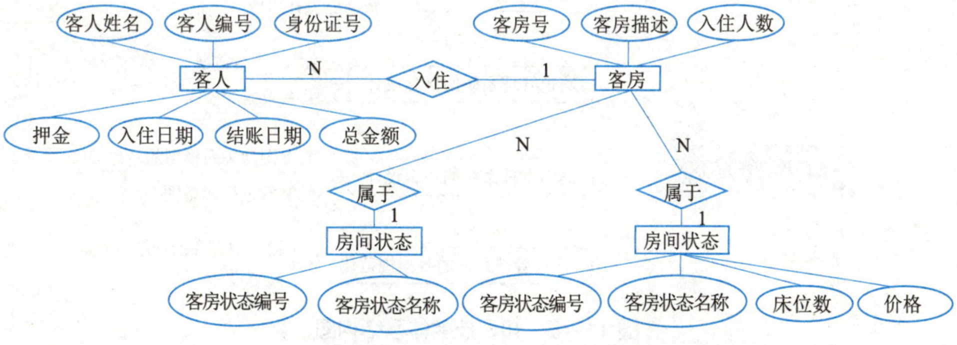

图 11-16　符合第三范式的宾馆业务 E-R 图

【技能训练 11-3】以 3NF 为目标规范化图书管理系统数据库设计

技能目标

（1）理解数据库设计的三大范式的价值和实现途径。

（2）完成图书管理系统数据库的规划化。

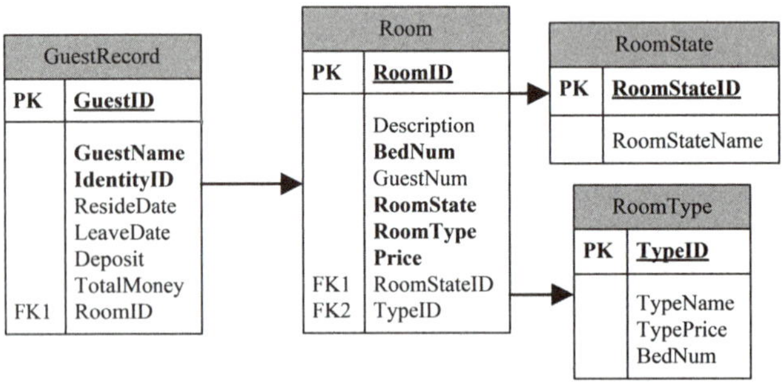

图 11-17　符合第三范式的宾馆业务数据库模型图

需求说明

（1）根据三大范式规范化图书管理系统数据。

（2）为了保证应用程序的运行性能，对符合第三范式的数据库结构进行调整。

关键点分析

（1）向各表中插入数据，查看表中的每个属性列是否存在重复、插入异常、更新异常和删除异常。

（2）对照三大范式的定义，解决表中的异常问题。

本章小结

本章介绍了数据库设计的四大步骤，并具体分析了概要设计和逻辑设计的工具和实现途径，重点分析了数据库规划化设计的重要性、必要性和实施步骤，实现了对宾馆管理系统的设计与规范化。

本章知识技能体系结构如图 11-18 所示。

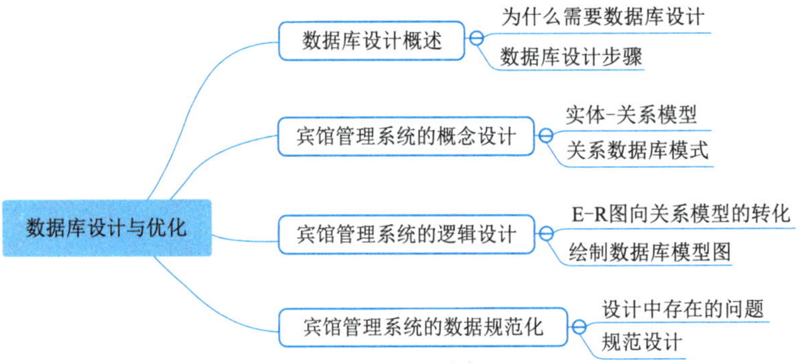

图 11-18　知识技能体系结构图

习题

一、选择题

1. 假定一位教师可讲授多门课程，一门课程可由多位教师讲授，则教师与课程直接是（ ）。

A. 一对一的关系 B. 一对多的关系 C. 多对一的关系 D. 多对多的关系

2. 在 E-R 图中，用长方形和椭圆分别表示（ ）。

A. 关系、属性 B. 属性、实体 C. 实体、属性 D. 属性、关系

3. 用于表示数据库实体直接的图是（ ）。

A. 实体关系图 B. 数据模型图 C. 实体分类图 D. 以上都不是

4. 下列（ ）是有效的映射约束。

A. 多对多 B. 多对一 C. 一对三 D. 交叉映射

5. 关于数据库的设计范式，以下说法错误的是（ ）。

A. 数据库的设计范式有助于规范化数据库的设计

B. 数据库的设计范式有助于减少数据冗余

C. 设计数据库时，一定要严格遵守设计范式

D. 设计数据时，如遵守设计范式，可能会受约束，因此不需考虑三大范式的问题

6. 数据冗余指的是（ ）。

A. 数据和数据之间没有联系 B. 数据有丢失

C. 数据量太大 D. 存在重复的数据

7. E-R 图中，实体之间的关系使用（ ）来表示。

A. 矩形 B. 椭圆形 C. 圆形 D. 菱形

8. 项目开发需要经过几个阶段，绘制数据库的 E-R 图应在（ ）阶段进行。

A. 需求分析 B. 概要设计 C. 详细设计 D. 代码编写

9. 假设需要设计一张表，记录各个作者著作的所有图书信息，表结构设计如下：作者（作者名称、图书 1、版本 1、书价 1、图书 2、版本 2、书价 2…），该表最高符合第（ ）范式。

A. 一 B. 二 C. 三 D. 未规范化的

10. 以下关于规范设计的描述错误的是（ ）。

A. 规范设计的主要目的是消除冗余

B. 规范设计会提高数据库的性能

C. 设计数据库时，规范化程度越高越好

D. 在规范化数据库中，易于维护数据完整性

二、简答和操作题

1. 简述设计数据库的步骤。

2. 简述 3 个范式的含义。

3. 请列举生活案例说明实体之间一对一、一对多及多对多的关系。

4. 什么是 E-R 图？在数据库设计中的作用是什么？

5. 现在要开发一个图书馆信息管理系统，请根据下面的需求，按照数据库设计步骤，绘制出符合第三范式的 E-R 图和数据库模型图。

（1）图书馆藏了多种图书，每种书籍有一本或一本以上的馆存量。

（2）每个读者一次可以借阅多本书籍，但每种书籍一次只能借一本。

（3）每次每本书籍的借阅时间是一个月。

（4）如果读者逾期不归还或丢失、损坏借阅的书籍，则必须按规定缴纳罚金。

第 12 章
课程项目——银行 ATM 系统数据库的设计与实现

工作任务

- 数据库设计与实现
- 模拟 ATM 系统的常规业务
- 创建视图以方便用户查询
- 利用存储过程实现业务处理
- 利用事务实现较复杂的数据更新

知识技能目标

- 深入理解数据库设计、实现的过程和方法
- 理解 ATM 系统的业务逻辑
- 使用 T-SQL 语句创建数据库和表结构
- 使用 T-SQL 语句编程实现用户业务
- 使用事务和存储过程封装业务逻辑
- 使用视图简化复杂的数据查询

重点难点

- 使用 T-SQL 语句建库、建表和添加约束
- 使用事务和存储过程封装业务逻辑
- 使用学习技能完成一个具体项目的设计与实现

通过前面章节的学习，已经掌握了数据库的规范化设计，使用 T-SQL 创建数据库和表，并添加约束，对数据进行增、删、改、查操作，使用视图、存储过程和事务实现业务逻辑。

本章将利用这些综合技能完成“银行 ATM 存取款机系统”项目的数据库设计过程，并模拟实际业务的数据处理。

12.1 项目分析

12.1.1 需求概述

某银行是一家民办的小型银行企业，现有十多万客户。公司将为该银行开发一套 ATM 存取款机系统，对银行日常的存取款业务进行计算机管理，以保证数据的安全性，提高工作效率。

要求学员根据银行存取款业务需求设计出符合第三范式的数据库结构，使用T-SQL创建数据库和表，并添加约束，进行数据的增、删、改、查，运用逻辑结构语句、事务、视图和存储过程，按照银行的业务需求，实现各项银行日常存款、取款和转账业务。

12.1.2 开发环境

数据库：SQL Server 2019。

绘图工具：Microsoft Visio。

12.1.3 项目覆盖的技能要点

（1）使用 T-SQL 语句创建数据库和表，并添加各种约束。

（2）进行常见的 T-SQL 编程。

① INSERT 语句：开户。

② UPDATE 语句：存款或取款。

③ DELETE 语句：销户。

④ IF 语句：存取款逻辑的判断。

⑤ 聚合函数：月末汇总。

⑥ 日期函数：查询本周开户的卡号，显示该卡的相关信息。

⑦ 字符串函数：随机生成卡号。

（3）创建事务和安全。

① 事务处理：本银行内账户间的转账。

② 安全：添加 ATM 系统的系统维护账号。

（4）使用子查询并进行查询优化。

① 子查询：查询挂失账号的客户信息和催款提醒业务等。

② 查询优化：查询指定卡号的交易记录。

（5）创建并使用视图：查询各表时显示中文字段名。

（6）创建并调用存储过程：包括取款或存款的存储过程、产生随机卡号的存储过程等。

12.1.4 需求分析

该银行的 ATM 存取款机业务如下：

（1）银行为客户提供了各种银行存取款业务，见表 12-1。

表 12-1　银行存取款业务

业务	描述
活期	无固定存期，可随时存取，存取金额不限的一种比较灵活的存款
定活两便	事先不约定存期，一次性存入，一次性支取的存款
通知	不约定存期，支取时需提前通知银行，约定支取日期和金额方能支取的存款
整存整取	选择存款期限，整笔存入，到期提取本息的一种定期储蓄。银行提供的存款期限有半年、1 年、2 年、3 年和 5 年等
零存整取	一种事先约定金额，逐月按约定金额存入，到期支取本息的定期存取。银行提供的存款期限有 1 年、2 年、3 年和 5 年等
自助转账	在 ATM 存取款机上办理同一币种账户的银行卡之间互相划转

（2）每个客户凭个人身份证在银行可以开设多个银行卡账户。开设账户时，客户需要提供的开户数据见表 12-2。

表 12-2　开设银行卡账户的客户信息

数据	说明
姓名	必须提供
身份证号	唯一确定客户，如果是第二代身份证，则由 17 位数字和 1 位数字或字符组成
联系电话	分为固定电话号码和手机号码 固定电话号码由数字和“-”构成，有以下两种格式 （1）×××-×××××××× （2）××××-×××××××× 手机号码由 11 位数字组成
居住地址	可以选择填写

（3）银行为每个账户提供一个银行卡，每个银行卡可以存入一种币种的存款。银行卡账户的信息见表 12-3。

表 12-3　银行卡账户信息

数据	说明
卡号	银行的卡号由 16 位数字组成。其中，一般前 8 位代表特殊含义，如某总行某支行等，假定该行要求其营业厅的卡号格式为 6227 7856××××××××；后 8 位一般随机产生且唯一
密码	由 6 位数字构成，开户时默认为“888888”
币种	默认为 RMB，目前该银行尚未开设其他币种存款业务
存款类型	必填
开户日期	客户开设银行卡账户的日期，默认为当日
开户金额	规定不得小于 1 元，默认为 1 元
余额	客户最终的存款金额，规定不得小于 1 元，默认为 1 元
是否挂失	默认为“0”，表示否；“1”表示是

（4）客户持银行卡在 ATM 存取款机上输入密码，经系统验证身份后办理存款、取款和转账等银行业务。银行规定：每个账户当前的存款余额不得小于 1 元。

（5）银行在为客户办理业务时，需要记录每一笔账目。账目交易信息见表 12-4。

表 12-4　账目信息交易表

数据	说明
卡号	银行的卡号由 16 位数字组成
交易日期	默认为当日
交易金额	必须大于 0 元
交易类型	包括存入和支取两种
备注	对每笔交易做必要的说明

（6）该银行要求这套软件能实现银行客户的开户、存款、取款、转账和余额查询等业务，使得银行存储业务方便、快捷，同时保证银行业务数据的安全性。

（7）为了使开发人员尽快了解银行业务，该银行提供了银行卡手工账户和存取款单据的样本数据，以供项目开发时参考。

12.2 项目需求实现

12.2.1 数据库设计

微课

数据库设计

1. 数据库设计

明确银行 ATM 存取款机系统的实体、实体属性以及实体之间的关系。

2. 绘制E-R图

使用 Microsoft Visio 工具，把设计数据库第一步的结果（即分析得到的银行 ATM 存取款机系统的实体、实体属性以及实体之间的关系）用 E-R 图表示。要求：E-R 图中要体现各实体之间的关系。

3. 绘制数据库模型图

使用 Microsoft Visio 工具，把 E-R 图中的实体转换成数据库中的表对象，并为表中的每一列指定数据类型和长度。要求：数据库模型图中要标识表的主键和外键。参考图如图 12-1 所示。

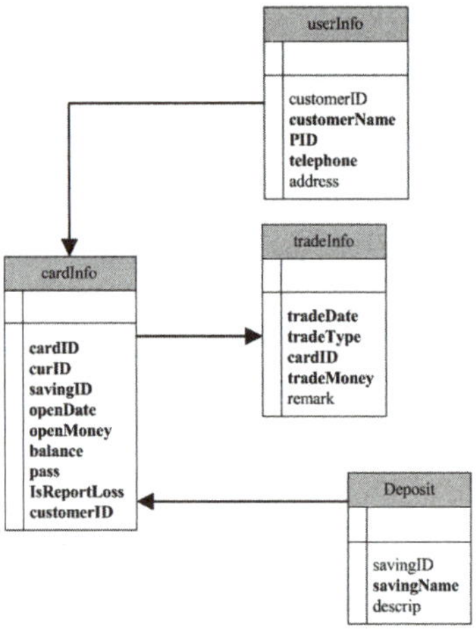

图 12-1　模型参考图

4．规范数据库结构设计

使用第三范式对数据库表结构进行规范化。

微　课

创建数据库、表和添加约束

12.2.2　创建数据库、表和添加约束

1. 创建数据库

使用 CREATE DATABASE 语句创建 ATM 存取款机系统数据库 BankDB, 数据文件和日志文件要求保存在“D:\DB”目录下，文件增长率为 15%。创建数据库时要求检测是否存在数据库 BankDB，如果存在，则应先删除后再创建。

在 D 盘新建目录的语句如下：

```
EXEC xp_cmdshell 'mkdir d:\DB',NO_OUTPUT
```

2. 创建表

根据设计出的 ATM 存取款机系统的数据库表结构，使用 CREATE TABLE 语句创建表结构。创建表时要求检测表是否已经存在。如果存在，则应先删除再创建。

3. 添加约束

根据银行业务，分析表中每列相应的约束要求。使用 ALTER TABLE 语句为每个表添加约束。为表添加约束时，要先添加主表的主键约束，再添加子表的外键约束。

4. 生成数据库关系图

操作 SQL Server 2019，生成 BankDB 数据库各表之间的关系图。参考关系图如图 12-2 所示。

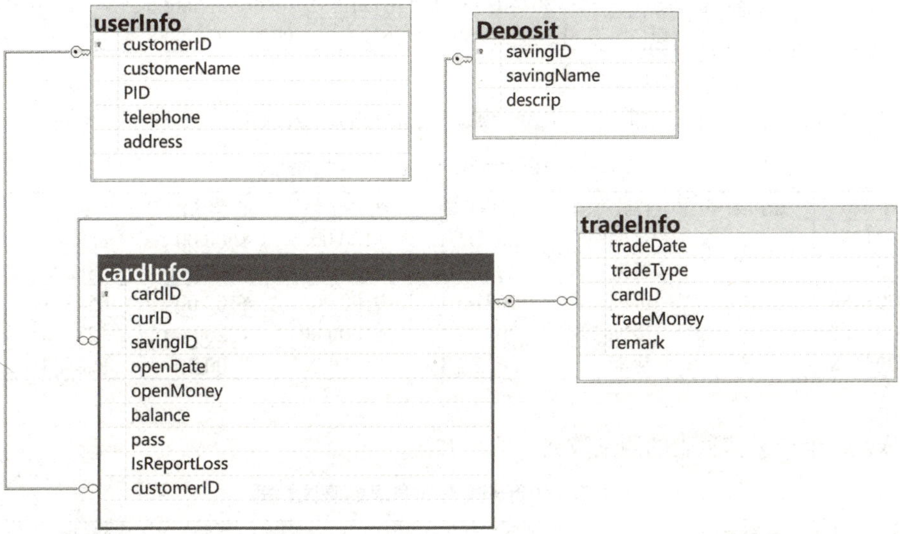

图 12-2　数据库关系图

微　课

插入测试数据

12.2.3　插入测试数据

使用 SQL 语句向已经创建数据库的每个表中插入以下测试数据。

（1）插入存款类型表的测试数据，见表 12-5。

表 12-5　存款类型表的测试数据

类型编号	存款类型	存款期限
1	活期	按存款日结算利息
2	定期半年	存款期是 0.5 年
3	定期一年	存款期是 1 年
4	定期二年	存款期是 2 年
5	定期三年	存款期是 3 年
6	定期五年	存款期是 5 年
7	定活两便	空
8	通知	空
9	零存整取一年	存款期是 1 年
10	零存整取二年	存款期是 2 年
11	零存整取三年	存款期是 3 年
12	零存整取五年	存款期是 5 年
13	存本取息五年	按月支取利息

（2）插入客户信息表的测试数据，见表 12-6。

表 12-6　客户信息表的测试数据

客户编号	账户姓名	身份证号	联系电话	住址
1	钱多多	432564199010101267	0999-12345678	福建某某市
2	王鸣鸣	423543197812124676	0999-11112222	北京某某区
3	李思思	358843198912125639	0999-33334444	
4	张珊珊	304403890101126121	0999-55556666	安徽某某市
5	赵琪琪	340422889012756323	0999-77778888	上海某某区

（3）卡号不随机产生，由人工指定，银行卡账户信息表的测试数据见表 12-7。

表 12-7　银行卡账户信息表的测试数据

银行卡号	账户编号	存款类型	开户日期	开户金额	存款余额	密码	账户状态
6227765420221234	1	定期一年	2021/1/1	¥100.00	¥500.00	888888	
6227765420222345	2	定期一年	2021/2/1	¥1.00	¥6501.00	888888	
6227765420223456	3	定期一年	2021/3/1	¥100.00	¥100.00	654321	已挂失
6227765420224567	4	活期	2022/1/1	¥1000.00	¥3200.00	123456	
6227765420225678	5	活期	2022/2/1	¥1000.00	¥500.00	888888	

（4）插入银行卡交易信息表的测试数据，见表 12-8。

表 12-8　银行卡交易信息表的测试数据

交易日期	交易类型	卡号	交易金额	余额	备注
当前日期	存入	6227765420221234	¥400.00	¥900.00	
2022/2/2	存入	6227765420222345	¥1000.00	¥7501.00	
2022/2/3	存入	6227765420222345	¥3000.00	¥10501.00	
2022/2/4	存入	6227765420222345	¥500.00	¥11001.00	
当前日期	存入	6227765420222345	¥2000.00	¥13001.00	
2022/1/2	支取	6227765420224567	¥800.00	¥2400.00	

续表

交易日期	交易类型	卡号	交易金额	余额	备注
2022/2/3	存入	6227765420224567	¥5000.00	¥7400.00	
当前日期	支取	6227765420224567	¥2000.00	¥5400.00	
2022/2/3	存入	6227765420225678	¥1500.00	¥2000.00	
当前日期	支取	6227765420225678	¥1000.00	¥1000.00	

（5）张珊珊的卡号（6227765420224567）取款 800 元，钱多多的卡号（6227765420221234）存款 400 元，要求保存交易记录，以便客户查询和银行业务统计。

例如，当张珊珊取款 800 时，会向交易信息表（transInfo）中添加一条交易记录，同时应自动更新银行卡信息表（cardInfo）中的现有余额（减少 800 元），先假定手动插入更新信息。

（6）插入各表中的数据要保证业务数据的一致性和完整性。

（7）当客户持银行卡办理存款、取款业务时，银行要记录每笔交易账，并修改银行卡的存款余额。

（8）各表中数据插入的顺序。为了保证主外键的关系，先插入主表中的数据，再插入子表中的数据。

（9）客户取款时需要记录“交易账目”，并修改存款余额。它可能需要分为以下两步完成。

步骤 1：在交易信息表中插入交易记录，如：

```
INSERT INTO tradeInfo(tradeType,cardID,tradeMoney)
  VALUES('支取','6227765420224567',800)
```

步骤 2：更新银行卡信息表中的现有余额，如：

```
UPDATE cardInfo SET balance=balance-800
  WHERE cardID='6227765420224567'
```

（10）插入测试数据后的参考结果如图 12-3 所示。

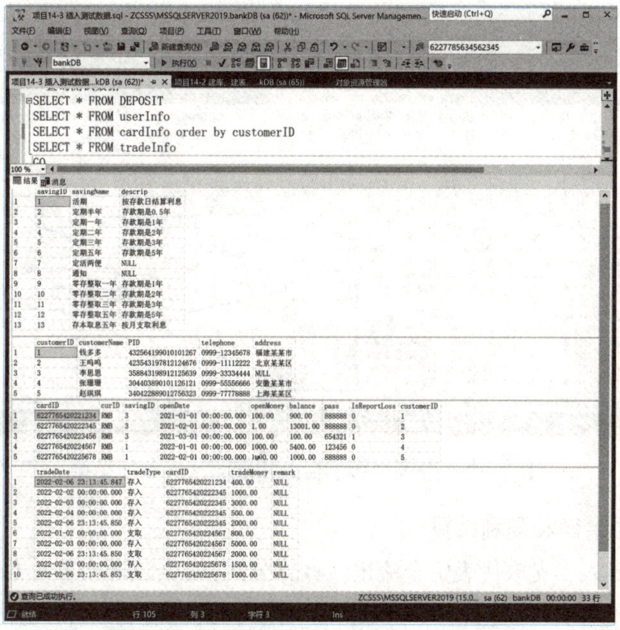

图 12-3　插入测试数据后的参考结果

12.2.4 模拟常规业务

编写 T-SQL 语句实现银行的日常业务。

1. 修改客户密码

修改钱多多（卡号：6227765420221234）银行卡密码为“135790”，修改王呜呜（卡号：6227765420222345）银行卡密码为“246800”，修改赵琪琪（卡号：6227765420225678）的银行卡密码为“147036”。参考结果如图 12-4 所示。

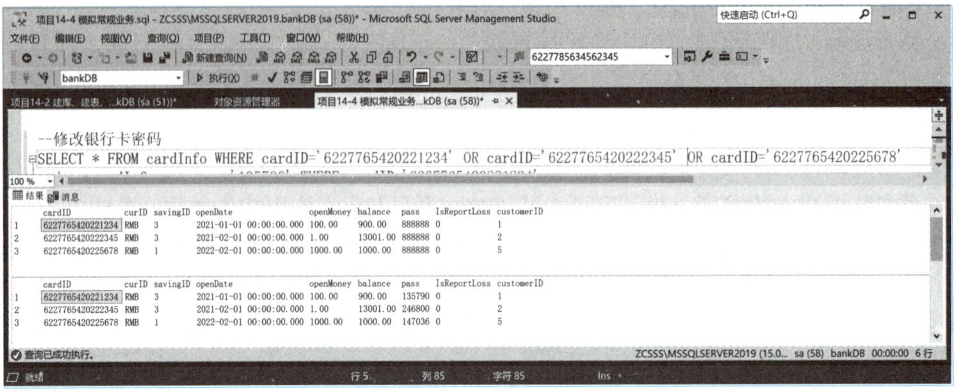

图 12-4 修改银行卡密码结果参考结果

2. 办理银行卡挂失和取消挂失

李思思（卡号为 6227765420223456）的银行卡处于挂失状态，先要取消挂失状态。赵琪琪（卡号：6227765420225678）的银行卡丢失，申请挂失。参考结果如图 12-5 所示。

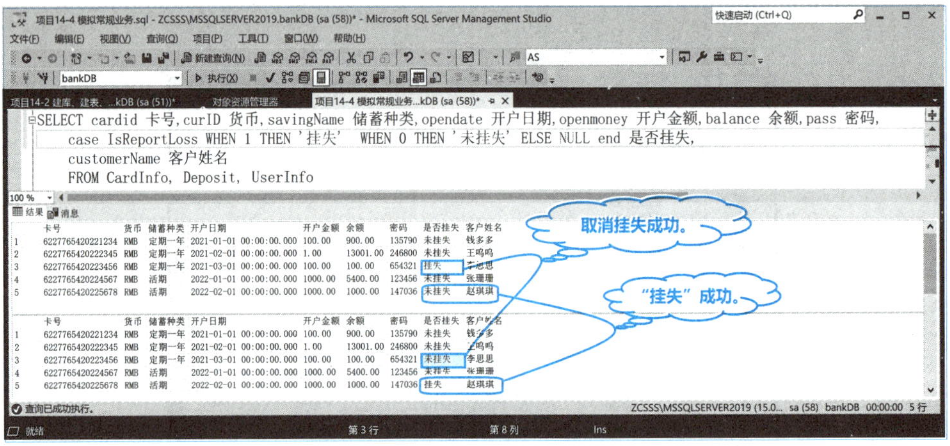

图 12-5 办理银行卡挂失和取消挂失参考结果

3.统计银行资金流通余额和盈利结算

（1）存入代表资金流入，支取代表资金流出。计算公式：资金流通余额 = 总存入金额 – 总支取余额。

（2）假定存款利率为 0.3%，贷款利率为 0.8%。计算公式：盈利结算 = 总支取金额 *0.008– 总存入金额 *0.003。参考结果如图 12-6 所示。

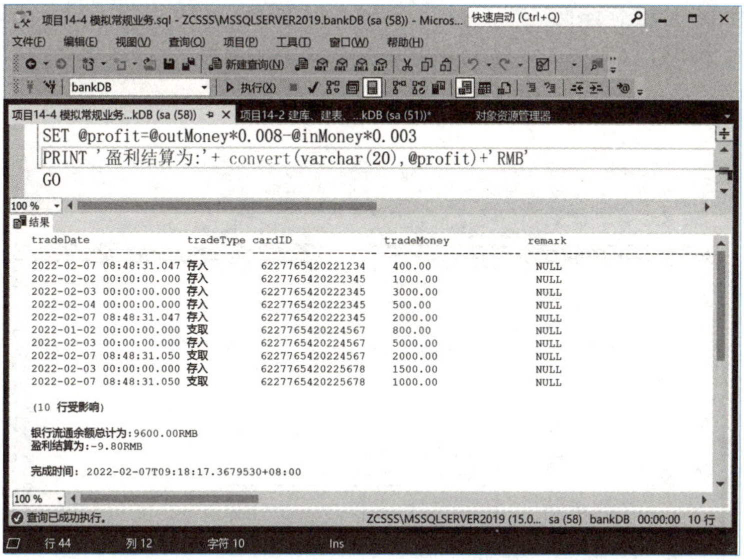

图 12-6　统计银行资金流通余额和盈利结算

（3）关键点分析。定义两个变量用于存放总存入金额和总支取金额，使用 SUM() 函数统计并使用转换函数 CONVERT() 进行类型转换。关键代码如下：

```
DECLARE @inMoney money
...
SELECT @inMoney=SUM() FROM ...WHERE (tradeType='存入')
PRINT '银行流通余额总计为:'+CONVERT(varchar(20),)+'RMB'
```

4. 查询本周开户信息

查询本周开户的卡号，显示该卡的信息。参考结果如图 12-7 所示。

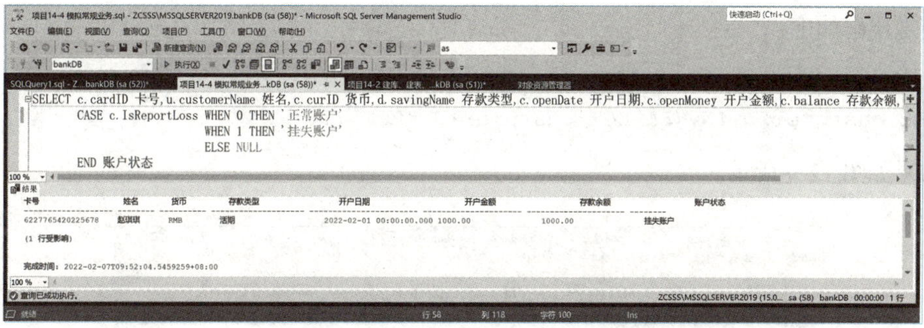

图 12-7　本周开户的客户信息

时间差可以使用日期函数 DATEDIFF()，星期几可以使用日期函数 DATEPART()。

5.查询本月交易金额最高的卡号

查询本月存款、取款交易金额最高的卡号信息。

（1）要求在交易信息表中，采用子查询和 DISTINCT 去掉重复的卡号。

（2）关键代码如下：

```
SELECT ... FROM tradeInfo
  WHERE tradeMoney=(SELECT ... FROM ...)
```

参考结果如图 12-8 所示。

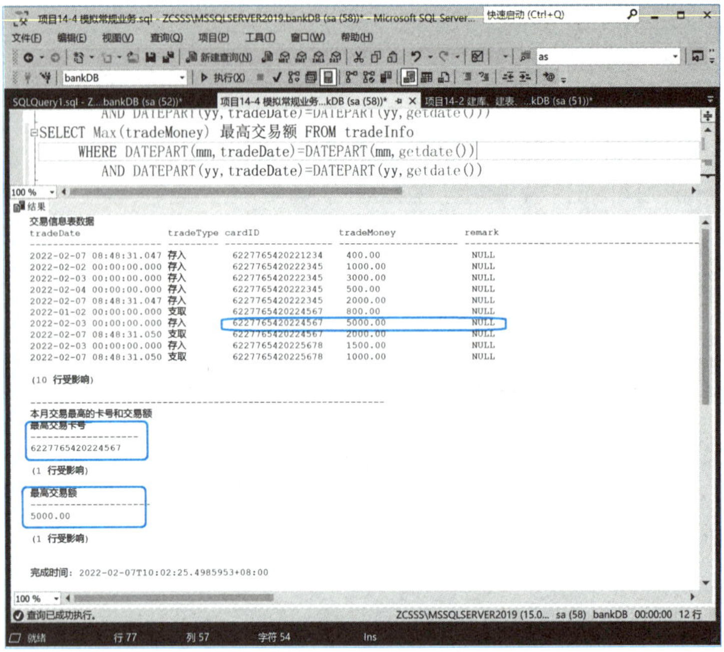

图 12-8　查询本月交易金额最高的卡号和交易额

6. 查询挂失客户

（1）查询挂失账户的客户信息。

（2）利用 IN 子查询或内连接 INNER JOIN 实现此功能。

（3）关键代码如下：

```
SELECT customerName AS 客户姓名 ... FROM userInfo
  WHERE customerID IN (SELECT customerID FROM ...)
```

参考结果如图 12-9 所示。

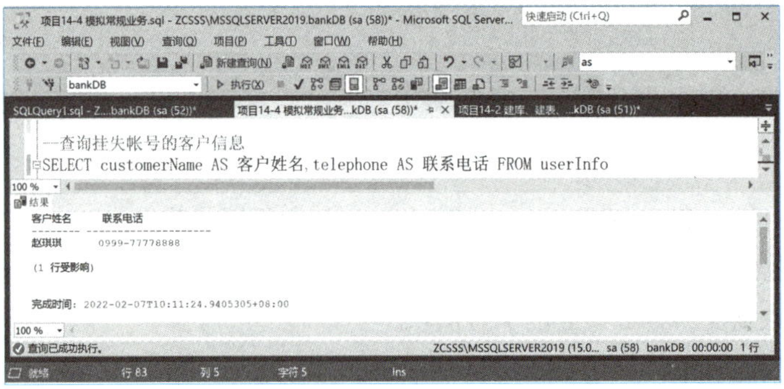

图 12-9　查询挂失客户参考结果

7. 催款提醒业务

根据某种业务（如代缴电话费、代缴手机费等）的需要，每个月末，若查询出客户账上余额少于 200 元，则由银行统一致电催款。参考结果如图 12-10 所示。

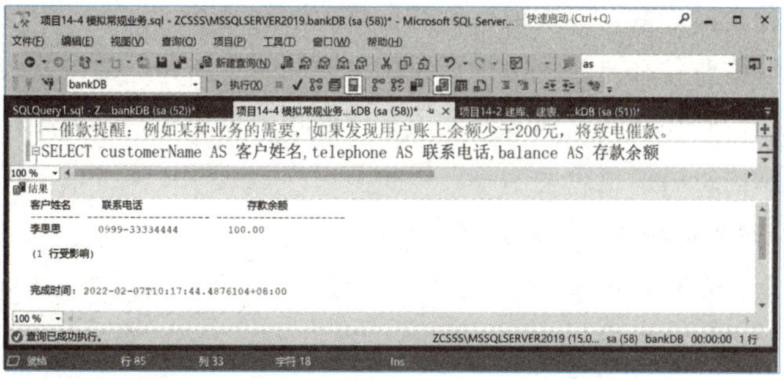

图 12-10　催款提醒业务参考结果

利用子查询查出当前存款余额小于 200 元的账户信息，参考代码如下：

```
SELECT customerName AS 客户姓名 ...
  FROM userInfo INNER JOIN cardInfo ON ...
```

12.2.5　创建和使用视图

为了向客户提供友好的用户界面，使用 T-SQL 语句创建下面几个视图，并使用这些视图查询输出各表信息。

（1）vw_userInfo：输出银行客户记录。

（2）vw_cardInfo：输出银行卡记录。

（3）vw_transInfo：输出银行卡的交易记录。

（4）显示的列名全为中文，参考结果如图 12-11 所示。

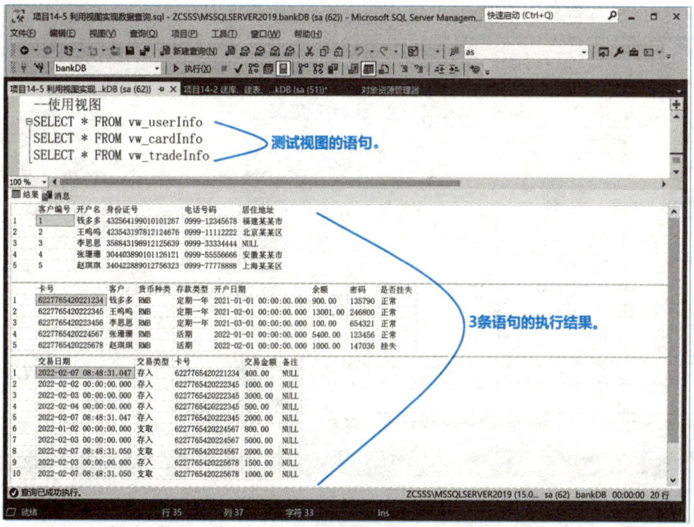

图 12-11　调用视图查询银行业务信息

12.2.6 使用存储过程实现业务处理

使用 T-SQL 语句创建存储过程，并使用所创建的存储过程完成较复杂的银行业务。

1. 完成存款或取款业务

（1）根据银行卡号和交易金额，实现银行卡的存款或取款业务。

（2）每一笔存款、取款业务都要记入银行交易账，并同时更新客户的存款余额。

（3）如果是取款业务，则在记账之前，要完成下面两项数据的检查验证工作。如果检查不合格，则中断取款业务，给出提示信息后退出。

数据检查验证 1：检查客户输入的密码是否正确。

数据检查验证 2：账户取款金额是否大于当前存款额（取款前）加 1。

（4）取款或存款存储过程名称是 usp_takeMoney。

（5）编写一个存储过程完成存款或取款业务，并调用存储过程对取款或存款进行测试。

（6）测试数据 1，共 3 条数据：钱多多的卡号支取 2000 元（密码：666666，表示密码错误）；钱多多的卡号支取 2000 元（正确密码：888888）；钱多多的卡号支取 500 元（正确密码：888888）。参考结果如图 12-12 所示。

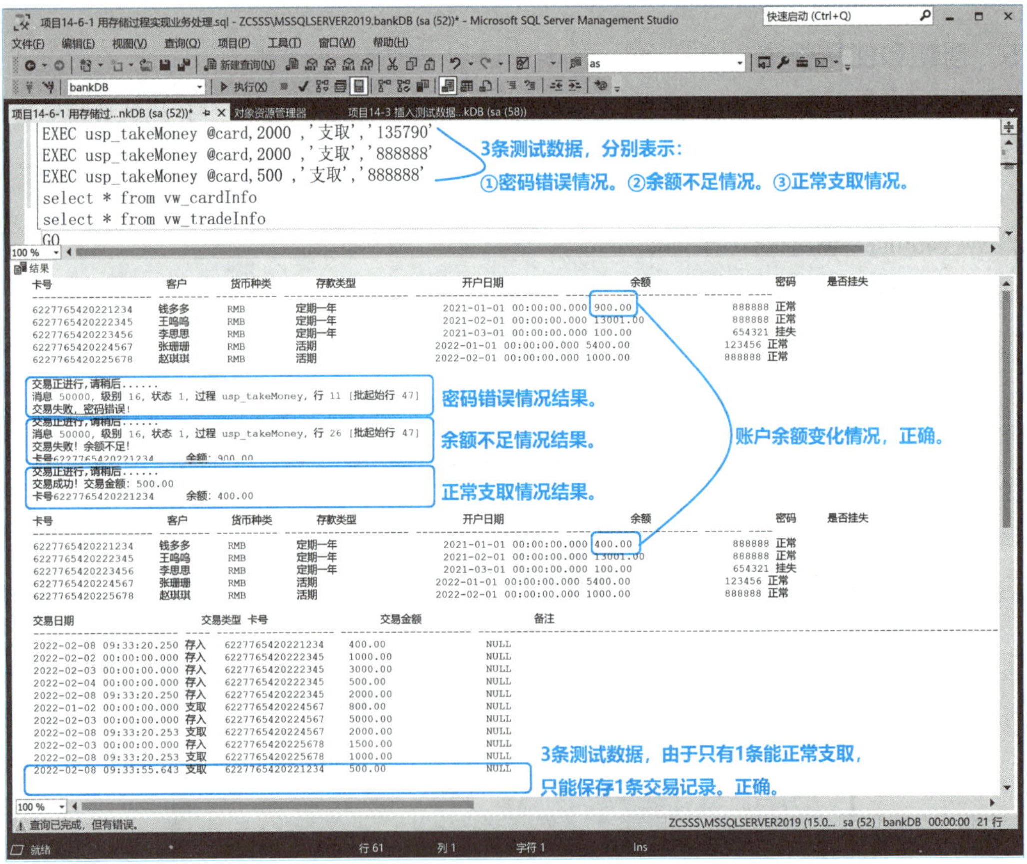

图 12-12 执行取款时存储过程的输出信息

（7）测试数据 2：张珊珊的卡号存入 300 元（密码：123456）。参考结果如图 12-13 所示。

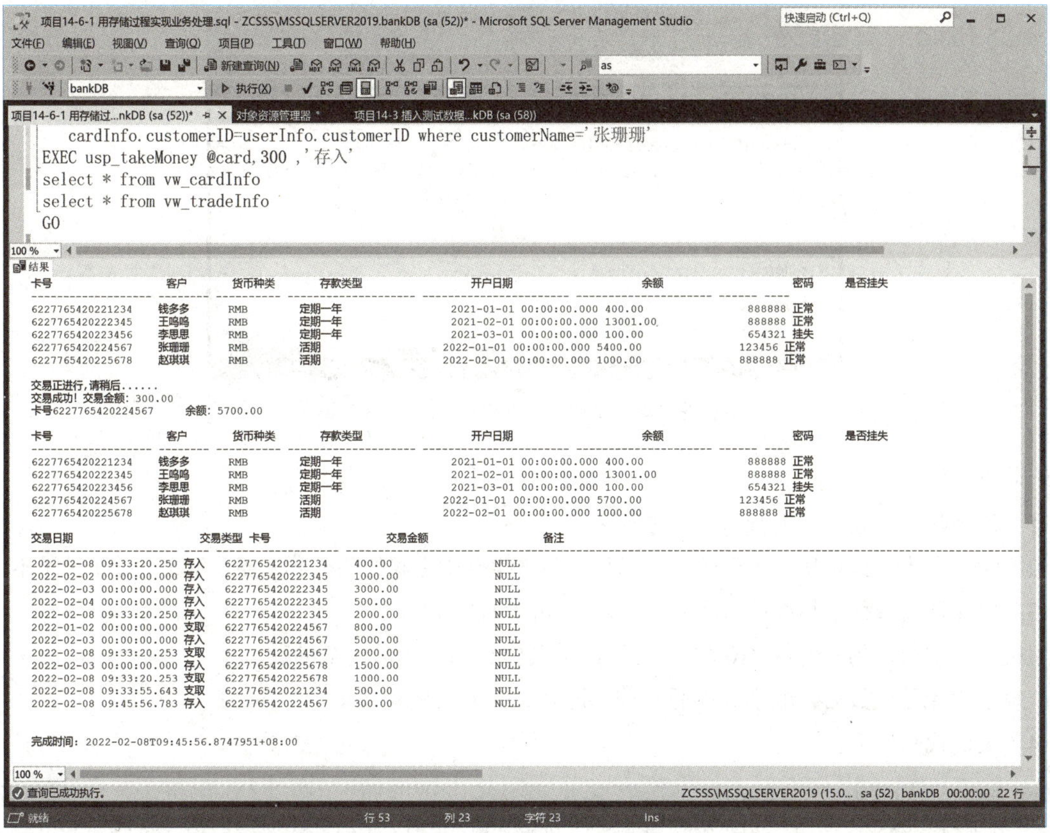

图 12-13　执行存款时存储过程的输出信息

关键点分析

（1）由于存款时客户不需要提供密码，因此，在创建存储过程时，为输入参数“密码”列设置默认值为 NULL。

（2）只有正常支取和存入的数据需要写入交易信息表，交易失败的信息不需要写入信息表。

（3）测试时，可以根据客户姓名查出“钱多多”和“张珊珊”的卡号。

2. 产生随机卡号

创建存储过程产生 8 位随机数字，与前 8 位固定的数字“62277654”连接，生成一个由 16 位数字组成的银行卡号，并输出。

（1）产生随机卡号的存储过程名为：usp_randCardID。

（2）利用下面的代码调用存储过程进行测试。

```
DECLARE @mycardID char(19)
EXECUTE usp_randCardID @mycardID OUTPUT
print '产生的随机卡号为:'+@mycardID
GO
```

（3）参考结果如图 12-14 所示。

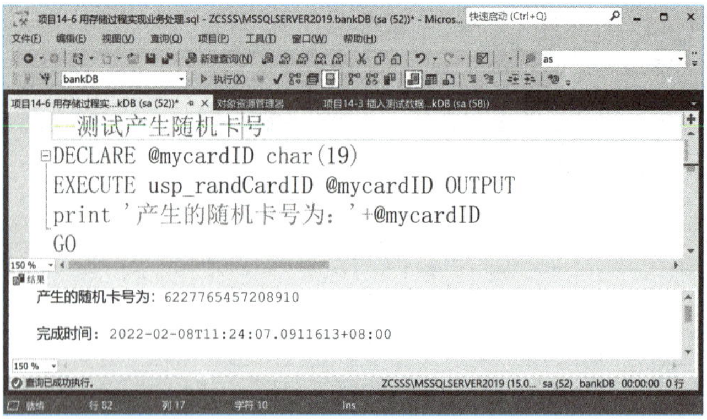

图 12-14　测试产生随机卡号的参考结果

关键点分析

（1）使用随机函数生成银行卡后 8 位数字。

（2）随机函数为 RAND（随机种子）。调用后将产生 0–1 之间的随机数，要求每次的随机种子不一样。

（3）要保证随机种子每次都不相同，一般采用的算法如下：

随机种子 = 当前的月份数 *100 000+ 当前的秒数 *1 000+ 当前的毫秒数。

产生了 0–1 随机数后，取小数点后 8 位，即 0.××××××××。

（4）关键代码如下：

```
DECLARE @r numeric(15,8)
SELECT @r=RAND((DATEPART(mm,GETDATE())*100 000)+(DATEPART(ss,GETDATE())*
1 000)+DATEPART(ms,GETDATE()))
SET @tempStr=CONVERT(char(10),@r)
SET @randCardID='6227 7654'+SUBSTRING(@tempStr,3,4)+' '+SUBSTRING(@tempStr,7,4)
```

3. 完成开户业务

（1）利用存储过程为客户开设两个银行卡账户。开设时需要提供客户的信息有姓名、身份证号、联系电话、开户金额、存款类型和地址。客户的开户信息见表 12-9。

表 12-9　两位客户的开户信息

客户编号	姓名	身份证号	联系电话	开户金额	存款类型	地址
6	王小六	554455881017878222	3344-67891234	1	活期	四川某某市
7	孙大圣	786231198912123333	010-88885555	100	定期一年	北京某某区

（2）为成功开户的客户提供银行卡，银行卡号唯一，银行卡号由存储过程“usp_randCardID”产生。

（3）开户的存储过程名为：usp_openAccount。

（4）使用下面的数据执行该存储过程，进行测试：调用此存储过程开户。

（5）利用下面的代码调用存储过程进行测试。

```
EXEC usp_openAccount '王小六','554455881017878222','3344-67891234',1,'活期','四川某某市'
```

```
    EXEC usp_openAccount '孙大圣','786231198912123333','010-88885555',100,'定期一年','北京
某某区'
    select * from vw_userInfo
    select * from vw_cardInfo
```

（6）参考结果如图 12-15 所示。

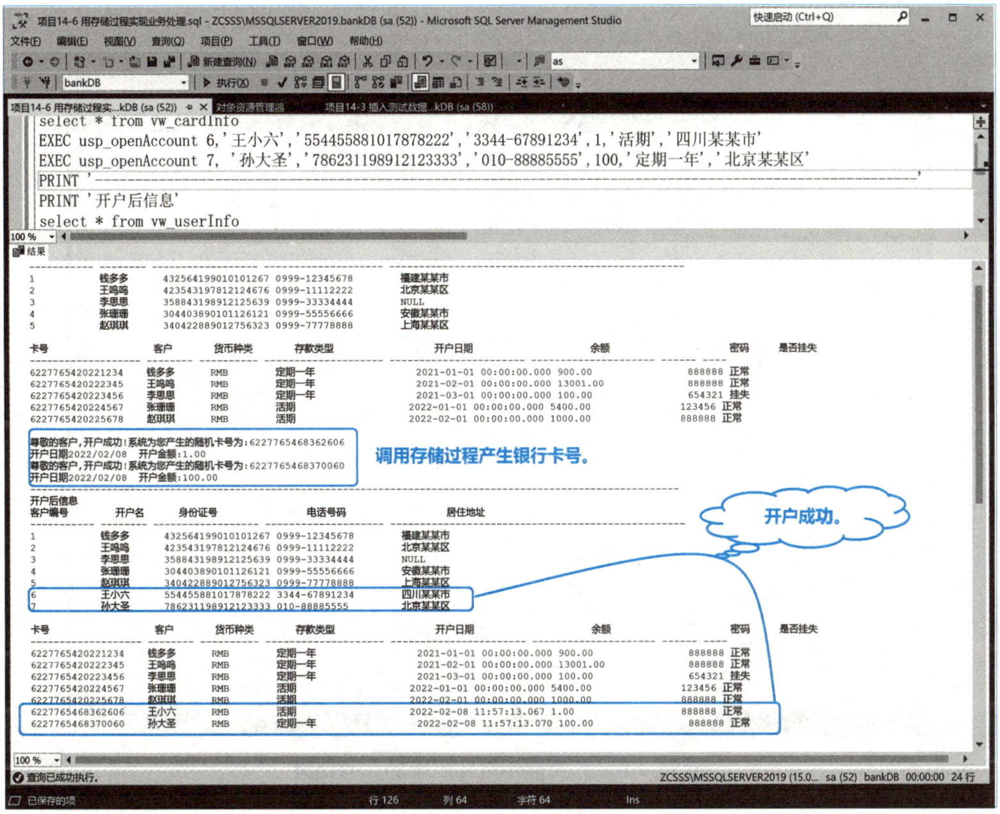

图 12-15　测试开户存储过程的参考结果

关键点分析

（1）调用产生随机卡号的存储过程“usp_randCardID”获得生成的随机卡号。

（2）使用循环语句实现卡号唯一。检查该随机卡号在现有的银行卡中是否已经存在，如果不存在，则向相关表中插入开户信息；否则将调用上述随机卡号的存储过程，重新产生随机卡号，直至产生一个不存在的银行卡号为止。

（3）要输出开户前后的信息，检测开户是否正确。

4. 分页显示查询交易数据

根据指定的页数和每页的记录数分页显示交易数据。

（1）存储过程的名称为：usp_pagingDisplay。

（2）测试数据 1：

```
EXEC usp_pagingDisplay
```

表示以默认值输出，输出第 1 页，每页 10 条交易数据，参考结果如图 12-16 所示。

（3）测试数据 2：

```
EXEC usp_pagingDisplay 5,2
```

表示输出第 2 页，每页 5 条交易数据，参考结果如图 12-16 所示。

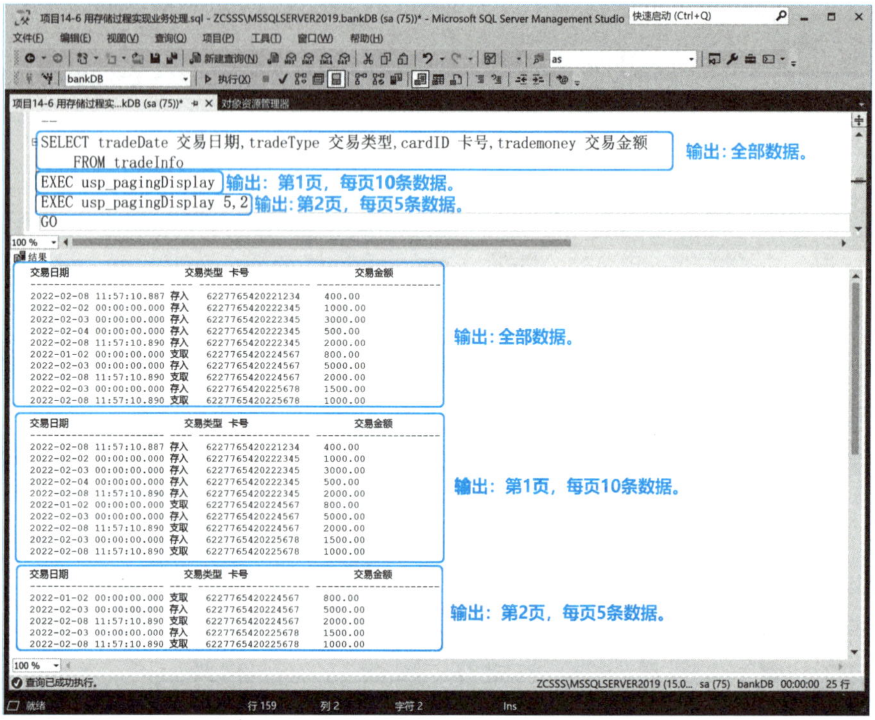

图 12-16　分页显示查询结果的参考结果

关键点分析

（1）调用系统存储过程 SP_EXECUTESQL，执行动态生成的 T-SQL 语句。

（2）输入参数要带默认值，默认输出第 1 页，每页输出 10 条数据。

5. 打印客户对账单

为某个特定的银行卡号打印指定时间段内发生交易的对账单。

（1）存储过程的名称为：usp_CheckSheet。

（2）测试情况 1：如果不指定交易时间段，则打印指定卡号的所有交易记录，如测试命令：

```
EXEC usp_CheckSheet '6227765420222345'
```

（3）测试情况 2：如果指定交易时间段，则打印指定卡号在指定时间内发生的所有交易记录，如测试命令：

```
EXEC usp_CheckSheet '6227765420222345','2022-2-1','2022-2-10'
```

（4）测试情况 3：如果指定交易时间段的起始时期，不指定终止日期时，则默认为当日，如测试命令：

```
EXEC usp_CheckSheet '6227765420222345','2022-2-1'
```

（5）3 种情况的参考结果如图 12-17 所示。

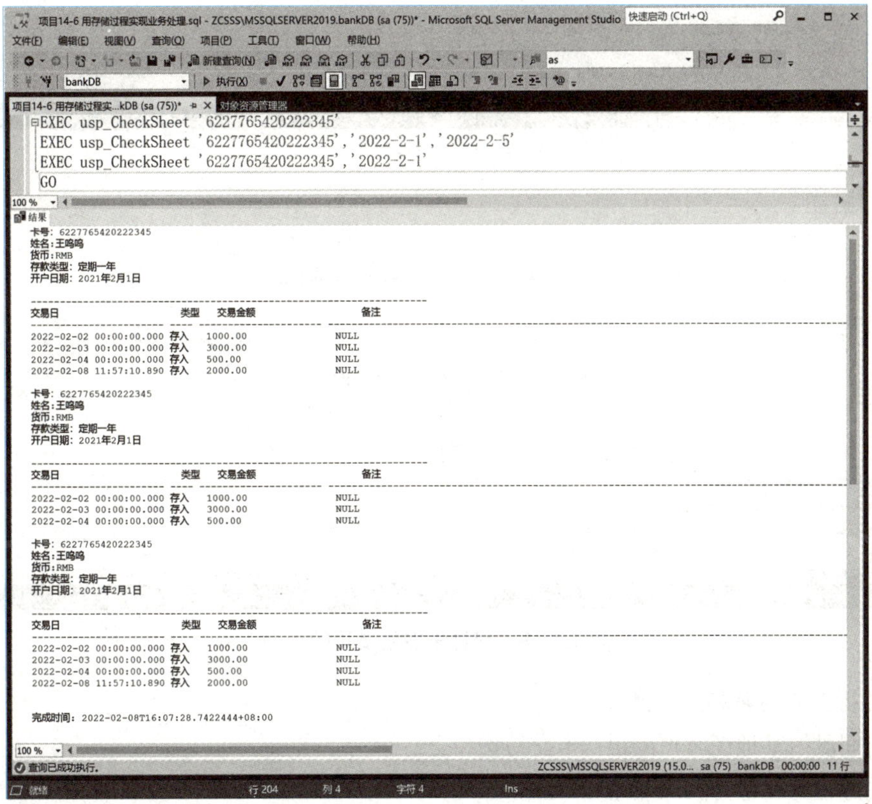

图 12-17　按卡号打印对账单参考图

6. 统计未发生交易的账户

统计某时间段内没有发生交易的账户信息。

（1）存储过程的名称为：usp_getWithoutTrade。

（2）指定时间段。如果没有指定起始日期，则自本月一日开始进行统计。如果没有指定终止日期，则默认为当日。

（3）利用下面的代码调用存储过程进行测试。

```
DECLARE @NUM int
DECLARE @Amount decimal(18,2)
DECLARE @date1 datetime
DECLARE @date2 datetime
SET @date1='2016-1-1'
SET @date2=getdate()
EXEC usp_getWithoutTrade @NUM OUTPUT, @Amount OUTPUT,@date1,@date2
PRINT '统计未发生交易的客户'
PRINT '----------------------------------------'
```

```
PRINT '客户人数:'+CAST(@NUM AS varchar(10))+'客户总余额:'+CAST(@Amount AS varchar(20))
```

（4）该存储过程的参考结果如图 12-18 所示。

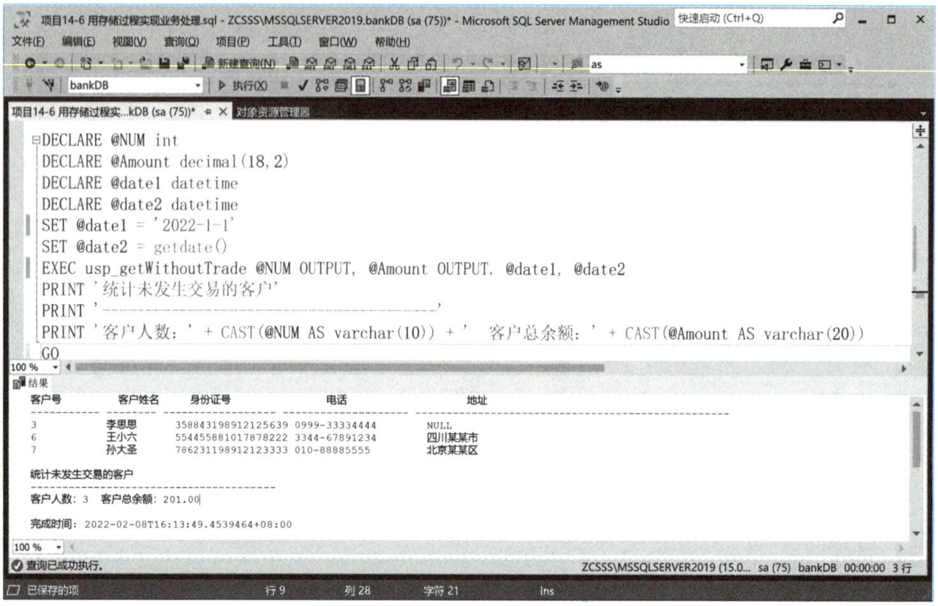

图 12-18　统计未发生交易的账户

7. 统计银行卡交易量和交易额

统计某时间段内某地区客户的银行卡交易量和交易额。

（1）存储过程的名称为：usp_getTradeInfo。

（2）如果没有指定起始日期，则自当年一月一日开始统计。如果没有指定终止日期，则默认为当日。

（3）如果没有指定地点，则统计全部客户的交易量和交易额。

（4）利用下面的代码调用存储过程进行测试。

```
DECLARE @CNT1 int
DECLARE @Total1 decimal(18,2)
DECLARE @CNT2 int
DECLARE @Total2 decimal(18,2)
DECLARE @date1 datetime
DECLARE @date2 datetime
SET @date1 = '2022-1-1'
SET @date2 = getdate()
EXEC usp_getTradeInfo @CNT1 OUTPUT,@Total1 OUTPUT,@CNT2 OUTPUT,@Total2 OUTPUT,@date1,
@date2,'北京'
PRINT '测试情况 1：指定地点为北京，统计银行卡交易量和交易额'
PRINT ''
PRINT '起始日期:'+CONVERT(varchar(10),@date1,102) + ' 截止日期:' + CONVERT(varchar(10),
@date2,102)
```

```
    PRINT '------------------------------------------------------------'
    PRINT '存入笔数:' + CAST(@CNT1 AS varchar(20)) + '  存入金额:' + CAST(@Total1 AS varchar(20))
    PRINT '支取笔数:' + CAST(@CNT2 AS varchar(20)) + '  支取金额:' + CAST(@Total2 AS varchar(20))
    PRINT '------------------------------------------------------------'
    PRINT '发生笔数:' + CAST(@CNT1+@CNT2 AS varchar(20)) + '  结余金额:' + CAST(@Total1-
@Total2 AS varchar(20))
    PRINT '-----------------------------------------------------------------------
-----------------------'
    PRINT '-----------------------------------------------------------------------
-----------------------'
    EXEC usp_getTradeInfo @CNT1 OUTPUT,@Total1 OUTPUT,@CNT2 OUTPUT,@Total2 OUTPUT,
@date1,@date2
    PRINT '测试情况 2:不指定地点,统计银行卡交易量和交易额'
    PRINT ''
    PRINT '起始日期:' + CONVERT(varchar(10),@date1,102) +  '  截止日期:' + CONVERT(varchar(10),
@date2,102)
    PRINT '------------------------------------------------------------'
    PRINT '存入笔数:' + CAST(@CNT1 AS varchar(20)) + '  存入金额:' + CAST(@Total1 AS varchar(20))
    PRINT '支取笔数:' + CAST(@CNT2 AS varchar(20)) + '  支取金额:' + CAST(@Total2 AS varchar(20))
    PRINT'------------------------------------------------------------'
    PRINT '发生笔数:' + CAST(@CNT1+@CNT2 AS varchar(20)) + '  结余金额:' + CAST(@Total1-
@Total2 AS varchar(20))
    GO
```

（5）参考结果如图 12-19 所示。

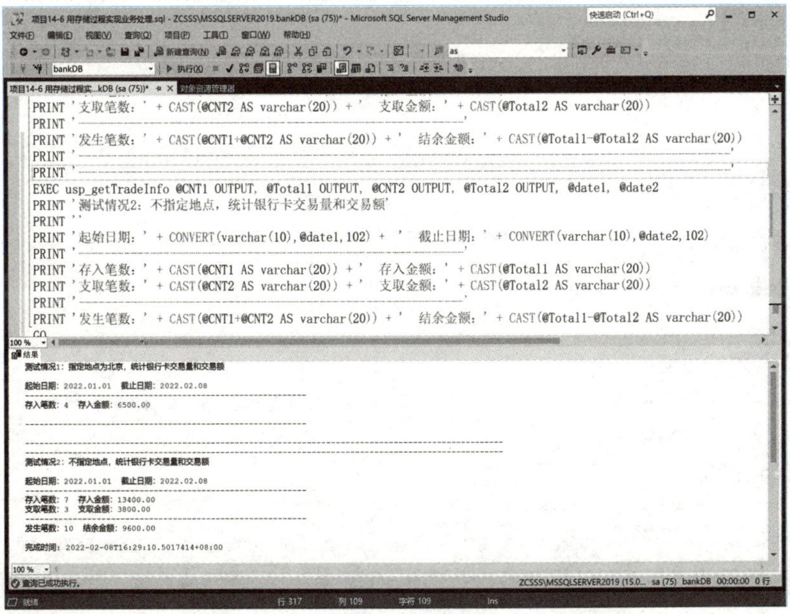

图 12-19　统计银行卡交易量和交易额

12.2.7 利用事务实现较复杂的数据更新

使用事务和存储过程实现转账业务。操作步骤如下。

（1）从某一个账户中支取一定金额。

（2）将支取金额存入另一个指定的账户。

（3）分别打印此笔业务的转出账单和转入账单。

（4）存储过程的名称为：usp_tradefer。

（5）张珊珊向钱多多转账 1000 元，代码如下：

```
declare @card1 char(19),@card2 char(19)
select @card1=cardID from cardInfo Inner Join userInfo ON
  cardInfo.customerID=userInfo.customerID where customerName='张珊珊'
select @card2=cardID from cardInfo Inner Join userInfo ON
  cardInfo.customerID=userInfo.customerID where customerName='钱多多'
SELECT * FROM vw_cardInfo
SELECT * FROM vw_tradeInfo
EXEC usp_tradefer @card1,'123456',@card2,1000
SELECT * FROM vw_cardInfo
SELECT * FROM vw_tradeInfo
GO
```

代码运行消息提示情况如图 12-20 所示，代码运行结果如图 12-21 所示。

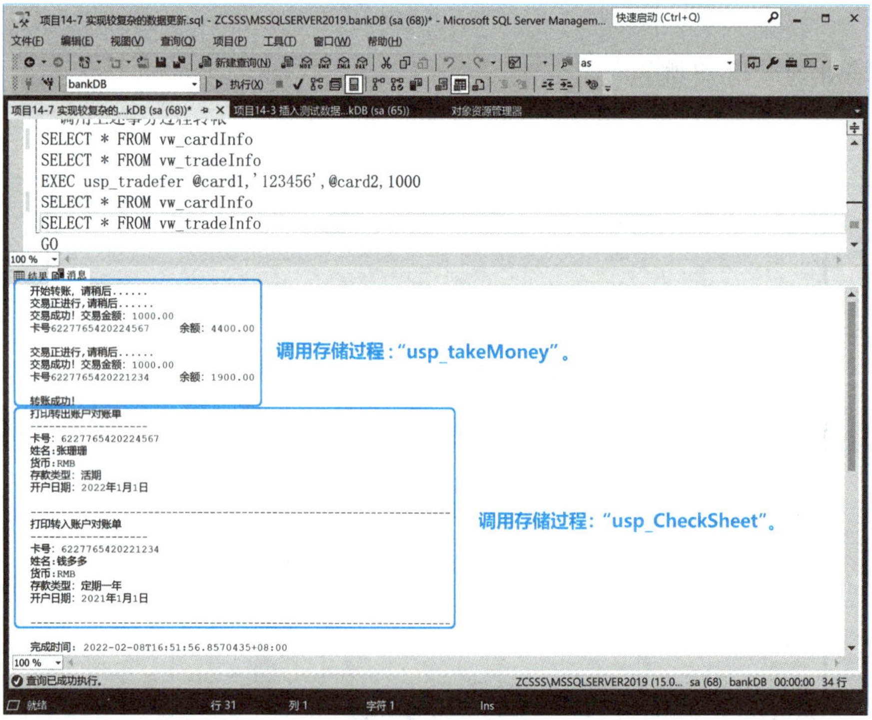

图 12-20 转账业务成功的参考消息提示信息

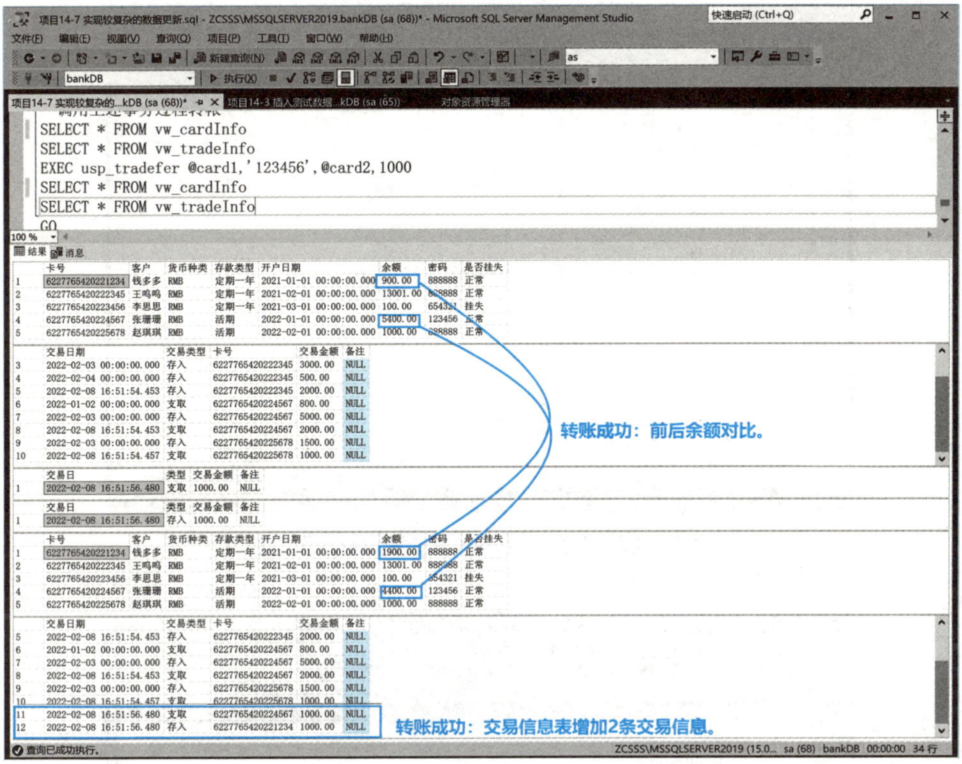

图 12-21　转账业务成功的参考结果

（6）测试转账密码错误和余额不足两种情况，代码如下：

```
declare @card1 char(19),@card2 char(19)
select @card1=cardID from cardInfo Inner Join userInfo ON
  cardInfo.customerID=userInfo.customerID where customerName='张珊珊'
select @card2=cardID from cardInfo Inner Join userInfo ON
  cardInfo.customerID=userInfo.customerID where customerName='钱多多'
SELECT * FROM vw_cardInfo
SELECT * FROM vw_tradeInfo
EXEC usp_tradefer @card1,'0123456',@card2,1000   --密码错误情况
EXEC usp_tradefer @card1,'123456',@card2,10000   --余额不足情况
SELECT * FROM vw_cardInfo
SELECT * FROM vw_tradeInfo
GO
```

代码运行消息提示情况如图 12-22 所示，代码运行结果如图 12-23 所示。

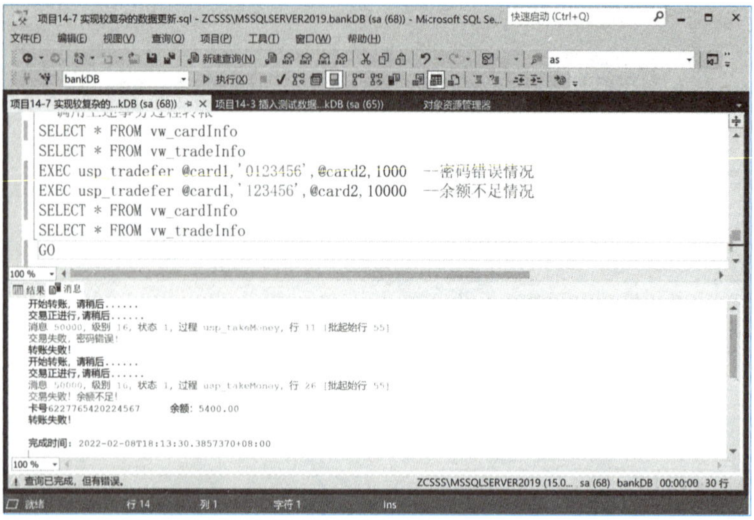

图 12-22　转账业务失败的参考消息提示信息

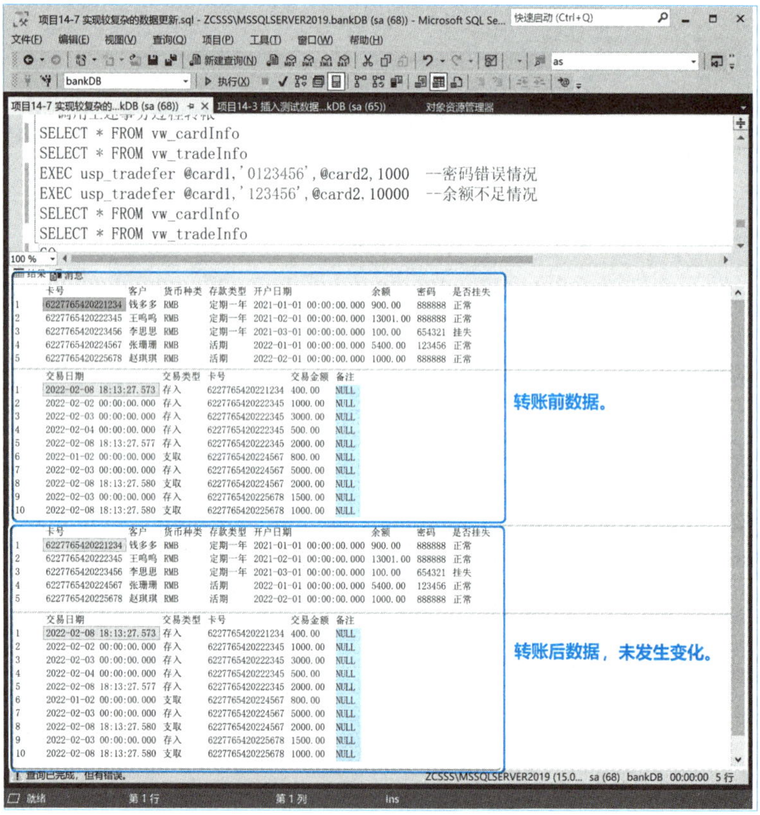

图 12-23　转账业务失败的参考结果

关键点分析

（1）调用之前设计好的存储过程和视图，提高处理效率。

（2）通过不同的测试数据，验证存储过程的设计是否正确。

12.2.8　数据库账户访问权限设置

对该数据库完成以下三点需求。

（1）添加 SQL 登录账号 bankUser。

（2）创建数据库用户 bankAdmin。

（3）给数据库用户 bankAdmin 授权。授予增、删、改、查的权限。

12.3　进度记录

开发进度记录见表 12-10。

表 12-10　开发进度记录表

需求	开发完成时间	测试通过时间	备注
需求 1：数据库设计			
需求 2：创建数据库、表并添加约束			
需求 3：插入测试数据			
需求 4：模拟常规业务			
需求 5：创建和使用视图			
需求 6：使用存储过程实现业务处理			
需求 7：利用事务实现较复杂的数据更新			
需求 8：数据库账户访问权限设置			

本章总结

本章介绍了数据库设计的四大步骤，并具体分析了概要设计和逻辑设计的工具和实现途径，重点分析了数据库规划化设计的重要性、必要性和实施步骤，实现了对银行 ATM 系统数据库的设计与规范化。

本章知识技能体系结构如图 12-24 所示。

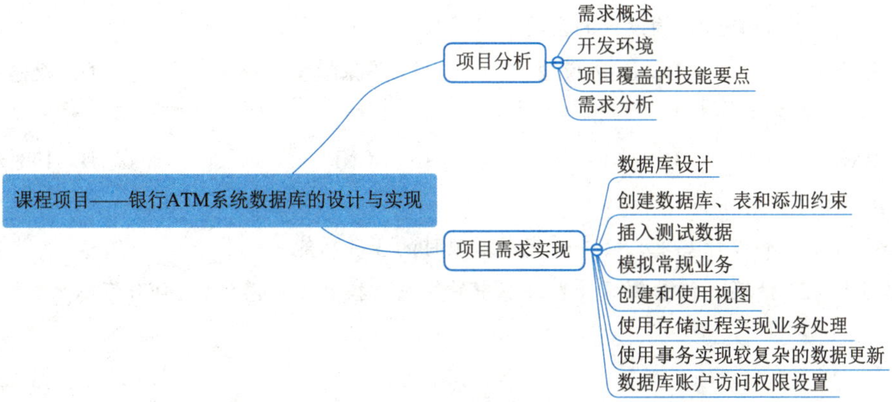

图 12-24　知识技能体系结构图

习题

一、选择题

1. 常用的系统存储过程不包括（　　）。

A. sp_tables　　B. sp_columns　　C. sp_stored_procedures　　D. sp_renametable

2. 系统存储过程在系统安装时就已经创建，这些存储过程放在（　　）系统数据库中。

A. master　　B. tempdb　　C. model　　D. msdb

3. 在 SQL Server 中，用来显示数据库信息的系统存储过程是（　　）。

A. sp_dbhelp　　B. sp_db　　C. sp_help　　D. sp_helpdb

4. 使用嵌套查询时，最多可以嵌套子查询的层数为（　　）。

A. 2 层　　B. 4 层　　C. 8 层　　D. 不限

5. 在 SQL SERVER 中局部变量前面的字符为（　　）。

A. *　　B. #　　C. @@　　D. @

6. 反映现实世界中实体及实体间关系的信息模型是（　　）。

A. 关系模型　　B. 层次模型　　C. 网状模型　　D. E—R 模型

7. 关系数据模型（　　）。

A. 只能表示实体间的 1∶1 关系

B. 只能表示实体间的 1∶*N* 关系

C. 只能表示实体间的 M∶*N* 关系

D. 可以表示表示实体间的 1∶1、1∶*N* 和 *M*∶N 关系

8. 关系数据库的规范化理论指出，关系数据库中的关系应满足一定的要求，最起码的要求是达到 1NF，既满足（　　）。

A. 主关键字唯一标识表中的每一行

B. 关系中的行不允许重复

C. 每个非关键字列都完全依赖于主关键字

D. 每个属性都是不可再分的基本数据项

9. 数据库设计中的概念结构设计的主要工具是（　　）。

A. 数据模型　　B. E-R 模型　　C. 关系模型　　D. 概念模型

10. 3NF 同时又是（　　）。

A. 2NF　　B. 1NF　　C. BCNF　　D. 1NF 和 2NF

二、综合应用

1. 根据项目需求和设计要求，检查并完成本项目的各项功能。

2. 总结项目完成情况，记录项目开发过程中的得失，撰写项目总结，1 000 字以上。